国家环保公益项目（201409004）
中国矿业大学（北京）研究生教材及学术专著出版基金项目
国家自然科学基金项目（51108453）
中央高校基本科研业务费项目
新世纪优秀人才支持计划
北京市优秀人才培养项目

低温等离子体技术处理工业源 VOCs

竹 涛 著

北 京
冶 金 工 业 出 版 社
2021

内 容 提 要

本书共分 10 章，主要内容包括：等离子体、等离子体产生方式、气相等离子体光谱特性、等离子体技术处理 VOCs 的机理、低温等离子体反应系统优化、低温等离子体技术工况参数研究、低温等离子体协同技术研究、反应机理和反应动力学分析、低温等离子体技术的其他应用等。

本书可供环境工程专业人员阅读使用，也可供煤炭、电力、环境保护、建筑、建材行业科研和设计部门的工程技术人员及管理人员参考。

图书在版编目 (CIP) 数据

低温等离子体技术处理工业源 VOCs/竹涛著 . —北京：冶金工业出版社，2015.5（2021.8 重印）
ISBN 978-7-5024-6896-5

Ⅰ.①低… Ⅱ.①竹… Ⅲ.①工业气体—挥发性有机物—空气污染控制 Ⅳ.①X513

中国版本图书馆 CIP 数据核字（2015）第 088881 号

出 版 人 苏长永
地　　址　北京市东城区嵩祝院北巷 39 号　邮编　100009　电话　(010)64027926
网　　址　www. cnmip. com. cn　电子信箱　yjcbs@ cnmip. com. cn
责任编辑　李培禄　美术编辑　吕欣童　版式设计　孙跃红
责任校对　卿文春　责任印制　李玉山
ISBN 978-7-5024-6896-5
冶金工业出版社出版发行；各地新华书店经销；北京中恒海德彩色印刷有限公司印刷
2015 年 5 月第 1 版，2021 年 8 月第 3 次印刷
787mm×1092mm　1/16；14.25 印张；341 千字；213 页
46.00 元
冶金工业出版社　投稿电话　(010)64027932　投稿信箱　tougao@ cnmip. com. cn
冶金工业出版社营销中心　电话　(010)64044283　传真　(010)64027893
冶金工业出版社天猫旗舰店　yjgycbs. tmall. com
（本书如有印装质量问题,本社营销中心负责退换）

序

随着我国社会经济的快速发展，出现了越来越多的环境问题。其中，大气污染问题以其污染程度深、影响范围广、治理难度大等特点尤其受到人们的关注。

挥发性有机化合物（VOCs）是大气污染物的重要组成部分，已引起社会广泛的关注。如何有效控制和消除挥发性有机化合物的排放已成为治理目前大气污染的重点，开发出高效、经济、环境友好的挥发性有机化合物控制技术显得尤为重要。

低温等离子体技术作为一种新的 VOCs 处理技术，具有其自身的特点，在挥发性有机化合物控制工程领域具有很大的应用前景。

近 10 年来，中国矿业大学（北京）竹涛教授课题组进行了有关低温等离子体技术的研究，承担了多项国家自然科学基金项目和企业横向项目，发表相关学术论文 40 余篇，申请并授权相关专利 8 项。著者将主要研究成果著成此书，希望能够为建设资源节约型、环境友好型及生态文明型社会，推动节能、减排、降耗，发展循环经济，实现可持续发展，全面改善环境质量贡献一份力量。

本书共分 10 章，全面介绍了低温等离子体技术的实验及应用研究。主要针对提高污染物降解效果、提高能量利用率以及控制反应过程中有害副产物的生成这三个主要方面，研究了配合增效的催化剂制备与优化、电气参数优化、工况反应条件优化等问题；提出了低温等离子体技术最佳操作参数及最佳反应器构型；创新性地提出了用等离子体集成技术来处理工业源 VOCs，为低温等离子体技术今后的发展提供了方向；全面探讨了等离子体协同催化降解 VOCs 废气的机理。

本书不仅可供环境工程专业人员使用，同时也可供煤炭、电力、环境保护、建筑、建材领域科研和设计部门的技术人员和管理人员以及大专院校相关专业师生阅读和参考。

郭郑华

中国科学院生态环境研究中心

前　　言

随着工业经济的发展，石油、油漆、印刷和涂料等行业产生的挥发性有机化合物（VOCs）日渐增多，科学、高效地处理 VOCs 显得日益迫切。目前国内外治理挥发性有机化合物采用的方法主要有吸收、吸附、催化燃烧等，这些方法面临使用设备多、实验复杂、能耗大等问题。因此，经济、高效地治理低浓度、大流量的挥发性有机化合物，除改进传统技术外，开发替代产品，寻求控制最优技术已成为解决 VOCs 污染的必由之路。

鉴于工业源 VOCs 排放量大、浓度较低等特点，低温等离子体技术在处理 VOCs 方面比传统的处理方法更具优势。为了尽快实现该技术的商业化应用，中国矿业大学（北京）化学与环境工程学院大气污染控制课题组（以下简称课题组）从 2005 年起，在低温等离子体技术应用研究领域已开展了将近 10 年的研究，并承担了相关的国家自然科学基金项目和企业横向项目，我们把主要研究成果著成此书，希望能够为建设资源节约型、环境友好型及生态文明型社会，推动节能、减排、降耗，发展循环经济，实现可持续发展，全面改善环境质量提供一份力量。

本书第 1 章主要介绍了 VOCs 的概念、来源及危害，同时介绍了目前 VOCs 的治理技术，通过各类技术性能的比较，选用了低温等离子体技术处理工业源 VOCs。第 2 章简述了等离子体的概念和特征，并提供了低温等离子体的特征参数与判据，为读者对等离子体的认知打好基础。第 3 章详细论述了气体放电的特性与原理、低温等离子体主要产生方法及生成途径。由于低温等离子体的特殊性能及较高的降解能力，其在处理气态污染物等方面具有很好的应用前景。第 4 章着重介绍了电晕放电、流光放电、辉光放电、火花放电及电弧放电时所产生的各类光谱特性，通过对辐射光谱的测量分析，可以发现五种气体放电形式及过程中所形成的放电通道中粒子密度、温度以及粒子成分等重要参数各不相同。第 5 章论述了低温等离子体技术处理 VOCs 的降解机理。低温等离子体能够有效降解大分子的 VOC 分子，使之转化为无害的无机小分子物质。第 6 章主要研究了低温等离子体反应器结构优化、电源电路优化，并确定了反应系统最优化方案；同时，针对高频电源下反应器发热问题进行了探讨，并建立了能量模型，希望能够有效提高反应能量利用效率，降低热损失。第 7 章优化了低温等离子体降解 VOCs 的反应工况参数，提出并确定了该技术商业化产品的最佳操作参数及最佳反应器构型。第 8 章对低温等离子协同技术展开了研究，包括等离子体－吸附联合、等离子体－催化联合、等离子体－铁电联合等技术，在此基础上提出等离子体－吸附＋催化＋铁电体集成技术来处理工业源VOCs，并取得了一定的进展，为低温等离子体今后的发展提供了方向。第 9 章以甲苯降解为例，采用色谱－质谱连用和红外光谱对该反应器净化尾气及结焦产物进行了分析，首次较为全面地探讨了等离子体协同催化降解甲苯废气的机理，并进行了反应动力学分析；结果表明，等离子体集成技术，可以有效地降低反应副产物，具有广阔的应用前景。第 10 章描述了低温等离子体技术的其他应用，包括我们和其他学者所做的应用性研究，希望能够为低温等离子体技术得到更广泛的应用提供参考和借鉴。

　　本书的撰写和出版得到"国家环保公益项目（201409004）"、"中国矿业大学（北京）研究生教材及学术专著出版基金项目"、"国家自然科学基金项目（51108453）"、"中央高校基本科研业务费项目"、"新世纪优秀人才支持计划"、"北京市优秀人才培养项目"资助。参与本书撰写工作的还有本课题组的陈锐、李汉卿、和娴娴、杜双杰、夏妮、李笑阳、赵文娟、王晓佳、吴世琪、陆玲、周金兰、尹辰贤，在此表示感谢，同时也对书中所引用文献作者表示诚挚的谢意。

　　本书可供环境工程专业人员阅读使用，也可供煤炭、电力、环境保护、建筑、建材行业科研和设计部门的工程技术人员及管理人员参考。

　　由于作者学术水平有限，不足之处在所难免，希望读者批评指正。

作　者

2015 年 1 月

目　　录

① 绪 论

随着科学技术的飞速发展，化学品生产规模和品种的扩大极为迅速，化学品在人类生活中占据了重要的地位。与此同时，少数化学品给生态环境和人体健康带来了严重危害，特别是挥发性有机化合物（volatile organic compounds，VOCs）所引起的污染危害。据美国政府对大气中人为污染物的统计，VOCs 年排放量仅次于 CO、SO_x、NO_x，成为又一重要的大气污染物。交通运输部门、工业生产部门的 VOCs 排放量占 VOCs 总排量的 76.6%，成为 VOCs 污染的主要行业。鉴于 VOCs 污染的日趋严重和人们对其危害的逐步认识，各国相继制定了一系列法规，要求削减 VOCs 的排放量。

目前国内外治理挥发性有机化合物采用的方法主要有吸收、吸附、催化燃烧等，这些方法都面临使用设备多、实验复杂、能耗大等问题。因此，经济、高效地治理低浓度、大流量的挥发性有机化合物，除改进传统技术外，开发替代产品，寻求控制最优技术已成为解决 VOCs 污染的必由之路。

基于这一背景，研究采用低温等离子体技术处理工业源 VOCs，通过重点考察影响降解率的主要因素，与催化剂相结合的协同效应，高频、工频、中频交流等不同电源的比较，反应器的评价等，表明该技术能有效治理低浓度 VOCs，同时具有实验流程短、运行效率高、能耗低、适用范围广等优点，为该技术进行进一步研究奠定了坚实的基础。

1.1 挥发性有机化合物（VOCs）的概念、来源及危害

1.1.1 VOCs 的概念

挥发性有机化合物（VOCs）是一大类有机污染物，是指在常温下饱和蒸气压约大于 70.91Pa，常压下沸点小于 260℃的有机化合物[1]。从环境监测的角度来讲，它是以氢火焰离子检测器测出的非甲烷烃类检出物的总称，主要包括烃类、氧烃类、卤代烃类、氮烃及硫烃类化合物[2]。世界卫生组织（WHO，1989）对总挥发性有机物（TVOC）的定义是熔点低于室温，沸点在 50～260℃之间的挥发性有机化合物的总称[3]。

VOCs 种类繁多，按其组成和特性的不同可分为以下五类化合物[4~6]：
（1）烃类，包括烷烃、烯烃和芳烃等；
（2）含氧有机物，如醛、醇、酮及酯等；
（3）含氮有机物，如胺、酰胺和腈等；
（4）含卤有机物，包括卤代烃、酰氯等；
（5）含硫有机物，包括硫醇、硫醚、硫脲、硫酚及二硫化碳等。
常见 VOCs 分类见表 1-1。

表 1-1　常见 VOCs 分类

类　别	常　见　有　机　物
脂肪类碳氢化合物	丁烷、正己烷
芳香类碳氢化合物	苯、甲苯、二甲苯、乙苯、苯乙烯
氯化碳氢化合物	二氯甲烷、三氯甲烷、三氯乙烷、四氯乙烯、四氯化碳
酮、醛、醇、多元醇	丙酮、丁酮、环己酮、甲基异丁基酮、甲醛、乙醛、甲醇、异丁醇
醚、酚、环氧类化合物	乙醚、甲酚、苯酚、环氧乙烷、环氧丙烷
酯、酸类化合物	醋酸乙酯、醋酸丁酯、乙酸
胺、腈类化合物	二甲基甲酰胺、丙烯腈
其他	氯氟碳化物、氯氟烃、甲基溴

1.1.2　VOCs 的工业来源

由于煤、石油、天然气是有机化合物的三大重要来源,因而工业上常见的含有机化合物的废气大多数来自以煤、石油、天然气为燃料或原料的工业,或者与它们有关的化学工业。

工业生产中 VOCs 的主要排放源(工艺过程或设备)有:特殊化学品生产,聚合物和树脂生产,工业溶剂生产,农药和除莠剂生产,油漆和涂料生产,橡胶和轮胎生产,石油炼制,石油化工氧化工艺,石油化工储罐,泡沫塑料生产,酚醛树脂浸渍工艺,塑料橡胶层压工艺,玻璃钢生产,磁带涂层,电视电脑机壳、仪表、汽车壳和部件、飞机喷漆,金属漆包线生产,半导体生产,纸和纤维喷涂,纸和塑料印刷。在这些工艺过程或设备中排放的 VOCs 的种类见表 1-2[7],其中芳烃类、醇类、酯类、醛类等作为工业溶剂广泛使用,因而排放量很大。

表 1-2　工业生产中排放的 VOCs 的种类

分　类	VOCs
烷烃类	乙烷、丙烷、丁烷、戊烷、己烷、环己烷
烯烃类	乙烯、丙烯、丁烯、丁二烯、异戊二烯、环戊烯
芳香烃及其衍生物	苯、甲苯、二甲苯、乙苯、异丙苯、苯乙烯、苯酚
醇	甲醇、乙醇、异戊二醇、丁醇、戊醇
脂肪烃	丙烯酸甲酯、邻苯二甲酸二丁酯、醋酸乙烯
醛和酮类	甲醛、乙醛、丙酮、丁酮、甲基丙酮、乙基丙酮
胺和酰胺	苯胺、二甲基甲酰胺
酸和酸酐	乙酸、丙酸、丁酸、乙二酸、邻苯二甲酸酐
乙二醇衍生物	甲基溶纤剂、乙基溶纤剂、丁基溶纤剂、甲氧基丙醇

1.1.3　VOCs 的危害

VOCs 具有挥发性、广泛性和多样性,所以对环境和人类的影响与危害也是多方面的,如图 1-1 所示。

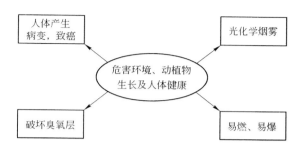

图 1-1　VOCs 对环境、动植物生长及人体健康的危害

（1）VOCs 是光化学氧化剂，它可使大气酸性化，增加臭氧的浓度，造成温室效应。

（2）很多 VOCs 属于易燃、易爆类化合物，给企业生产造成较大隐患。

（3）卤烃类 VOCs 破坏大气的臭氧层。一些 VOCs 可在大气中长期存在，扩散到臭氧层，与臭氧发生化学反应，消耗臭氧，形成臭氧空洞，同时使紫外线的作用在地面上得到加强，如氯氟碳化物（CFCs）。

（4）VOCs 具有致癌性、毒性和恶臭等性质[8]。大气中的某些多环芳烃、芳香胺、树脂化合物、醛和亚硝胺等有害物质对有机体有致癌作用或者产生真性瘤作用，例如苯可以导致血细胞的癌变，故 BACR（美国癌症研究协会）将苯列为可疑潜在致癌物质；某些芳香胺、醛、卤代烷烃及其衍生物、氯乙烯则对有机体有诱变作用，长期接触卤代烃会引起肝脾肿大、神经系统及消化系统的疾病，它还有致癌作用，可诱发肝癌或肝血管内瘤等。而且，当大气中有几种有毒物质共存时，由于毒性的加和作用，所产生的危害要大得多，如丙酮、丙烯醛和邻苯二甲酸酐，丙酮和酚等[9]。表 1-3 列出了挥发性有机化合物的致病症状[7]。

此外，一些 VOCs 本身就是引起温室效应的物质，例如甲烷，它产生温室效应是 CO_2 的 23 倍。

表 1-3　VOCs 的致病症状

影　响	症　状	致病有机污染物举例
自律神经障碍	出汗异常、手足发冷、易疲劳	丁醇、丙酮、烃类
神经障碍	失眠、烦躁、痴呆、没精神	苯、甲苯、环己酮
末梢神经障碍	运动障碍、四肢末端感觉异常	丙酮
呼吸道障碍	喉痛、口干、咳嗽	醋酸丁酯、200 号溶剂
消化器官障碍	腹泻、便秘、恶心	甲醛、200 号溶剂、甲苯、二甲苯
视觉障碍	结膜发炎	200 号溶剂、醋酸丁酯、醋酸乙酯、甲醛、丙酮
免疫系统障碍	皮炎、哮喘、自身免疫病变	氯苯、200 号溶剂

1.2　我国 VOCs 污染现状及对策

目前，随着经济的发展，我国化工行业也都得到了长足的发展。由于一些企业环保意识薄弱，或者因为技术粗糙，特别是很多小型化工企业在生产管理过程中缺乏科学的认识，导致环境被严重破坏。例如由于车间有机废气的浓度过高而致使本厂的职工发病率高、丧失劳动能力等的事故在报纸上屡见不鲜；废气排放和扩散后危害周围居民的身体健康，由此引起的民事纠纷时有发生。在兰州、上海等地的某些大型石化工业区都曾出现过化学烟雾现象[10]。

1984 年美国环保局（EPA）把"有毒化学物质污染与公众健康问题"列为各种环境污染问题之首，公布了 21 种工业污染点源和 65 种有毒污染物名单，前者有化学品制造，油漆、油墨及胶黏剂制造等工业，后者包括苯、四氯化碳等 30 多种 VOCs。1996 年美国环境优先污染物"黑名单"中的污染物已经增加到 189 种[11]。1996 年日本立法限制 53 种 VOCs 的排放，2002 年限制 149 种 VOCs 的排放。我国在 1989 年公布了环境保护法，1993 年公布了 52 种应优先控制的有毒化学品名单。同时我国也颁布了一些有机污染物的排放标准，如 1993 年颁布的《恶臭污染物排放标准》[12]和 1996 年颁布的《大气污染物综合排放标准》[13]。在《大气污染物综合排放标准》中规定了 14 类 VOCs 的最高允许排放浓度、最高允许排放速率和无组织排放限度值，对于各类有机污染物的排放做出了严格的规定。

现有的有机废气治理技术存在诸多的问题，特别是低浓度、大流量的有机废气尚缺乏经济、有效的治理方法。由于治理的成本问题，致使许多企业对有机废气治理的积极性不高，这是造成有机废气污染日益严重的主要原因。为此，需要探索寻求经济高效的治理方法。

1.3　VOCs 治理技术

VOCs 治理技术基本上可以分为两类[14]：第一类是以改进工艺技术、更换设备和防止泄漏为主的预防性措施；第二类是以末端治理为主的控制性措施。VOCs 治理技术树状简图如图 1 - 2 所示。

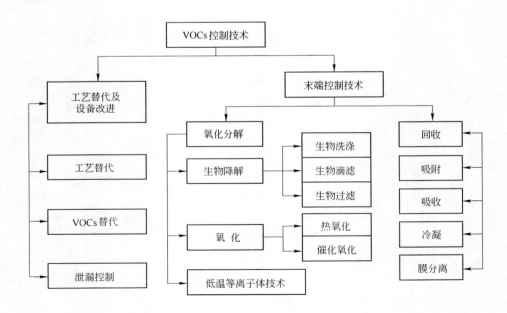

图 1 - 2　VOCs 治理技术树状简图

由图 1 - 2 可知，VOCs 末端治理基本上分为两大类，第一类是采用物理方法将 VOCs

回收，第二类是通过化学反应、生化反应等将 VOCs 氧化分解为无毒或低毒物质。目前广泛应用的回收方法主要有吸附法、吸收法、冷凝法、膜分离法，不过 VOCs 末端控制更多的还是采用氧化分解的方法，主要包括燃烧法、生物法、光催化氧化法以及近年来新兴的等离子体处理技术等。

1.3.1 吸附法

吸附法早已用于 VOCs 的回收处理，尤其是活性炭吸附法已经广泛应用于苯系物、卤代烃的吸附处理[15]。吸附法去除 VOCs 的原理是利用比表面积非常大的粒状活性炭、碳纤维、沸石等吸附剂的多孔结构，将 VOCs 分子截留。当废气通过吸附床时，VOCs 就被吸附在孔内，使气体得到净化。

优点：净化效率高，对低浓度的 VOCs 的处理效率能达到 90%；可回收有用成分；设备简单；操作方便。

缺点：吸附剂的容量小，需要的吸附剂量大，设备庞大；吸附后的吸附剂不仅需要定期再生处理和更换，而且在此过程中，VOCs 有散逸的风险；由于全过程的复杂性，费用相对较高。

1.3.2 吸收法

吸收技术是一种成熟的化工单元操作过程，适合于大气量、中等浓度的含 VOCs 废气的处理[16]。吸收法是利用液体吸收剂与废气直接接触而将 VOCs 转移到吸收剂中。它利用废气中一种或多种污染物组分在吸收剂中溶解度的不同，或与吸收剂中组分发生选择性化学反应，达到控制污染的目的。

常用的吸收设备如图 1-3 所示。含 VOCs 的气体由底部进入吸收塔，在上升的过程中与来自塔顶的吸收剂逆流接触而被吸收，被净化后的气体由塔顶排出，吸收了 VOCs 的吸收剂通过热交换器后，进入汽提塔顶部，在温度高于吸收温度或压力低于吸收压力时得以解吸，吸收剂经过溶剂冷凝器后进入吸收塔循环使用。解吸出的 VOCs 气体经过冷凝器、气液分离器后以纯 VOCs 气体的形式离开汽提塔，被进一步回收利用。

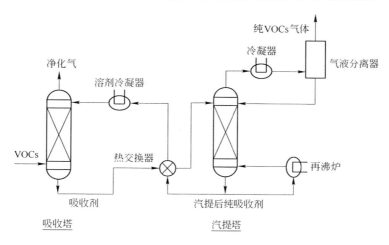

图 1-3 VOCs 吸收工艺

该法主要适用于浓度较高、温度较低和压力较高的 VOCs 废气的处理,吸收效果主要取决于吸收剂的吸收性能和吸收设备的结构特征。常用的吸收设备是填料塔。

优点:可回收有用成分,针对性强。

缺点:吸收范围有限;吸收剂难以选取,吸收后的吸收溶液需进一步处理,有可能造成二次污染,并且费用较高;过程较复杂,对低浓度有机物处理费用较高。

1.3.3 冷凝法

冷凝法利用物质在不同温度下具有不同饱和蒸气压这一性质,采用降低温度、提高系统的压力或者既降低温度又提高压力的方法,使处于蒸气状态的污染物冷凝并与废气分离[17]。该法特别适用于处理废气体积分数在 10^{-2} 以上的有机蒸气。冷凝法在理论上可达到很高的净化程度,但是当体积分数低于 10^{-6} 时,需采取进一步的冷冻措施,使运行成本大大提高。所以冷凝法不适宜处理低浓度的有机气体,而常作为其他方法净化高浓度废气的前处理,以降低有机负荷,回收有机物。目前两种最通用的冷凝方法是表面冷凝和接触冷凝。

优点:可回收有用成分,不增加废物的排放。

缺点:不适宜处理低浓度的有机气体;对入口 VOCs 要求严格;冷却温度低于 0℃时,大部分气流所含水蒸气在冷凝器中形成冰,冷凝器需定期除霜或气流预先脱水;若冷却温度低于 -40℃时,则需二级冷却,这使能源费用显著增加。

1.3.4 膜分离法

膜分离法是利用气体透过膜速度的不同将气体混合物分开。膜法进行气体混合物分离的基本原理是混合气体中各组分在压力差的推动下透过膜的传递速率不同,从而达到分离的目的。回收方法有常压法和加压法两种[18]。

膜分离技术常用于废水处理,因为这种方法一般需要在高压、大流量条件下进行操作。最近出现了一个适用于低流量低浓度的商业化处理系统,不过它是应用于室内空气清洁而不是工业气体清洁的系统。

优点:可回收有用成分。

缺点:压力损失,对膜的依赖性强;对膜的表面控制要求较高。

1.3.5 燃烧法

燃烧法分为直接燃烧法、热力燃烧法和催化燃烧法[19],其工艺流程如图 1-4 所示。

热力燃烧用于可燃有机物质含量较低的废气的净化处理,这类废气中可燃有机组分的含量往往较低,本身不能维持燃烧。因此,在热力燃烧中,被净化的废气不是作为燃烧所用的燃料,而是在含氧量足够时作为助燃气体,不含氧时则作为燃烧的对象。在进行热力燃烧时一般需要添加其他燃料(如煤、天然气、油等),把废气温度提高到热力燃烧所需的温度,使其中的气态污染物进行氧化,分解成为 CO_2、H_2O、N_2 等。

热力燃烧所需温度较直接燃烧低,在 540~820℃即可进行。热力燃烧的过程可分为三个步骤:辅助燃料燃烧——提供热能;废气与高温燃气混合——达到反应温度;在反应温度下,保持废气有足够的停留时间,使废气中可燃的有害组分氧化分解——达到净化排

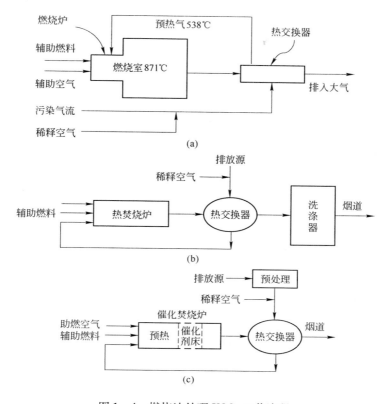

图 1-4 燃烧法处理 VOCs 工艺流程

（a）直接燃烧法；（b）热力燃烧法（稀释空气视情况加入）；（c）催化燃烧法（稀释空气视情况加入）

气的目的。

催化燃烧是以 Pt、Pd、CuO、NiO 等作为催化剂，在较低的温度下（150~600℃）使 VOCs 氧化分解成 CO_2 和 H_2O。催化燃烧的温度相对较低，可以节省燃料，但催化剂的价格较高，也不能处理含尘气体，使用一定时间后，要对催化剂进行清理，以除去其表面的附着物，延长催化剂的使用寿命。

目前在实际中使用的燃烧净化方法有直接燃烧法、热力燃烧法和催化燃烧法。这三种方法的工艺性能比较见表 1-4。

表 1-4 燃烧法工艺性能比较

燃烧工艺	直接燃烧法	热力燃烧法	催化燃烧法
浓度范围/mg·m^{-3}	>5000		
处理效率/%	>95		
最终产物	CO_2、H_2O		
投资费用	较低	低	高
运行费用	低	高	较低
燃烧温度/℃	>1100	700~870	300~450
其他	易爆炸，热能浪费且易产生二次污染	回收热能	VOCs 中如果含重金属、尘粒等物质，会引起催化剂中毒，预处理要求较严格

优点：一般情况下去除率均在95%以上。

缺点：（1）燃烧法适合于处理浓度较高的VOCs废气。（2）直接燃烧法运行费用较低，但容易在燃烧过程中发生爆炸，并且浪费热能，同时易产生二次污染；热力燃烧法处理低浓度VOCs时需加入辅助燃料，从而增大了运行费用；催化燃烧法降低了燃烧费用，但催化剂容易中毒，对进气成分要求极为严格，同时催化剂需要定期更换，废弃的催化剂如何处理还有待进一步研究，而且一种催化剂一般只对某一特定类型的有机物有效，如果处理混合型的VOCs废气，则需要多种不同类型的催化剂，此外由于催化剂成本很高，使得该法处理费用大大提高。（3）废气中的VOCs不完全燃烧有可能产生比初始气体更有害的污染物，如乙醛、二噁英、呋喃等。

1.3.6　生物法

生物法控制VOCs污染是近年来发展起来的空气污染控制技术，该技术已在德国、荷兰得到规模化应用，有机物去除率大都在90%以上。

VOCs生物净化过程的实质是附着在滤料介质中的微生物在适宜的环境条件下，利用废气中的有机成分作为碳源和能源，维持其生命活动，并将有机物分解成CO_2、H_2O的过程。气相主体中VOCs首先经历由气相到固相或液相的传质过程，然后才在固相或液相中被微生物分解。常见的处理VOCs的生物法有生物洗涤法、生物过滤法和生物滴滤法[20]，生物法处理VOCs的工艺流程如图1-5所示。

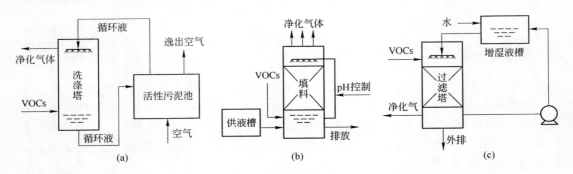

图1-5　生物法处理VOCs的工艺流程
（a）生物洗涤法；（b）生物滴滤法；（c）生物过滤法

生物洗涤塔主要由活性污泥池和洗涤塔组成。洗涤塔包括吸收和生物降解两部分。经有机物驯化的循环液由洗涤塔顶部布液装置喷淋而下，与沿塔而上的气相主体逆流接触，使气相中的有机物和氧气转入液相，进入活性污泥池，被微生物氧化分解，得以降解。

生物过滤塔净化VOCs的工作原理为：VOCs气体由塔顶进入过滤塔，在流动过程中与已接种挂膜的生物滤料接触而被净化，净化后的气体由塔底排出。

生物滴滤塔与生物过滤塔之间的最大区别是循环液从填料上方喷淋，设备中除产生传质过程外还存在着很强的生物降解作用。VOCs气体由塔底进入，在流动过程中与已接种挂膜的生物滤料接触而被净化，净化后的气体由塔顶排出。滴滤塔集废气的吸收与液相再生于一体，塔内增设了附着微生物的填料，为微生物的生长、有机物的降解提供了条件。

生物法工艺性能比较见表1-5。

表 1-5　生物法工艺性能比较

工艺	系统类别	适用条件	运行特性	备　注
生物洗涤法	悬浮生长系统	气量小、浓度高、易溶、生物代谢速率较低的 VOCs	系统压力较大，菌种易随连续相流失	对较难溶气体可采用鼓泡塔、多孔板式塔等气液接触时间长的吸收设备
生物滴滤法	附着生长系统	气量大、浓度低、有机负荷较高以及降解过程中产酸的 VOCs	处理能力较大，工况易调节，不易堵塞，但操作要求高，不易处理入口浓度高和气量波动大的 VOCs	菌种易随流动相流失
生物过滤法		气量大、浓度低的 VOCs	处理能力大，操作方便，工艺简单，能耗少，运行费用低，对混合型 VOCs 的去除率较高，具有较强的缓冲能力，无二次污染	菌种繁殖代谢快，不会随流动相流失，从而大大提高了去除效率

优点：去除率高，设备简单、运行费用低，较少形成二次污染，尤其是在处理低浓度、生物降解性好的气态污染物时更显经济性。

缺点：压力损失大，抗冲击负荷能力差，微生物对生长环境要求高，对温度和湿度变化敏感，体积大，不适用于高卤素化合物。

1.3.7　光催化法

20 世纪 90 年代以后，光催化氧化法成为去除低浓度 VOCs 的最热门研究课题[21]。光催化净化是基于光催化剂在紫外线照射下具有的氧化还原能力而净化污染物。利用催化剂的光催化氧化性，使吸附在其表面的 VOCs 发生氧化还原反应，最终转变为 CO_2、H_2O 及无机小分子物质。具有光催化作用的半导体催化剂，在吸收了大于其带隙能（E_g）的光子时，电子从充满的价带跃迁到空的导带，而在价带上留下带正电的空穴（h^+）。光致空穴具有很强的氧化性，能将其表面吸附的 OH^- 和 H_2O 分子氧化成 $OH\cdot$，$OH\cdot$ 几乎可以氧化所有的有机物。常用的金属氧化物光催化剂有 Fe_2O_3、WO_3、Cr_2O_3、ZnO、ZrO、TiO_2 等。由于 TiO_2 来源广、化学稳定性和催化活性高，没有毒性，成为试验研究中最常用的光催化剂[22]。

优点：方法简单，不产生二次污染，适用范围广。

缺点：催化剂易失活，催化剂难以固定且固定化后催化效率降低。

1.3.8　低温等离子体法

在众多的环境污染治理技术中，低温等离子体技术作为一种高效率、低能耗、使用范围广、处理量大、操作简单的环保新技术来处理有毒及难降解物质，是近年来研究的热点[23]。

等离子体被称为物质的第四种形态，由电子、离子、自由基和中性粒子组成，是导电性流体，总体上保持电中性。按粒子温度，等离子体可分为热平衡等离子体和非平衡等离子体。热平衡等离子体中离子温度与电子温度相等，而非平衡等离子体中离子温度与电子温度不相等，一般电子温度高达数万度，而中性分子温度只有 300~500K，整个系统的温度仍不高，所以又称低温等离子体。

　　这意味着，在低温等离子体中，一方面电子具有足够高的能量使反应物分子激发、电离和离解，另一方面反应体系得以保持低温，乃至接近室温。低温等离子体主要是由气体放电产生的。气体放电等离子体主要分为辉光放电、电晕放电、介质阻挡放电、频射放电、微波放电几种形式。而能在常压下产生低温等离子体的只有电晕放电和介质阻挡放电。低温等离子体中存在很多电子、离子、活性基和激发态分子等有极高化学活性的粒子，使很多需要很高活化能的化学反应能够发生，使常规方法难以去除的污染物得以转化或分解。

1.3.9　几种 VOCs 处理方法性能比较

　　通过 1.3.1～1.3.8 节对几种 VOCs 污染控制技术的简单论述，将几种控制技术的性能列入表 1-6 中。

表 1-6　几种 VOCs 处理工艺的性能比较

工　艺	燃烧法[①]	吸附法	吸收法	冷凝法[②]	生物法	低温等离子体法	光催化法
高浓度(>5000mg/m^3) VOCs 的处理效率	高	中	高	中	低	高	低
高浓度(>5000mg/m^3) VOCs 的处理费用	高	中	高	低	较低	中	低
低浓度(<3000mg/m^3) VOCs 的处理效率	高	高	中	中	高	高	中
低浓度(<3000mg/m^3) VOCs 的处理费用	高	高	高	高	低	中	低
最终产物	CO_2、H_2O	解析有机物	有机物	有机物	CO_2、H_2O	CO_2、H_2O	CO_2、H_2O
适用范围	高浓度，范围广	低浓度，范围广	高浓度，特定范围	高浓度，纯净单组分	低浓度，范围广	中、低度，范围广	低浓度，范围广
其　他	燃烧不完全，产生有毒 VOCs 中间产物	运行费用高，废液需处理	温度高的气体需降解，操作压力低时，吸收率很低，需回收溶液	工艺复杂，可回收有用组分，但对入口 VOCs 要求严格	工艺较简单，但对温度、pH 值等运行条件较严格	工艺较简单，运行管理方便	工艺较简单，运行管理方便，发展潜力大

　　注：效率高是指 >95%；中是指 80%～95%；低是指 <80%。
　　①不包括能源回收费用；②可与溶剂回收设备配合。

　　低温等离子体法处理 VOCs 的技术与传统方法相比具有很多优点：（1）可在常温常压下操作。（2）有机化合物最终的产物为 CO_2、CO、H_2O。若有机物是氯代物，则产物中还应加上氯化物，而无中间产物，降低了有机物的毒性，同时避免了其他方法中的后期处理问题。（3）运行费用低。图 1-6 所示为几种处理 VOCs 方法的运行费用对比[24]。（4）

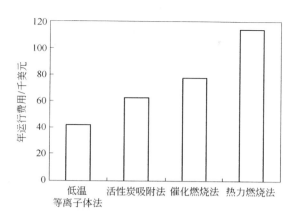

图 1-6　等离子体法与传统处理技术运行费用对比
（每年总费用包括能耗费、正常维修费及设备安装费）

VOCs 的去除率高，对 VOCs 的适应性强。（5）运行管理比较方便。

　　针对工业上气量大、浓度低且污染物大都无回收价值的 VOCs 废气治理而言，需要有一种更有效、更彻底、操作更简便的处理方法，可以最大限度地减少运行条件的限制。低温等离子体法的出现正是为了顺应这种要求，并越来越受到国内外环保工作者的重视。随着研究技术的不断进步，各种各样的新工艺不断诞生，低温等离子体法必将向着规模化方向发展。

1.4　结语

　　由于煤、石油、天然气是有机化合物的三大重要来源，因而工业上常见的含有机化合物的废气大多数来自以煤、石油、天然气为燃料或原料的工业，或者与它们有关的化学工业。其中芳烃类、醇类、酯类、醛类等作为工业溶剂广泛使用，因而排放量很大。而大多数 VOCs 具有挥发性、广泛性和多样性，对环境和人类的影响与危害很大，我国也在《大气污染物综合排放标准》中规定了 14 类 VOCs 的最高允许排放浓度、最高允许排放速率和无组织排放限度值，对于各类有机污染物的排放做出了严格的规定。

　　VOCs 末端治理基本上分为两大类，第一类是采用物理方法将 VOCs 回收，第二类是通过化学反应、生化反应等将 VOCs 氧化分解为无毒或低毒物质。目前广泛应用的回收方法主要有吸附法、吸收法、冷凝法、膜分离法，不过 VOCs 末端控制更多的还是采用氧化分解的方法，主要包括燃烧法、生物法、光催化氧化法以及近年来新兴的等离子体处理技术等。然而，现有的有机废气治理技术存在诸多的问题，特别是低浓度、大流量的有机废气尚缺乏经济、有效的治理方法。由于治理的成本问题，致使许多企业对治理的积极性不高，这是造成有机废气污染日益严重的主要原因。为此，需要探索寻求经济高效的治理方法。

　　目前，我国的工业正在高速发展的时期，VOCs 的使用量与日俱增。现在我国对 VOCs 排放量并没有官方的统计，估计我国 VOCs 的年排放量为 2000 万吨左右，其排放控制的处理设备将形成一个巨大的环保市场。如果我国不掌握有效的污染控制新技术，要么这个巨大的市场将拱手让给国外公司，要么我国大气环境中 VOCs 的污染将持续恶化下去。低温等离子体法处理 VOCs 的技术能够有效弥补传统技术的缺陷，因此，本书将针对该技术在工业源 VOCs 治理方面展开讨论，并希望其能够早日实现市场化发展。

参 考 文 献

[1] Noel de Nevers. Air pollution control Engineering（second edition）[M]. 北京：清华大学出版社，2000.

[2] 胡望均. 常见有毒化学品环境事故应急处理技术与监测方法 [M]. 北京：中国环境科学出版社，1993.

[3] 李建. 涂料和胶粘剂中有毒物质及其检测技术 [M]. 北京：中国计划出版社，2002.

[4] 袁贤鑫. 催化燃烧 [J]. 工业催化，1992（1）：42.

[5] 刘必武，潘章文. Q101 型苯系有机废气净化催化剂的开发 [J]. 工业催化，1993（4）：11.

[6] 王建军. 消除 VOC 的催化剂 [J]. 石油化工环境保护，1995（3）：34.

[7] 陶有胜. "三苯"废气治理技术 [J]. 环境保护，1999（8）：20～21.

[8] 高莲，谢永恒. 控制挥发性有机化合物污染的技术 [J]. 化工环保，1998，6.

[9] Я. M. 鲁格什科. 大气中工业排放有害有机化合物手册 [M]. 张宏才译. 北京：中国环境科学出版社，1990.

[10] 童志权. 工业废气净化与利用 [M]. 北京：化学工业出版社，2001.

[11] 吴祺. 挥发性有机物污染 [J]. 化学教学，2001（7）：17～18.

[12] 天津市环保科研所. GB 14554—1993 恶臭污染物排放标准 [S]. 北京：中国标准出版社，1994.

[13] 国家环保局. GB 16297—1996 大气污染物综合排放标准 [S]. 北京：中国标准出版社，1997.

[14] 郝吉明，马广大. 大气污染控制工程 [M]. 2 版. 北京：高等教育出版社，2002.

[15] 周玉昆. 挥发性有机化合物的污染控制技术 [J]. 化工环保，1993，13（4）：199～202.

[16] Robert A Zerbonia, James J Spivey. Survey of Control Technologies for Low Concentration Organic Vapor Gas Streams, EPA－456/R－95－003, May 1995.

[17] 张宇峰，邵春燕，等. 挥发性有机化合物的污染控制技术 [J]. 南京工业大学学报，2003，29（3）：89～92.

[18] McCallion J. Membrane Process Captures Vinyl Chloride other VOCs [J]. Chemical Processing, 1994（9）：33～36.

[19] 曹秋伟，陈彦霞，张艳玲，等. 燃烧法处理有机废气的探讨 [J]. 科技视界，2012（27）：356～358.

[20] 李国文. 挥发性有机废气（VOCs）的污染控制技术 [J]. 西安建筑科技大学学报，1998，30（4）：399～402.

[21] Fujishima, Hongda. Electrochemical photlysis of water a semiconductor Electrode [J]. Nature, 1972, 238：37～38.

[22] 尚静. TiO_2 纳米粒子气－固复相光催化氧化 VOCs 作用的研究进展 [J]. 环境污染治理技术与设备，2000，1（3）：32～36.

[23] 陈殿英. 低温等离子体及其在废气处理中的应用 [J]. 化工环保，2001，21（3）：136～139.

② 等 离 子 体

2.1　等离子体的概念

等离子体是由带电的正粒子、负粒子（其中包括正离子、负离子、电子、自由基和各种活性基团等）组成的集合体，其中正电荷和负电荷电量相等故称等离子体。它们在宏观上是呈电中性的电离态气体（也有液态、固态）。这种电离态气体要符合等离子体存在的空间与时间矢量条件，也就是说等离子体中的粒子密度和能量分布要满足在质量和能量特定范围才能达到等离子体自持稳态的时空矢量场。图 2-1 所示为某些由自然界产生的和研究应用的等离子体存在的密度-温度的二维分布图。

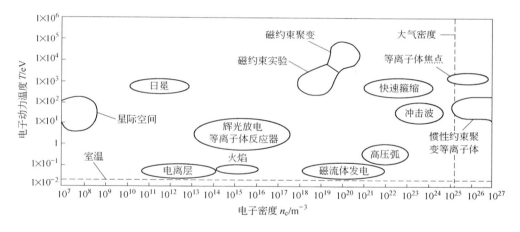

图 2-1　等离子体密度-温度的二维分布[1]

由图 2-1 可知，宇宙星际空间在地球上空的电离层、日冕以及雷雨时的闪电等都属自然界的等离子体形式。太阳本身就是一个炽热发光的等离子体火球，已存在上亿年了。在浩瀚的太空宇宙中，绝大多数物质都呈等离子体状态存在，因此等离子体是物质存在的基本形态，它与众所周知的物质三态也就是气态、液态、固态并列称为物质的第四态，即等离子体态。鉴于地球是冷星球，现已不具有等离子体自然形成的稳态条件了，只有在特殊情况下才出现等离子体现象，如北极光和闪电等。

2.1.1　物质的三态变化[2]

为了理解等离子体，可从物质的三态变化了解其生成机理。一切宏观物质都是由大量分子组成的。分子间力的吸引作用使分子聚集在一起，在空间形成某种有规则的分布，而分子的无规则热运动具有破坏这种规则分布的趋势。

通常见到的物质基本是以固、液或气三态中的任一态存在。在一定的温度和压力下，某一物质的存在状态取决于构成物质的分子间力与无规则热运动这两种对立因素的相互作用，或者说取决于分子间的结合能与其热运动动能的竞争。而温度是分子热运动剧烈程度在宏观上的表现。在较低温度下，分子无规则热运动不太剧烈，分子在分子间力的作用下被束缚在各自的平衡位置附近做微小的振动，分子排列有序，表现为固态。温度升高时，无规则热运动剧烈到某一程度，分子的作用力已不足以将分子束缚在固定的平衡位置附近做微小振动，但还不至于使分子分散远离，这就表现为具有一定体积而无固定形态的液态。温度再升高，无规则热运动进一步加剧，分子间力已无法使分子保持一定的距离，这时分子互相分散远离，分子的移动几乎是自由移动，这就表现为气态。可见，在一定条件下，物质的三态之间是可以相互转化的。各种物态之间的相互转化都和温度 T 和压强 p 有关。那么，对气态物质进一步加热会产生什么变化呢？

2.1.2　物质第四态——等离子体

当对某一物质从低温开始加热时，从固态逐渐熔化变成液态，进而蒸发成气态，最后，如果对气态物质继续加热，温度升高，将会有什么变化呢？当温度足够高时，构成分子的原子也获得足够大的动能，开始彼此分离，这一过程称为离解。在此基础上进一步提高温度，就会出现一种全新的现象，原子的外层电子将摆脱原子核的束缚而成为自由电子，失去电子的原子变成带正电的离子，这个过程叫电离。等离子体指的就是这种电离气体，它通常是由光子、电子、基态原子（或分子）、激发态原子（或分子）以及正离子和负离子六种基本粒子构成的集合体。它们之间的转化如图 2-2 所示。

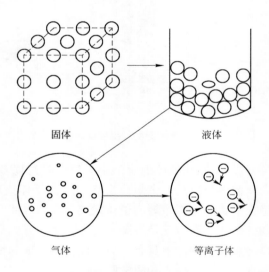

固体　　　　　　　液体

气体　　　　　　　等离子体

图 2-2　物质四态示意图

因此，等离子体也被称为物质的第四态。对于人们所熟悉的气、液、固"三态"，它们之间的转化只涉及分子间力的变化，而对于人们还不熟悉的第四态"等离子体"，它由气态转化时则需要克服原子核对外层电子的束缚。因此和已有的三态相比，等离子体无论在组成上还是在性质上均有着本质的差别。主要表现如下：

（1）等离子体从整体上看是一种导电流体。

（2）气体分子间并不存在净电磁力，而等离子体中电离气体带电粒子间存在库仑力，由此导致带电粒子群的种种集体行为，如等离子体振荡和等离子体辐射等，这些将在 2.2 节做详细介绍。

在茫茫宇宙中，99% 以上的物质是以等离子体形式存在的。人类也无时无刻不在受到等离子体的保护。太阳就是一个巨大的等离子体，其中心温度高达 1000 万度以上，那里的物质均以电离状态存在。类似太阳的许许多多恒星、星云以及广阔无垠的星际空间物质都是等离子体。地球上空约 70 ~ 1000km 范围的电离层也是等离子体，它主要是受太阳辐射的影响形成的。夏日的雷电也是一种等离子体现象。自然界中等离子体还有很多，形成的原因各不相同，但殊途同归，都达到了气体的电离。

2.2 等离子体的分类

按照不同的标准可以将等离子体做不同的分类[3,4]。

2.2.1 按存在分类

按存在可分为天然等离子体和人工等离子体。

（1）天然等离子体。天然等离子体是由自然界自发产生及宇宙中存在的等离子体。宇宙中 99% 的物质是以等离子体状态存在的，如太阳、恒星星系、星云等，自发产生的如闪电、极光等。

（2）人工等离子体。人工等离子体是由人工通过外加能量激发电离物质形成的等离子体。如日光灯和霓虹灯中的放电等离子体、等离子体炬中的电弧放电等离子体、气体激光器及各种气体放电中的电离气体等。

2.2.2 按电离度分类

按电离度（α）可分为完全电离等离子体（$\alpha = 1$）、部分电离等离子体（$0.01 < \alpha < 1$）、弱电离等离子体（$10^{-6} < \alpha < 0.01$）。

2.2.3 按粒子密度分类

按粒子密度可分为致密等离子体和稀薄等离子体。

（1）致密等离子体（或高压等离子体）。当粒子密度 $n > 10^{15 \sim 18} \text{cm}^{-3}$ 时，该等离子体就可称为致密等离子体或高压等离子体。这时粒子间的碰撞起主要作用。例如，p 为 0.1 个大气压以上的电弧均可看做是致密等离子体。

（2）稀薄等离子体（或低压等离子体）。当粒子密度 $n < 10^{12 \sim 14} \text{cm}^{-3}$ 时，粒子间碰撞基本不起作用，这时该等离子体称稀薄等离子体或低压等离子体。例如，辉光放电就属于此类型。

2.2.4 按热力学平衡分类

按热力学平衡可分为完全热力学平衡等离子体、局部热力学平衡等离子体和非热力学平衡等离子体。

（1）完全热力学平衡等离子体（complete thermal equilibrium plasma）。完全热力学平

衡等离子体也称为高温等离子体，此类等离子体中电子温度（T_e）、离子温度（T_i）及气体温度（T_g）完全一致，如太阳内部核聚变和激光聚变均属于这种。

（2）局部热力学平衡等离子体（local thermal equilibrium plasma）。由于等离子体中各物质通常很难达到严格的热力学一致性，当其电子、离子和气体温度局部达到热力学一致性，即 $T_e \approx T_i \approx T_g = 3 \times (10^3 \sim 10^4)$ K 时，称之为局部热力学平衡等离子体，也称为热等离子体，例如电弧等离子体、高频等离子体等。

（3）非热力学平衡等离子体（non-thermal equilibrium plasma）。非热力学平衡等离子体也称为冷等离子体，此类等离子体内部电子温度很高，可达上万开尔文，而离子及气体温度接近常温，即 $T_e \gg T_i \approx T_g$，从而形成热力学上的非平衡性。目前实验室中常用的非热力学平衡等离子体主要包括电晕放电（corona discharge）、辉光放电（glow discharge）、火花放电（spark discharge）、介质阻挡放电（dielectrical barrier discharge）、滑动弧光放电（gliding arc discharge）、微波等离子体（microwave plasma）及射频等离子体（radio-frequency plasma）等。

非热力学平衡等离子体拥有的高电子能量及较低的离子及气体温度这一非平衡特性对化学反应十分有效。一方面，电子具有足够高的能量使反应物分子激发、离解和电离；另一方面，反应体系又得以保持低温乃至接近室温，使反应体系能耗减少，并可节约投资。因此冷等离子体在化学反应和材料表面改性中有广泛的用途。

2.3　等离子体特征

2.3.1　等离子体整体特性

从整体看，等离子体是一种导电流体。由等离子体的生成过程可知，当给物质施加显著的高温或高能量时，中性的物质就会被离解成电子、离子和自由基。不断地从外部施加能量，物质就会被离解成阴、阳荷电粒子状态。在外加电压下，阴、阳电粒子的流动就会产生电流。

对于洛仑兹等离子体，把等离子体看做微观粒子的集合，可以把等离子体的整体电导率 σ 写为：

$$\sigma = \frac{e^2 n_e}{m_e \nu_{ce}} = \frac{1}{\rho} \qquad (2-1)$$

式中，e 为电子电量，$e = 1.60 \times 10^{-19}$ C；n_e 为电子密度，m^{-3}；m_e 为电子质量，$m_e = 9.1 \times 10^{-31}$ kg；ν_{ce} 为电子碰撞频率。

对于电子只与每个电荷数均为 z 的带电粒子碰撞的情况，等离子体整体电导率 σ_s 为：

$$\sigma_s = \frac{51.6\varepsilon_0^2}{e^2 z}\left(\frac{\pi}{m_e}\right)^{1/2}\frac{(kT_e)^{3/2}}{\ln\Lambda} \qquad (2-2)$$

式中，ε_0 为真空介电常数；k 为玻耳兹曼常数；T_e 为电子温度；$\ln\Lambda$ 为库仑对数，$\ln\Lambda = \ln\frac{12\pi(\varepsilon_0 kT_e)^{3/2}}{z^2 e^3 n_e^{1/2}}$。

式（2-2）由物理学家 Lyman Spitzer 提出，也称为 Spitzer 电导率。

在等离子体中，电流由离子和电子共同组成，在外加电场中它们以相反方向运动。离子和电子与中性本底气体碰撞，从而产生一个稳态漂移速度。由于离子的质量比电子大得多，它们的漂移速度较小，而电子的漂移速度较大。因此，等离子体中的电流密度与载流粒子的平均漂移速度 v_d 和粒子密度成正比。而平均漂移速度与电场强度和迁移率 μ 成正比。在给定压力的中性本底气体下，迁移率是碰撞频率 ν_c 的函数，且近似保持为常数。因此，利用迁移率可将漂移速度写成简单正比于电场的形式：

$$v_d = \frac{e}{m\nu_c}E = \frac{\sigma}{en_e}E = \mu E \qquad (2-3)$$

式中，E 为电场强度，kV/cm。

2.3.2 等离子体准电中性

就等离子体本身而言，它具有变成为电中性的强烈倾向，故离子和电子的电荷密度几乎相等，此种情况称为准中性，是带相反电荷粒子间强电作用的结果。等离子体中的电荷分离仅可能由外加电场或等离子体本身的内能（热能）来维持；可由等离子体动力学温度维持的对电中性的最大偏离估算出来。

如图 2 - 3 所示，一个密度几乎相等、每立方米 n_0 个粒子的电子和单电荷正离子构成的含能等离子体，在半径为 r 的球形区域内，此体积内的静电能由其所包含的（假设为负的）剩余电荷量决定，此球表面的静电位为

$$V = \frac{Q}{4\pi\varepsilon_0 r} \qquad (2-4)$$

式中，Q 为球内的净电荷，此电荷由球体积乘剩余电荷密度得出。剩余电荷密度即 $e\delta_n$，其中 e 为电子电荷，而 δ_n 为球内电子与（可能是多电荷的）离子密度之差。

$$\delta_n = n_e - Z_{n_i} \ll n_0 \qquad (2-5)$$

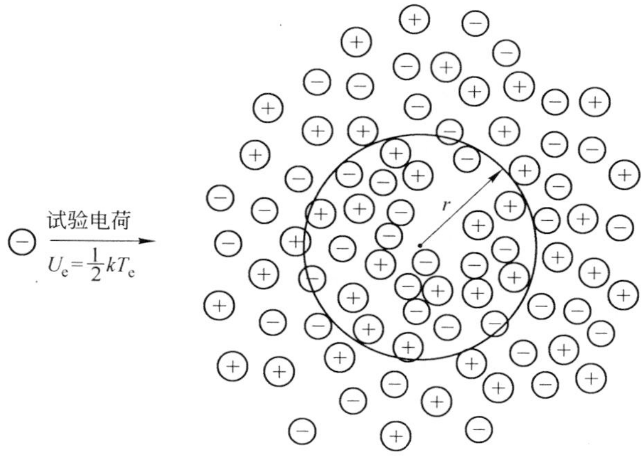

图 2 - 3 等离子体准中性区域

（电子动力学温度为 T_e 的等离子体中半径为 r 的准中性球区域，具有能量为 $kT_e/2$ 的单电子从左面向球中心靠近[1]）

球表面的静电位为：

$$V = \frac{\frac{4}{3}\pi r^3 e\delta_n}{4\pi\varepsilon_0 r} = \frac{r^2 e\delta_n}{3\varepsilon_0} \qquad (2-6)$$

被推进静负电荷小球区域的一个电子所得到的能量可由式（2-6）的静电位乘以电荷得到，即：

$$U_e = eV = \frac{r^2 e^2 \delta_n}{3\varepsilon_0} \qquad (2-7)$$

此能量可能仅来自与有限的动力学温度 T 有关的动能。电子运动的径向自由度与特征热能有关，即：

$$U_e = \frac{1}{2}kT = \frac{1}{2}eT' \qquad (2-8)$$

式中，k 为玻耳兹曼常数，将式（2-8）代入式（2-7），可解出与电中性的相对偏离：

$$\frac{\delta_n}{n_0} = \frac{3T'\varepsilon_0}{2er^2 n_0} = 8.3 \times 10^7 \frac{T'}{n_0 r^2} \qquad (2-9)$$

式中，T' 为用电子伏特表示的动力学温度。

通常等离子体的偏离电中性为十万分之几。因此，任何实际等离子体将包含几乎恰恰相等的正负电荷量。此假设称为准中性，可允许假设 $Z_{n_i} \approx n_e$，故在许多计算中不需要分别考虑离子数或电子数。

2.3.3 等离子体鞘层

在直流或低频辉光放电中往往会发生局部性的等离子体不满足电中性的情况，特别是在与等离子体接触的固体表面附近，由于电子附着，基板形成负电位，在其表面附近的等离子体中正离子的空间电荷密度增大。这种空间电荷分布称作离子鞘。由此形成的空间称作等离子体鞘层。所有的等离子体与固体接触时都会在固体表面的交界处，形成一个电中性被破坏了的空间电荷层，即等离子体鞘层。正是这种鞘层作用赋予了等离子体对材料表面处理时的活性。下面看一下简单的静电等离子体鞘层。

一个与等离子体接触的电极或壁，往往仅影响其最邻近的等离子体。除非在等离子体中有大的电流流动，或者除非高度扰动，等离子体总趋向形成一表面鞘层，以使自己与外供电场屏蔽开。此特征屏蔽距离几乎等于等离子体与周围壁之间形成的鞘层厚度。

由泊松（Poisson）方程可得鞘层区域内的静电场为：

$$\nabla^2 \varphi = -\frac{e}{\varepsilon_0}(n_i - n_0) \qquad (2-10)$$

式中，n_i 和 n_0 分别为离子与电子的热密度。在热平衡下，它们满足玻耳兹曼分布：

$$n_i = n_0 \exp\left(-\frac{e\varphi}{T_i}\right), n_e = n_0 \exp\left(-\frac{e\varphi}{T_e}\right) \qquad (2-11)$$

将式（2-11）代入式（2-10），可得

$$\nabla^2 \varphi = -\frac{en_0}{\varepsilon_0}\left[\exp\left(-\frac{e\varphi}{T_i}\right) - \exp\left(-\frac{e\varphi}{T_e}\right)\right] \qquad (2-12)$$

显然，式（2-12）为非线性方程，在 $\left|\frac{e\varphi}{T}\right| \ll 1$ 的空间内，可以对其进行泰勒展开，取线性项，可得

$$\nabla^2 \varphi = \left(\frac{n_0 e^2}{\varepsilon_0 T_i} + \frac{n_0 e^2}{\varepsilon_0 T_e}\right)\varphi \approx \frac{1}{\lambda_D^2}\varphi \qquad (2-13)$$

于是有等离子体的德拜（Debye）长度 λ_D 为：

$$\lambda_D = \left(\frac{kT_e \varepsilon_0}{n_e e^2} \right)^{1/2} \qquad (2-14)$$

式中，λ_D 也称为德拜屏蔽距离，表示的是等离子体和电极间，或等离子体与壁之间形成的鞘层的特征厚度。在相对静止的等离子体中，其大部分积聚的自由能量被耗尽，鞘层可能很薄；然而，在回旋半径大于德拜屏蔽距离的磁化等离子体中，或在载流的非磁化等离子体中，或在高度湍性的等离子体中，特征鞘层厚度可能会更大些。

2.3.4　等离子体扩散过程

由于等离子体会产生热效应以及等离子体内部微观粒子的自由扩散，这些自由粒子会在不同方向上产生扩散。对于不同的等离子体类型，其扩散的形式是不同的，本节介绍两种简单的等离子体扩散系数。

综合考虑到等离子体的径向扩散和非径向的迁移，对于麦克斯韦（Maxwell）气体和非磁化等离子体，Einstein 给出了此类等离子体的扩散系数：

$$D = \frac{m\overline{v}^2}{3q}\mu = \frac{8kT}{3\pi q}\mu \qquad (2-15)$$

式中，m 为等离子体质量；v 为迁移速度；q 为电量；k 为玻耳兹曼常数；μ 为带电粒子的迁移率。

另外 David Bohm 提出了一个从经验推论的扩散系数，用于描述某些电弧中等离子体的径向扩散，表示为：

$$D_B = \frac{1}{16} \frac{kT_e}{eB} \qquad (2-16)$$

2.3.5　等离子体辐射

自然界和实验室中的等离子体都是发光的。除了可见光以外，等离子体也能发出看不见的紫外线甚至 X 射线。所有这些辐射，本质上都是电磁波，等离子体发出电磁波的过程称为等离子体辐射。

伴随等离子体辐射会产生活性物种及能量的转移。一方面，辐射释放能量，这些辐射能量能有效地用来激活某些反应体系，这已被用于等离子体引发聚合和等离子体对材料表面改性等研究；另一方面，由于等离子体辐射携带着大量等离子体内部的信息，通过对辐射频率、强度、偏振状态等参量的研究，可以对等离子体内的物种、密度、温度及电磁状态等进行诊断，获取有关等离子体化学反应过程及机理的主要信息，还可以用于对反应过程的实时监测等。

等离子体辐射主要来源于等离子体中带电粒子运动状态的变化。等离子体辐射指带电粒子由于运动状态的变化，伴随能量状态的变化而发生的辐射跃迁。就其发射机制的不同分别叙述几种主要辐射。

2.3.5.1　激发辐射

在受激原子中，处于高激发态的电子跃迁到低激发态或基态时，所发出的辐射称为激发辐射。由于在辐射跃迁前后电子均处于束缚态，故这种辐射又叫做束缚－束缚辐射。

激发辐射的辐射频率由跃迁前后两能级间的能级差决定。

$$hv = E_n - E_m = \Delta E \tag{2-17}$$

式中，E_n 为激发态能量；E_m 为基态能量。式（2-17）表明了产生激发辐射时辐射频率与能级差之间所应满足的关系，而并不说明跃迁是否真的发生。

2.3.5.2 复合辐射

当一个自由电子被离子俘获复合成低价态的离子或中性粒子时，发射电磁波的过程称为复合辐射。在复合辐射跃迁过程中电子从自由状态变成束缚态，因此也叫做自由－束缚辐射。其辐射频率由下式决定：

$$hv = \varepsilon_e + (E_i - E_m) \tag{2-18}$$

式中，ε_e 为复合之前自由电子的动能；E_i 为电离能；E_m 为复合后该电子所处的能级。

在低温等离子体中，随着电离度的增加，复合辐射的成分增加。

2.3.5.3 韧致辐射

等离子体中的带电粒子由于受其他粒子静电势场的作用而发生速度变化时，伴随动能变化发出的电磁辐射称为韧致辐射。在等离子体中电子速度远大于离子速度，因此韧致辐射主要是由电子产生的。当自由电子经过正离子附近时，因受离子电场的作用使电子惯性运动受阻失掉能力而发出韧致辐射。电子在韧致辐射后仍是自由的，只是动能减小而已，因此也叫做自由－自由辐射。其辐射频率由下式给出：

$$hv = \varepsilon_e - \varepsilon_e' \tag{2-19}$$

式中，ε_e、ε_e' 分别为辐射前后自由电子的动能，且 $\varepsilon_e > \varepsilon_e'$。

在高温等离子体中，韧致辐射是主要的辐射形式。

2.3.5.4 回旋辐射

当等离子体处于外磁场中，电子因受洛仑兹力作用以一定的向心加速度做回旋运动时也会辐射电磁波，称其为回旋辐射或磁韧致辐射。对于能量不太高的电子而言，回旋辐射的频率基本上就是电子的拉摩频率 Ω。

$$\Omega = eB/m_e \tag{2-20}$$

式中，B 为磁感应强度，显然辐射频率只与 B 有关。

不过只有当温度高达数千电子伏特时，回旋辐射所引起的能量损失才可能跟韧致辐射相比拟。

等离子体辐射使得等离子体空间富集有常规"三态"下不易获得的活性物种和能量分布，正是这些特性使等离子体广泛用于化学合成、刻蚀、薄膜制备、表面改性等领域。

2.4 等离子体特征参数与判据

等离子体的状态主要取决于它的组成粒子、粒子密度和粒子温度。因此可以说，粒子密度和温度是它的两个基本参量，其他一些参量大多与密度和温度有关[1,2,5~7]。

2.4.1 等离子体密度和电离度

组成等离子体的基本成分是电子、离子和中性粒子。通常以 n_e 表示电子密度，以 n_i 表示离子密度，以 n_g 表示未电离的中性粒子密度。为方便起见，当 $n_e = n_i$ 时，可以用 n 表示二者中任意一个带电粒子的密度，简称为等离子体密度。

显然，如果都是一阶电离，则 $n_e = n_i$，氢等离子体就是这样。然而，一般等离子体中可能含有不同价态的离子，也可能含有不同种类的中性粒子，因此电子密度和离子密度并不一定总是相等的。不过在大多数情况下所讨论的主要是一阶电离和含有同一类中性粒子的等离子体，故可认为 $n_e \approx n_i$，这时电离度 α 可定义为：

$$\alpha = n_e/(n_e + n_g) \qquad (2-21)$$

热力学平衡条件下，电离度仅与粒子种类、粒子密度和温度有关。

此外，由粒子密度可以估算带电粒子间的平均距离 l。设单位体积内的带电粒子数为 N，显然 $N = n_e + n_i$，则

$$l = N^{-1/3} \qquad (2-22)$$

由此，对一阶电离的体系而言，电子在离子静电势场中的平均势能 PE 为：

$$PE \approx qe^2/l \approx N^{1/3}e^2 \qquad (2-23)$$

式中，q 为离子电荷，对一价离子，$q = 1$。

2.4.2 等离子体温度

在热力学平衡态下，粒子能量服从麦克斯韦分布。单个粒子平均平动能 KE 与热平衡温度的关系为：

$$KE = mv^2/2 = 3kT/2 \qquad (2-24)$$

式中，m 为粒子质量；v 为粒子的根均方速度；k 为玻耳兹曼常数。

然而，等离子体中不只有一种粒子。虽然当带电粒子的库仑相互作用位能远小于热运动动能时，即若满足 $PE \ll KE$，便可以认为各种粒子在热平衡态也服从麦克斯韦分布。但是，不一定有合适的形成条件和足够的持续时间来使各种粒子都达到统一的热平衡态。因此也就不可能用一个统一的温度来描述。在这种情况下，按弹性碰撞理论，离子-粒子、电子-电子等同类粒子间的碰撞频率远大于粒子-电子间的碰撞频率。况且，同类粒子的质量相同，碰撞时的能量交换最有效。因而，将会是每一种粒子各自先行达到自身的热平衡态。而且最先到达热平衡态的应是最轻的带电粒子，即电子。这样，就必须用不同的粒子温度来描述了。

通常，令电子温度为 T_e，离子温度为 T_i，中性粒子温度为 T_g。考虑到"热容"，等离子体的宏观温度应当取决于重粒子的温度。

在讨论等离子体时，为了方便起见，往往直接以"电子伏特"作为温度的单位，以下且记为 T_{ev}，即以与 kT 值对应的能量来表示。则

$$T_{ev} = kT \qquad (2-25)$$

若 $T_{ev} = 1\mathrm{eV}$，又由于 $kT = 1\mathrm{eV} = 1.6 \times 10^{-12}\mathrm{erg}$，则温度为 $1\mathrm{eV}$ 便相当于绝对温度 $T = 11600\mathrm{K}$。但是，单个粒子的平均动能仍为：

$$KE = 3kT/2 = 3T_{ev}/2 \qquad (2-26)$$

依据等离子体的粒子温度，可以把等离子体分为热平衡等离子体和非平衡等离子体两大类。

2.4.3 沙哈方程

在等离子体中，在产生电离的同时还存在着电子和离子重新复合成中性离子的过程。在实际应用中，通常有等离子体的带电粒子与中性本底气体、固体的边界，有时甚至与液体强烈地相互作用。当热能施加于气体，使其高度电离。在许多低压气体中，离子、电子和中性气体处于各自不同的动力学温度上，其混合体距热平衡甚远，必要条件是所有粒子在一共同温度上，在这样的等离子体中，必须从微观动力学来计算电离组分。

一些等离子体，包括工作在一个大气压的直流弧和射频等离子体炬，是处于或近于热平衡的，在此状态下，电子、离子和中性气体的温度是相同的。在这些条件下，由中性气体到完全电离等离子体状态的转变可由沙哈方程来描述，这是由印度天体物理学家 Meghnad Saha 所推导的，此关系表明电子、离子和中性密度（n_0）之间的关系：

$$\frac{n_e n_i}{n_0} = \frac{(2\pi m_e kT)^{3/2}}{h^3} \frac{2g_i}{g_0} \exp\left(\frac{-eE_i}{kT}\right) \qquad (2-27)$$

式中，h 为普朗克（Planck）常量；T 为三种粒子的共同热动力学温度；g_i 为原子的电离电位；g_0 为离子基态的统计权重；g_i/g_0 为中性原子基态的统计权重，碱性金属等离子体的比值约为 0.5，其他气体约为 1 的量级。

2.4.4 德拜屏蔽与德拜长度

等离子体的电中性有其特定的空间和时间尺度。德拜长度是等离子体具有电中性的空间尺度下限，也就是说等离子的电中性在等离子体的容积比德拜长度 λ_D 充分大时才成立，在小于德拜长度的空间范围，处处存在着电荷的分离，此时，等离子体不具有电中性，这是有别于普通气体的。

电子走完一个振幅（等于德拜长度）所需的时间 τ_p 可看做是等离子体存在的时间尺度下限。在任何一个小于 τ_p 的时间间隔内，由于存在等离子体振荡，因而体系中任何一处的正负电荷总是分离的，只有在以大于 τ_p 的时间间隔的平均效果来看，等离子体才是宏观中性的。

$$\tau_p = \left(\frac{\lambda_D}{kT_e/m_e}\right)^{1/2} \qquad (2-28)$$

τ_p 是描述等离子体时间特征的一个重要参量。如果由于无规则热运动等扰动因素引起等离子体中局部电中性破坏，那么等离子体就会在量级为 τ_p 的时间内去消除它。换言之，τ_p 可作为等离子体电中性成立的最小时间尺度。

2.4.5 等离子体频率

德拜长度是等离子体具有电中性的空间下限，电子走完一个德拜长度所需的时间 τ_p 可看做是等离子体存在的时间尺度下限。在任何小于 τ_p 的时间间隔内，由于存在等离子体振荡，等离子体任何一处的正负电荷总是分离的；只有大于 τ_p 的时间间隔的平均效果，等离子体才是宏观中性的。

$$\tau_{\text{p}} = \frac{1}{\omega_{\text{p}}} = \frac{\lambda_{\text{D}}}{\left(\dfrac{kT_e}{m_e}\right)^{1/2}} \qquad\qquad (2-29)$$

$$\omega_{\text{p}} = \left(\frac{n_e e^2}{\varepsilon_0 m_e}\right)^{1/2} \qquad\qquad (2-30)$$

式中，ω_{p} 为等离子体频率。

2.4.6 等离子体导电性和介电性

当讨论等离子体电学性质时，通常采用两种模型，既把等离子体看做导体又看做电介质。在看做导体时，把电子看做自由电荷，它们对外加电场的响应受到电子与其他粒子相互作用的影响。在把等离子体看做电介质时，把电子看做束缚电荷，即每一个电子和每一个离子看成一个电偶极子。

2.4.6.1 导电性

由于等离子体中含有电子、离子和中性粒子，所以问题比较复杂。这里只讨论弱电离等离子体。其中带电粒子和中性粒子之间的碰撞是主要的。由于电子的质量远小于离子的质量，所以在等离子体中，电子是主要的载流子。在无外加磁场的情况下，对弱电离等离子体，朗之万提出了电子运动方程式（Langevin equation）：

$$m_e \frac{\text{d}v}{\text{d}t} = -eE - v_{en} m_e v \qquad\qquad (2-31)$$

式中，v_{en} 为电子轴向速率；v 为电子水平速率。式子最后一项为电子与中性粒子碰撞时电子动量的平均损失率，它相当于一个"阻尼"或"摩擦力"。

2.4.6.2 介电性

如果我们把交变电场 E 加在等离子体上，也可以显示出介电性。在交变电场的作用下，电子发生位移 r，这相当于在等离子体中产生偶极矩为 $-er$ 的电偶极子，在单位体积内的大量电子产生一个极化强度 P：

$$P = -ner = \chi E \qquad\qquad (2-32)$$

式中，χ 为等离子体的电极化率。根据介电常数的定义，$\varepsilon = 1 + 4\pi\chi$。

2.4.7 等离子体判据

等离子体作为物质的一种聚集状态必须要求其空间尺度远大于德拜长度，时间尺度远大于等离子体响应时间，在此情况下，等离子体的集体相互作用起主要作用，在较大的尺度上正负电荷数量大致相等，满足所谓的准中性条件。此时对于德拜长度 λ_{D} 的导出要使用体积分布规律。这只有在德拜球内存在大量带电粒子时才允许[2]。

通过以上讨论，可以定义电离气体成为等离子体所必须满足的条件，即等离子体判据为：

（1）等离子体空间尺度 l：

$$l > \lambda_{\text{D}}, \lambda_{\text{D}} = \left(\frac{kT_e \varepsilon_0}{n_e e^2}\right)^{1/2} \qquad\qquad (2-33)$$

（2）等离子体时间尺度 τ：

$$\tau > \tau_p,\ \tau_p = \left(\frac{\lambda_D}{kT_e/m_e} \right)^{1/2} \tag{2-34}$$

（3）等离子体参数 Λ：

$$\Lambda \gg 1,\ \Lambda \approx 4\pi n_0 \lambda_D^3 \propto (T^3/n_0)^{1/2} \tag{2-35}$$

式中，Λ 为德拜球内存在的带电粒子数。

以上这些讨论的是气体完全电离，然而对于部分电离气体，体系中除带电粒子外，还存在着中性粒子。带电粒子与中性粒子之间的相互作用形式只有近距离碰撞这一种形式，可以用碰撞频率 ν_{en} 表示其相互作用的强弱。带电粒子之间的相互作用可以用库仑碰撞频率 ν_{ee} 和等离子体频率 ω_p 来表示。当带电粒子与中性粒子之间的相互作用强度同带电粒子之间的相互作用相比可以忽略时，即如果有 $\nu_{en} \ll \max(\nu_{ee}, \omega_p)$，带电粒子的运动行为就与中性粒子的存在基本无关，同完全电离气体构成的等离子体相近，体系处于等离子体状态。

2.5 结语

（1）等离子体也被称为物质的第四态。按照存在状态可以将等离子体分为天然等离子体和人工等离子体；按电离度分类可分为完全电离等离子体、部分电离等离子体和弱电离等离子体；按粒子密度分类可分为致密等离子体和稀薄等离子体；按热力学平衡分类可分为完全热力学平衡等离子体、局部热力学平衡等离子体和非热力学平衡等离子体。从整体看，等离子体是一种导电流体。就等离子体本身而言，它具有变成电中性的强烈倾向，故离子和电子的电荷密度几乎相等，此种情况称为准中性。

（2）在直流或低频辉光放电中往往会发生局部性的等离子体不满足电中性的情况，特别是在与等离子体接触的固体表面附近，由于电子附着，基板形成负电位，在其表面附近的等离子体中正离子的空间电荷密度增大。这种空间电荷分布称作离子鞘。由此形成的空间称作等离子体鞘层。所有的等离子体与固体接触时都会在固体表面的交界处形成一个电中性被破坏了的空间电荷层，即等离子体鞘层。正是这种鞘层作用赋予了等离子体对材料表面处理时的活性。

（3）由于等离子体会产生热效应以及等离子体内部微观粒子的自由扩散，这些自由粒子会在不同方向上产生扩散，并且对于不同的等离子体类型，其扩散的形式不同。

（4）自然界和实验室中的等离子体都是发光的。除了可见光以外，等离子体也能发出看不见的紫外线甚至 X 射线。所有这些辐射，本质上都是电磁波，等离子体发出电磁波的过程称为等离子体辐射。等离子体辐射主要来源于等离子体中带电粒子运动状态的变化。

（5）等离子体的状态主要取决于它的组成粒子、粒子密度和粒子温度。因此可以说，粒子密度和温度是它的两个基本参量，其他一些参量大多与密度和温度有关，包括等离子体电离度、等离子体频率、导电性和介电性等。

（6）等离子体作为物质的一种聚集状态必须要求其空间尺度远大于德拜长度，时间尺度远大于等离子体响应时间，在此情况下，等离子体的集体相互作用起主要作用，在较大的尺度上正负电荷数量大致相等，满足所谓的准中性条件。

电离气体成为等离子体所必须满足的条件，即等离子体判据为：

等离子体空间尺度 l：

$$l > \lambda_D , \quad \lambda_D = \left(\frac{kT_e \varepsilon_0}{n_e e^2} \right)^{1/2}$$

等离子体时间尺度 τ：

$$\tau > \tau_p , \quad \tau_p = \left(\frac{\lambda_D}{kT_e/m_e} \right)^{1/2}$$

等离子体参数 Λ：

$$\Lambda \gg 1 , \quad \Lambda \approx 4\pi n_0 \lambda_D^3 \propto (T^3/n_0)^{1/2}$$

参 考 文 献

[1] J. R. 罗思. 工业等离子体工程（第一卷）［M］. 吴坚强，等译. 北京：科学出版社，1998.

[2] 胡征. 等离子体化学基础［J］. 化工时刊，1999（11）：39～41.

[3] T. J. M. 博伊德，等. 等离子体动力学［M］. 戴世强，等译. 北京：科学出版社，1977.

[4] Fridman A，Chirokow A，Gutsol A. Non‐thermal atmospheric pressure discharge，J. Phys. D：Appl. Phys. 38（2005）R1～R24.

[5] 李静海，等. 展望21世纪的化学工程［M］. 北京：化学工业出版社，2004.

[6] Polack L，et al. Plasma Chemistry［M］. London：Chambridge International Scientific Publishing，1998.

[7] 过增元，赵文华. 电弧和热等离子体［M］. 北京：科学出版社，1986.

3　等离子体产生方式

第 2 章已提到了等离子体是自然界物质存在的"第四态"，在大气宇宙中有 99% 的物质都呈等离子体状态存在，然而在人类居住的地球上很少看到自然界的等离子体现象，这是因为地球是一个"冷星球"，加之高密度的大气层导致等离子体很难稳定存在，所以通常要采用人工方法产生等离子体。到目前为止，研究等离子体的发生技术十分繁多与活跃，以不同学科领域的应用为背景，相应研究提出了各种等离子体发生技术。为此，学术界在国际上统称这方面的研究内容为"等离子体源"（plasma sources）。

3.1　等离子体的主要发生方法

人为产生等离子体的主要方法包括气体放电法、射线辐照法、光电离法、激光等离子体、热电离法、激波等离子等，主要涉及的机理包括气体放电法特性与原理、汤森放电理论、气体击穿 – 罗可夫斯基理论、帕邢定律、击穿电压的影响因素、气体放电的相似理论等[1,2]。

3.1.1　气体放电法特性与原理

气体放电一般是指在电场作用下或其他激活方法使气体电离，形成能导电的电离气体，如果电离气体是通过电场产生的，这种现象称为气体放电。气体放电应用较广的形式有电晕放电、辉光放点、无声放电（又称介质阻挡放电）、微波放电和射频放电等，气体放电性质和采用的电场种类及施加的电场参数有关。下面以一个典型的气体放电实验为例来说明放电特性[3]。

图 3 – 1 所示为直流放电管电路示意图，放电管是一个低压玻璃管，管两端接有直流高压电源的圆形电极，图中 R 为可调式镇流电阻，用以测量电流 – 电压特性，亦称放电伏安特性；V_a 为直流电源；V 为放电管的极间电压；I 为放电电流。

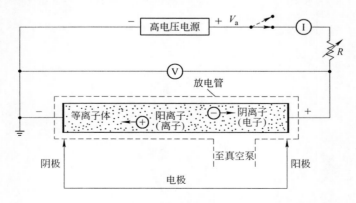

图 3 – 1　直流放电管电路示意图

在电极两端施加电压时，通过调节电阻 R 值可得到气体放电的伏安特性曲线，如图 3-2所示。由气体放电的伏安特性曲线图可看出，开始在 A、B 点间电流随电压的增加而增加，但此时电流上升变化得较缓慢，表明放电管中气体电离度很小，继续提高电压，电流不再增加，呈本底电离区的饱和状态，继续提高电压，电流会迅速地呈指数关系上升，从 C 到 E 区间，这时电压较高但电流不大，放电管中也无明亮的电光，自 E 点起，再继续提高电压，发生了新的变化，此时电压不但不增高反而下降，同时在放电管内气体发生了电击穿，观测到耀眼的电光，这时因电离而电阻减小，但电流开始增长，在 E 点处对应的电压称为气体的击穿电压。放电转变为辉光放电，电流开始上升而电压一直下降到 F 点，然后电流继续上升但电压恒定不变直到 G 点，而后电压随电流的增加而增加到 H 点，放电转入较强电流的弧光放电区。I 和 J 之间是非热弧光区，电流增加电压下降，在 J 和 K 之间是热弧光区，等离子体接近热力学、动力学平衡，从 I 到 K 的弧光放电区属于热等离子特性，在等离子体化学中很少应用。

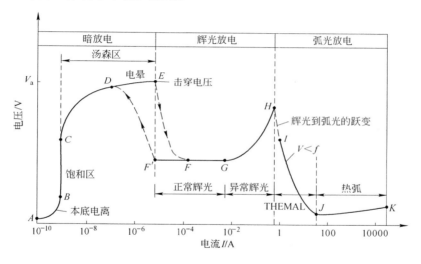

图 3-2　气体放电伏安特性曲线

AB 段—非自持放电本底电离区；BC 段—非自持放电饱和；CE 段—汤森放电区；DE 段—电晕放电区；
EF 段—前期辉光放电区；FG 段—正常辉光放电区；GH 段—异常辉光放电区；HK 段—弧光放电区

在外加电场保持一定时，如果需要外界辐射源才能持续放电时，放电为非自持放电；当不需要外界辐射源就能保持持续放电则为自持放电。

上述放电以汤森（Townsend）放电为例，简述各种放电过程[1,4]。

3.1.2 汤森放电

目前工业上应用的一些等离子体过程多发生在汤森放电区，汤森（J. S. Townsend，1865～1957 年）是英国物理学家，是第一个提出定量的气体放电理论的科学家，其中涉及几个重要的过程[4]。

3.1.2.1 电子碰撞电离——α 电离过程

在放电过程中，设每个电子沿电场方向移动 1cm 距离时与气体分子或原子碰撞所能产生的平均电离次数为 α，则 α 叫做电子碰撞电离系数，也叫汤森第一电离系数。该系数表明了电子碰撞对电离过程的贡献。汤森第一电离系数 α 为：

$$\alpha = Ap\exp(ApV_i/E) \tag{3-1}$$

式中　A——与气体性质有关的常数，可由试验获得；

　　　p——气体压力；

　　　V_i——气体分子的电离电位；

　　　E——电场强度。

汤森第一电离系数 α 是与气体种类有关，且由放电时 E/p 比值决定的数值，它影响着放电过程的电离效率，与电子数目和电流密度的增长密切相关。平行板电极间的电场强度 E 是恒定值，只要放电气压和温度保持不变，α 即为定值。

3.1.2.2　正离子碰撞电离——β 电离过程

正离子碰撞电离系数以 β 表示，β 是指一个离子在电场方向 1cm 行程中与气体分子碰撞所产生的平均电离次数。研究可知，在相同电场条件下电子碰撞电离远大于正离子碰撞电离次数，也就是碰撞电离系数 $\alpha \gg \beta$。

3.1.2.3　阴极二次电子发射——γ 电离过程

正离子轰击阴极时，阴极发射二次电子的概率以 γ 表示。在电场作用的等离子体条件下，由阴极发射的电子在到达阳极的过程中产生正离子，这些正离子撞击阴极而使阴极发射二次电子。γ 系数也叫汤森第三电离系数，它比汤森第一电离系数 α 要小。

气体放电击穿是一复杂过程，通常都是由电子雪崩开始，从初级电子电离相继在串级电离过程中增值。一旦汤森电离系数 α 随电场增强而变得足够大时，此时的电流就从非自持达到了自持过程，也就是发生了电击穿。对于汤森放电击穿的临界电场中电压 V_B 的计算，可用半经验方程式（此方程称为帕邢定律）来判断。

3.1.3　帕邢定律

气体击穿电压 U_B 是放电开始击穿时所需的最低电压，帕邢（F. Paschen）在汤森提出气体放电击穿理论之前便在实验室中发现了在一定的放电气压范围内，气体击穿电压 U_B 是气压（p）和极间距离（d）乘积的函数，即 $U_B = f(pd)$，这种函数关系被称为帕邢定律（Paschen law）。

以下是汤森放电的帕邢定律表达式：

$$U_B = \frac{Bpd}{\ln\dfrac{Apd}{\ln(1+1/\gamma)}} \tag{3-2}$$

式中　γ——汤森第三电离系数；

　A，B——常数，是与气体种类和实验条件有关的参数，可实验求取或查文献得到。

可将式（3-2）绘出帕邢曲线来表示气体击穿电压 U_B 与放电时气压和极间距离乘积 pd 间的函数关系。

3.1.4 气体原子的激发转移和消电离

气体粒子从激发态回到较低状态或者被进一步激发到更高的状态是粒子从该激发态消失的可能途径，这种过程称为气体粒子的激发转移，其中包括回到中性低能态的消电离。电离气体中的潘宁效应、敏化荧光等都属于这种过程。实验发现，在适当的两种气体组成的混合物中，其击穿电压会低于单纯气体的击穿电压，这种效应称为潘宁效应（Penning effect）[5]。这种效应的过程可以用简式表示为：

$$A^* + B \longrightarrow A + B^* + e + \Delta E \tag{3-3}$$

A^* 是一种激发态原子，与中性原子 B 碰撞，转移激发能并使 B 原子电离。从能量守恒的要求，A^* 原子的激发能应该大于或至少等于 B 原子的电离能。实验发现 A^* 的激发能越接近 B 的电离能，这种激发转移的概率就越大。当 A^* 是处于某个亚稳态时，即 A^* 在该激发态有较长的停留时间时，那就允许它与 B 原子有足够长的相互作用时间，因此发生潘宁效应的概率就大了。对于上述过程，从左方看是激发态 A^* 原子的消失，从右方看是正离子 B^* 的产生，因此潘宁效应也是一种带电粒子产生的机制。

3.1.5 气体击穿——罗可夫斯基理论

前面介绍的汤森理论指出当气体由非自持放电转向自持放电，即气体击穿时，应满足判别式：

$$\mu = \gamma(e^{\alpha d} - 1) = 1 \tag{3-4}$$

式中，α 为电子碰撞电离系数，也叫汤森第一电离系数；d 为极间距。

我们计算气体击穿时，结合电子雪崩过程中电子增长规律，通常会采用这样一个公式来计算阳极电流密度：

$$j_a = \frac{j_0(\alpha - \beta)e^{(\alpha - \beta)d}}{\alpha(1 + \gamma) - (\alpha\gamma + \beta)e^{(\alpha - \beta)d}} \tag{3-5}$$

式中，j_0 为初始电流密度；β 为正离子碰撞电离系数，也叫汤森第二电离系数；γ 为阴极二次电子发射系数，也叫汤森第三电离系数。这个公式中，在此状态下，所算的放电电流将为无穷大，显然这一结果是不现实的，这也是汤森理论的困境。罗可夫斯基在汤森放电理论的基础上，提出在气体击穿的过程中应考虑空间电荷对放电的影响，从而进一步完善了汤森放电理论。他清晰地论述了由非自持放电向自持放电发展的稳定过程，这也是辉光放电的理论基础。

3.1.5.1 空间电离对放电的影响

由于电子雪崩时放电空间带电粒子不断增多将影响到均匀电场的分布。在放电中电子和离子是成对产生的，不论是初始的电离或是电子碰撞电离都是如此。在稳定状态下，到达阴极的离子数和到达阳极的电子数相等。另一方面，由于离子的漂移率远远小于电子的漂移率，即 $v_i \ll v_e$，所以靠近阴极附近慢速运动的离子的空间电荷一定要积累增高，直到远远大于电子的空间电荷为止。阳极上的传导电流是电子，但是阳极附近的电子密度却是小于阴极附近的离子密度，这是因为电子跑得快，离子跑得慢，只有这样才可能使到达阳极的电子数与到达阴极的离子数相等。结果在整个放电空间中离子空间电荷占优势，这样它使管内的均匀电场产生了畸变。

根据空间电荷分布，由泊松方程可得

$$\frac{\mathrm{d}E}{\mathrm{d}x} = -4\pi\rho \qquad (3-6)$$

式中，ρ 是净空间电荷；x 是离阴极的距离。空间电场强度的分布曲线决定于 ρ 值及 ρ 随 x 的变化。

当在两电极间开始加上电压时，空间电位呈线性分布，放电空间为均匀电场。在放电发展过程中，正离子和电子逐步在空间积累，而净的正空间电位效应越来越强，从而影响到空间的电位分布，使均匀场畸变。由于净空间电荷为正，根据泊松方程得到的电位分布由直线变为上凸的曲线。图 3-3 所示描述了在放电发展过程中空间电位分布曲线的变化。

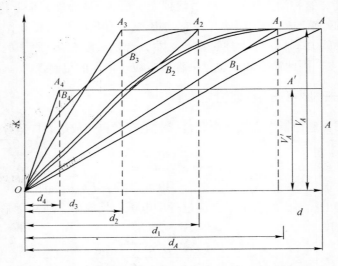

图 3-3 放电发展过程中空间电位分布曲线变化情况

在图 3-3 中，K 为阴极，A 为阳极，两电极所加电压为 V_A。开始时没有空间电荷的影响，电位分布呈线性变化，如直线 OA。在放电发展过程中，阳极附近积累起净的正空间电荷，电位分布曲线变成曲线 OB_1A。随着放电的继续发展，这种净正空间电荷逐步增强，电位分布曲线变化过程为 $OB_1A—OB_2A_1A—OB_3A_2A_1A$ 等。为了便于分析，罗可夫斯基提出用折线代替电位分布曲线，如图上的 OB_2A_1A 曲线以 OA_1 和 A_1A 两直线代替。由于 A_1 与阳极等电位，就引出了等效阳极概念。在 KA_1 空间电位为线性分布，这相当于阳极由 A 移到 A_1 的位置。把空间电荷引起的电场畸变这一相当复杂的问题用简单的等效阳极概念来处理，是相当巧妙的，使问题变得简单而又清楚。如 OA_3A 折线，相当于阳极由 A 移到 A_3 的位置，极间的距离由 d_A 减小到 d_3，而在阴极和等效阳极之间的空间电场仍均匀分布，即 $E = \dfrac{V_A}{d_3}$。显然，在正空间电荷的影响下，阴极附近的电场大大增强。随着放电电流的迅速增长，外线路上的电阻压降增加，放电管上的电压降则减小。当放电管击穿后，由汤森放电转变成正常的辉光放电，这时放电电流达到较大的数值。放电管内两电极间的电压降下降为 V_A'，所以图 3-3 上出现 OA_4A 的电位分布曲线。由此可知，由于正电荷空间的影响，放电管两电极间的电压降大部分集中在阴极附近，阴极表面附近电场强度大大增强，这就产生了在电场向阴极集中的过程中如何能使放电稳定的问题。

3.1.5.2 自持放电的稳定过程

当在放电管的两电极间加上一定的电压时，放电空间形成了电子崩，随着 α 过程和 γ 过程的增长，净正空间电荷不断增长，使空间电场分布发生畸变，管内的电压降集中在阴极附近，相应出现了等效阳极。阴极附近电场增强，放电有效空间距离减小，因而电子碰撞系数 α 和电离增长率 μ 随放电发展过程而发生变化。图 3-4 所示为放电过程中 $\frac{\alpha}{P}$ 和 μ 随 $\frac{E}{P}$（P 为气体压力）的变化曲线。

从图 3-4 可看出当放电管电极间所加电压较小时，空间电场较弱，$\frac{\alpha}{P}$ 处在图中 $\frac{\alpha}{P}$ 曲线的 A 点以下，相应获得的电离增长率 $\mu < 1$，在这种情况下，放电不可能发展，不能形成稳定的自持放电。当在放电管上所加的电压足够高，达到击穿电压 V_s 时，$\frac{\alpha}{P}$ 值处在曲线的 A 点，相应的 μ 值处在 μ 曲线的 A' 点，$\mu = 1$ 满足击穿条件。气体击穿后在放电的发展过程中，由于正空间电荷效应出现等效阳极，空间有效极间距离 d' 减小，使 $\frac{E}{P}$ 增大，则 $\frac{\alpha}{P}$ 将随之发生变化，μ 值也随着发生变化。它们的变化曲线如图

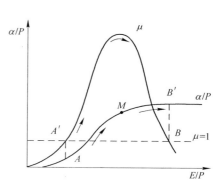

图 3-4 自持放电稳定过程中
$\frac{\alpha}{P}$ 和 μ 的变化

3-4 所示。可见曲线上 A 与 A' 点的放电状态是不稳定的，随放电过程中 $\frac{E}{P}$ 的变化而变化。

$\frac{\alpha}{P}$ 曲线上任意一点的斜率为：

$$\tan\theta = \frac{\alpha/P}{E/P} = \frac{\alpha}{E} \tag{3-7}$$

式中，电场强度 $E = \frac{V_s}{d}$，代入上式得

$$\tan\theta = \frac{\alpha d}{V_s} \tag{3-8}$$

由此可见 αd 的乘积与 $\tan\theta$ 成正比变化关系，在曲线拐点 M 以下，由 $A \to M$ 变化中，由于 $\tan\theta$ 不断增大，所以 αd 随着增大，则 μ 也相应增大。在曲线拐点 M 以后，由 $M \to B$ 变化中，由于每点的 $\tan\theta$ 逐渐变小，因而 μ 也随之减小，μ 有极大值存在并对应于 $\frac{\alpha}{P}$ 曲线的拐点 M 处。这就是说，在放电发展过程中，由于空间电荷积累的影响，使有效极间距

离减小，从而 $\dfrac{E}{P}$ 增大 $\left(E = \dfrac{V_s}{d} \right)$，在 $\dfrac{\alpha}{P}$ 曲线上则由 $A \to M$ 点发展。AM 曲线的斜率是增大的，则 αd 的乘积增大，μ 也增大，所以放电过程继续发展。

当到达 M 点后，随着放电过程的继续发展，d 继续减小，因此 M 点是曲线的拐点，αd 的乘积开始减小，所以 μ 也就由最大值开始减小。但这时的 μ 值是远大于 1 的，因此放电仍然继续增强。随着放电很快的发展，μ 继续减小，最后到达 B 点，再次使 $\mu = 1$，B 和 B' 点所对应的状态为稳定状态，放电不可能再继续增强而达到稳定。

由此可见，如果让电压足够大，以便达到满足击穿条件（$\mu = 1$）的 A' 点，那么放电并不会停留在与 A' 点对应的状态上，而是朝着空间电荷和电流极继续增长的方向发展，很快经过 A' 和 B' 点之间的曲线段，进入与 B 点对应的状态。此时 μ 再次等于 1，达到稳定状态。若因任何偶然因素使电场再增强，B 点以后 μ 便小于 1，放电减弱，从而又回到 B' 的状态。所以说，B 和 B' 点是对应的稳定状态。在此状态下，有效极间距离远小于两平板电极间的距离，极间电压降绝大部分集中在阴极附近，使阴极附近空间的电场强度大大增强。上述分析说明在放电发展的过程中，由于空间电荷积累的影响，放电的发展是有限度的，从而解决了汤森理论的困境。

罗可夫斯基理论定性地描述了气体击穿现象由不稳定状态向稳定状态转变的发展过程，以及击穿后的稳定状态。通常击穿后放电稳定在正常辉光放电状态。此时放电管两电极间的管压降低于放电管击穿时的击穿电压，其管内空间电位分布如图 3 - 3 上的 OA_4A' 曲线所示。

3.1.6 击穿电压的影响因素

帕邢研究了 pd 对 V_s 的影响关系，而影响击穿电压 V_s 的因素还有另外几个方面。

（1）气体的种类和成分。气体的种类不同，A 与 B 常数不同，击穿电压 V_s 也就不同。通常当原子的电离能较低时，V_s 也偏低。在上述讨论中只讨论了单一气体击穿问题，实际气体的纯度对 V_s 有很大影响。当在纯气体中混入微量杂质气体时，若两种气体间满足潘宁电离条件，混合气体可产生潘宁电离过程，从而增大空间的电离增长率，使气体击穿，电压下降。放电中潘宁效应越强，击穿电压下降越大，其影响关系与两种气体的性质和它们的混合比有非常密切的关系。如果掺杂的气体是负电性气体，它易吸附电子形成负离子，使在击穿中起主导作用的电子浓度下降，空间电离系数减小，为了达到击穿条件，就要提高 V_s。如果掺杂分子性气体，一般击穿电压也要升高。

（2）阴极材料表面状况及电极结构的影响。阴极材料表面状况及电极结构的变化直接影响到正离子轰击下的二次电子发射系数 γ 值的大小，从而影响到击穿电压的大小。放电管电极结构不同，影响放电空间的电场分布，因而影响汤森第一电离系数 α 和 γ，从而也影响到击穿电压的大小。

（3）预电离放电管电极间在未加击穿电压之前，由于外界电离源的作用，使气体空间形成初始带电粒子的状态称为预电离。显然预电离的程度对气体击穿有很大的影响，预电离越强击穿电压越低。

3.2 等离子体的主要生成途径[6]

获得等离子体的方法和途径很多，会涉及许多经典的微观过程和物理实验方法。

图 3-5 所示为等离子体的主要生成途径，其中宇宙天体、星际空间及地球高空电离层等均属于自然界产生的等离子体。本节主要叙述人为产生的等离子体，并以其中比较常见的几个为例阐述。

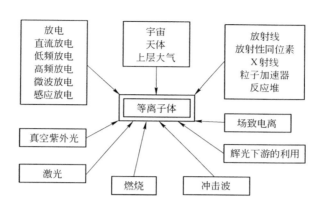

图 3-5 等离子体的主要生成途径

3.2.1 电子束照射

利用各种射线或粒子束辐照使气体电离也能产生等离子体。具体有以下几种：

（1）利用放射线同位素发出的 α、β、γ 射线，α 粒子实际上是氦核 He^{2+}，因此 α 射线引起的气体电离相当于高速正离子的碰撞电离。

$$A + \alpha \longrightarrow A^+ + e + \alpha \tag{3-9}$$

碰撞前后仅 α 粒子的能量有变化。但一般 α 射线的能量不是太高，往往只导致局部离子化。

β 射线是一束高能电子流，它所引起的电离相当于高速电子的碰撞电离，但因碰撞作用的时间太短，所以电离能力较低。

γ 射线具有极高的能量，在气体中的穿越能力很强，对气体的电离作用十分显著，可以在辐照空间引起均匀离子化。

（2）利用 X 射线，X 射线也能像 γ 射线一样引起均匀电离，但难以获得高密度的等离子体。

（3）利用带电粒子束经加速器加速的电子束或离子束在与中性粒子碰撞时也能使其电离。这种方法可以对离子束的加速能量、强度、脉冲特性加以控制，因此比上述几种射线要优越得多。实际工作中尤以利用电子束的情况居多。近年来利用束流强度很高的电子束加速装置产生的电离气体密度相当高，而且在 ns 量级的瞬间即可发生。

电子束照射法（EBA）是利用电子加速器产生的高能电子束，直接照射待处理气体，通过高能电子与气体中的氧分子碰撞，使之解离、电离形成非平衡等离子体，其中所产生的大量活性粒子继而与污染物反应，使之氧化去除。该技术产生于 20 世纪 70 年代初，初步研究表明，该技术在烟气脱硫、脱硝方面的有效性和经济性优于常规技术。近年来，电子束照射法在治理有机废气方面的研究也有报道。结果表明，该法具有高效性，对包括氯烃、氟氯烃在内的许多有机物都有较好的降解效果。

虽然电子束法具有很好的降解效果，但它也存在着一些技术缺陷：

（1）容易产生 X 射线，工业应用时必须建有混凝土防辐射工程，装置不能够移动；

（2）电子线照射产生臭氧，对装置有腐蚀，对周围环境也有害；

（3）由于电子束法产生的高能电子对于气体中任何气体分子均可破坏其化学键，使气体分子电离产生离子，浪费了能量，造成工艺的能耗过大；

（4）采用的电子枪价格昂贵，电子枪及靶窗的寿命短，设备结构复杂。

上述原因限制了电子束法的应用。

EBA 法是一种物理与化学相结合的技术，此工艺利用电子加速器产生的等离子体氧化烟气中的二氧化硫和氮氧化物，并与加入的氨反应，来实现烟气脱硫脱硝的目的，是在电子加速器的基础上逐渐发展起来的，已引起了国内外专家的广泛重视。

3.2.2 介质阻挡放电

3.2.2.1 介质阻挡放电（DBD）过程

介质阻挡放电（dielectric barrier discharge，DBD）又称无声放电（silent discharge），它能在很大的气压和频率范围内工作。目前常用的工作条件是，在气压为 $10^4 \sim 10^6$ Pa，频率从 50Hz 至 MHz 数量级的高压下均可启动。几种介质阻挡放电电极结构如图 3 – 6 所示。在大气压下这种气体放电通道呈微通道放电结构，即通过放电间隙的电流由大量快脉冲电流细丝组成。电流细丝在空间和时间上均为随机分布，这种电流细丝称为微放电。

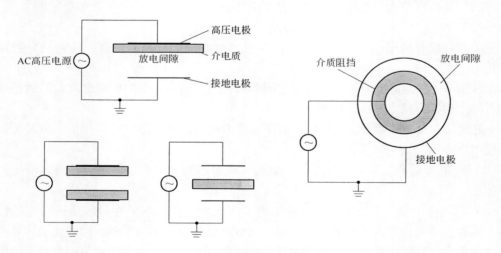

图 3 – 6　介质阻挡放电的电极结构

DBD 是一种高气压下的非平衡放电。这种放电的击穿与其他放电的相似之处是在外电场的作用下，电子从电场中获得能量，通过与周围分子原子碰撞，传递能量，使之激发电离，产生电子雪崩；不同之处是它的放电是在达到击穿电压时，气体不被完全击穿形成火花或电弧，而是由于介质阻挡作用限制了放电电流的无限增长。只有快脉冲式电流细丝通道形成，每个通道相当于单个流光击穿，即所谓的微放电。微放电是 DBD 的一大放电特点。DBD 的快脉冲微放电当微放电两端的交变电压变相时，电流就会截止，在同一空间点上只有当再度达到 $U > U_B$ 时，才会再次产生微放电，所以随外加交变电压的正弦波变化而形成每半周期一次（放电频率为 $2f$）的快脉冲放电细丝电流，微放电是 DBD 的核心。

3.2.2.2 介质阻挡放电特性

介质阻挡放电是有绝缘介质插入放电空间的一种气体放电。介质可以覆盖在电极上或者悬挂在放电空间里。当在放电电极上施加足够高的交流电压时，电极间的气体即使在很高的气压下也会被击穿而形成所谓的介质阻挡放电。这种放电表现很均匀、散漫和稳定，实际上是由大量细微的快脉冲放电通道构成的[4]。通常放电空间的气体压强可达 10^5 Pa 或更高，因此这种放电属于高气压下的非热平衡放电，又称为无声放电。

A 介质阻挡放电反应器

图 3－7 所示为常用的介质阻挡放电反应器的结构[7,8]。介质阻挡放电反应器大都与高压交流电源相连，反应器包含高压电极 1、电介质 2 和接地电极 3 三部分。由于电介质的存在，在介质阻挡放电过程中，可以避免电弧的生成，使气体放电保持在均匀、散漫、稳定的多个微电流细丝的状态。这对生成大体积稳定的等离子体非常有利。在图 3－7（a）中，介质阻挡放电反应发生在电介质与接地电极间的区域，接地电极和电介质可以与反应气体之间发生相互作用。在图 3－7（b）中，反应发生在两层电介质之间（通常电介质为石英等材料），这可以避免反应受电极的影响。在图 3－7（c）中，两个电极同时与反应气体接触，这样介质阻挡放电反应会受到两个电极的同时影响。实验所用反应器的形式主要是图 3－7（a）所示的结构，但在不同反应器条件下，电介质分别覆盖高压电极或接地电极。

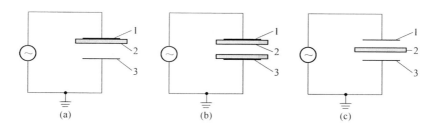

(a)   (b)   (c)

图 3－7 介质阻挡放电反应器结构

B 介质阻挡放电的物理过程

由于介质阻挡放电的电流主要是流过微放电通道形成的，因此放电的主要过程也就必定发生在微放电中，微放电是介质阻挡放电的核心。为了研究的方便，对于每个电流细丝在交流电压变化的一个周期内的变化可以分为三个阶段来分析：

（1）放电的形成（放电的击穿）；

（2）气体间隙的电流脉冲（电荷的输运）；

（3）在微放电通道中原子、分子的激发和解离，自由基和准分子等的形成。

这三个阶段的持续时间相差很大，有数量级的差别。一般放电的击穿在几个纳秒内完成，电荷输运在 $1 \sim 100$ ns 中进行，分子、原子的激发和反应所需的时间可能达到 μs 级，甚至延续到秒。

放电的击穿和电荷的传递过程可以形成微放电，在微放电形成的初期主要是电子在外加电场的作用下获得能量，与周围的气体分子发生碰撞，使气体分子激发电离，从而生成更多的电子，引起电子雪崩，形成微放电通道。在微放电后期伴随大量的化学反应发生。

在微放电形成的后期已经开始有部分原子或分子发生了激发，生成了一些离子、自由基等活性粒子。部分处于激发态的电子具有较高的能量，这些电子可以通过非弹性碰撞激发原子、分子等较大的粒子。这使得在通常条件下很难得到的自由基、离子、激发态分子或原子、准分子等在等离子体中能大量存在。其中，在介质阻挡放电条件下，准分子在从激发态回到基态的过程中会发射狭带的特征光谱，可以通过对介质阻挡放电的发射光谱的分析，得到相关的自由基、准分子等的信息。

介质阻挡放电是在高气压（相对于辉光和微波）下的非平衡放电。这种放电的击穿和其他放电的击穿类似之处是电子在外电场中获取能量，通过碰撞把能量转移给其他分子，使其激发或解离，产生电子雪崩。当气体所受的电压超过其击穿电压时，气体被击穿。由于阻挡介质的存在，限制了放电电流的增长和阻止电极间火花和弧光的形成。在气压为 10^5Pa 以上时，击穿的气体就引起大量的电流细丝通道，而每个通道相当于一个单个击穿（微放电）。当微放电两端的电压低于气体击穿电压时，电流会截止。只有电压重新升高到气体的击穿电压，才能发生第二次微放电。单个微放电是在放电气体间隙的某一位置上发生的，同时在其他位置也会产生另外的微放电。在整个放电过程中，空间内大量的微放电无规则分布，看起来像比较均匀的辉光放电，呈蓝光或紫光。

由于介质阻挡放电过程中分子密度较大，在第一个电子雪崩连锁放电通过放电间隙的过程中已经存在了相当数量的空间电荷。它们聚集在雪崩头部产生的自感电动势会建立起本征电场，本征电场叠加在外电场上，同时对电子起作用，这样在向微放电传播的方向引起了新的击穿。因很高的局部本征电场的作用，雪崩中的部分高能电子将进一步得到加速，它们的逃逸引起击穿通道向阳极方向传播。一旦这部分电子达到阳极，在那里建立的电场会向阴极方向返回，这样就会有一个更强的电场波向阴极传播。在传播过程中，原子、分子进一步解离，并激励起向阴极传播的电子反向波。这样放电间隙的气体便被击穿。在电子通过放电空间的过程中，一些激发态原子和分子会自发地发射紫外光，这些光子可能进一步解离原子和分子，造成新的雪崩。气体被击穿、导电通道建立后，空间电荷在放电间隙输运，并积累在介质上，这时介质表面电荷将建立起电场，其方向和外电场相反，从而削弱电场作用，直至为零，中断放电电流。

等离子体中各种激发态物质的作用可以分为均相作用和非均相作用两类[9~11]。电子与分子（原子）间的反应可以导致分子的解离、电离、分解等；分子、离子、原子间可以发生电荷转移、离子复合、自由基复合等反应。在等离子体反应中加入一些适当的气态物质（如稀有气体、氢气、氮气、水蒸气、二氧化碳、一氧化氮等）后，可以改变原来反应物的转化率和产物的选择性。这些均相催化作用可以归结为加入的气体改变了高激发态物质间的能量或电荷的传递。但至今在这些均相催化作用之间还没有发现一个普遍的共同规律。在此，潘宁效应（Penning effect）可能起了重要作用[4,11]，表示如下：

$$M^* + A \longrightarrow A^+ + M + e^- \tag{3-10}$$

$$M^* + A_2 \longrightarrow 2A + M \tag{3-11}$$

式中，M 为加入的气体分子或原子；A 为反应物分子或原子；＊表示粒子处在激发态。潘宁效应的存在可以促进反应物的电离或解离活化。

非均相作用包括与反应器壁或电极表面的作用与加入催化剂的作用[9,12]。等离子体中的高能电子作用于固体表面至少能引起二次电子激发、电子诱发脱附（ESD）和吸附分子的电子解离三个过程。由于电子与表面易于碰撞而失去电子，电子诱发脱附和电子解离过程效率都不高；对于金属催化剂，正离子与之碰撞而被中和的效率大于 99%，分子离子与固体表面的相互作用通常还导致其解离为原分子的组成原子；自由基通常可以吸附在催化剂表面上，并参与各种表面反应；电子激发态物质通常在 10^{-7}s 左右便释放光子失活，但是发射的光子在某些条件下可诱发光催化反应；振动激发态物质可以促进解离吸附，但对振动能的利用取决于所用吸附质和吸附剂，温度对其影响很小。总之，在常压等离子体条件下，对固体表面反应有直接作用的是自由基和振动激发态物质，离子和电子激发态物质等在到达表面前就已经失活，但一部分可以转化为振动激发态物质。

由于电子到达表面的速度远高于正离子，电子会在表面富集而使反应器壁、电极表面和催化剂表面带负电，由此在固体表面附近形成一反电场，使得场内电子与正离子迁移相抵而使净电流为零。这一反电场形成的结果类似于在固体表层上加一负偏压，形成所谓鞘层效应（plasma sheath）[3,4,12,13]，这个薄的界面层（厚度在 0.1mm 量级）可以引起一系列物理和化学变化，但有关具体作用机理有待于进一步研究。

由于生成的活性物质存在一定的寿命，所以这些粒子在脱离放电区的一段时间内还有活性，这使得在放电区后还存在一段小区域仍然具有反应活性。在这些活性粒子中某些自由基的存在时间可以达到 ms 或 s 甚至 min 的量级[9]。另外，在放电区的边缘由于电场的边缘效应，使得边缘的场强分布与主体不同，这也会导致在边缘的放电不同于主体的放电。

C 介质阻挡放电特性

介质阻挡放电（无声放电）是一种非常适合进行等离子体化学反应的放电形式，其特点有以下几方面：

（1）等离子体操作范围较广，可在常压甚至在加压下进行反应，通常气压为 10^4 ~ 10^6Pa，允许的电子能量也比较宽（1 ~ 10eV），频率从 50Hz 到 MHz 的数量级均可使用，便于各种不同的化学反应来选择。

（2）无声放电呈微放电形式，通过放电间隙的电流由大量微细的快脉冲电流细丝组成，放电表现稳定、均匀。在两电极之间的电介质可防止放电空间形成局部火花或弧光放电，保证了化学反应的安全进行。

（3）无声放电具有较大体积的等离子体放电区，也就是在反应过程中反应分子接触较充分，有利于反应完成。

3.2.3 沿面放电

沿气体和固体绝缘或气体和液体绝缘表面发生的气体放电现象叫沿面放电。气体中沿着固体绝缘表面放电的形式包括沿面滑闪（尚未发生击穿）、沿面闪络、沿面击穿。介质阻挡放电是在电极间放电，沿面放电是在介质表面放电，两种放电物理参数不同，包括放电条件。沿面放电发展到贯穿两极，使整个气隙沿面击穿，称为闪络。在实用的绝缘结构中，气隙沿固体介质表面放电的情况占大多数。

3.2.3.1 沿面放电的机理

气隙沿面放电的机理与气隙自由空间放电的机理相同，但其边界条件则有很大不同。一般说来，固体介质的介电常数比气体大好几倍，固体介质的电导率比正常状态下的气体介质的电导率大很多。固体介质表面轮廓多种多样，其表面情况还可能多变（干、湿、污等）。所以，固体介质的存在，使气隙特别是沿固体表面的附近的电场发生改变。同时，放电通道中的带电质点不能像在自由空间中那样，完全按电场力的方向加速运动，而是受固体介质表面的阻挡，只能大体上沿着固体介质表面运动。

3.2.3.2 沿面闪络及影响因素

沿面放电实质上也是一种气体放电，但却是沿固体绝缘表面进行，其放电电压比相同距离（爬电距离）的纯气隙击穿电压低。平板电极加工频电压作用在玻璃板上时，随着外施电压的逐渐升高，在上电极边缘处的窄气隙中，电场的法线分量和切线分量都很强，此处的气体首先电离，形成浅蓝色的电子崩性质的电晕放电。电压继续升高时，放电向外发展，形成许多向四周辐射的细线状流注性质的放电，称为刷形放电。电压继续升高到超过某临界值时，放电的性质发生变化，其中某些细线的长度迅速增长，并转变为较明亮的浅绿色的树枝状火花。此时的火花具有较强的不稳定性，不断地改变放电通道的路径，并有轻的爆裂声，这种现象为滑闪放电。在滑闪放电阶段，外施电压较小的升高，即可使滑闪火花有较大的增长。电压再次升高时，滑闪放电火花中的火花有些突发的增长，有的贯穿到对面的电极，形成沿面闪络。

影响沿面闪络电压的主要因素有电场分布和电压波形、固体介质材料、固体介质表面性状、大气条件等。固体介质材料的吸水性对沿面闪络电压有影响，吸水性越强，在相同大气条件下的沿面闪络电压就越低。固体介质表面的湿润度及污秽度对沿面闪络电压会造成影响，大雨或雾露天气对闪络电压的影响机理不同，污秽物的不同也会对闪络电压形成不同影响。大气条件中的温度和气压对沿面闪络电压的影响与气隙相似，但不如气隙明显；而湿度的影响则主要与固体介质表面吸水性有关，并通过表面凝水程度来影响闪络电压。

3.2.3.3 研究沿面放电的意义

电力系统中绝缘子、套管等固体绝缘在机械上对高压导体起固定作用，又在电气上起绝缘作用，其绝缘状况（击穿和闪络）关系到整个电力系统的可靠运行。输电线路和变电所外绝缘的实际绝缘水平取决于它的沿面闪络电压。沿固体介质表面的闪络电压不但比固体介质本身的击穿电压低得多，而且比极间距离相同的纯气隙的击穿电压低不少。

沿面放电等离子体能产生大量的强氧化性物质，如臭氧（O_3）、羟基自由基（·OH），它们以其较高的氧化电位，能高效氧化降解多种难生物降解的有机物。针对焦化废水的水质特点，可将沿面放电等离子技术作为生物法处理的预处理技术，利用强氧化性物质氧化分解难降解有机物，达到提高焦化废水可生化性的目的。

3.2.4　电晕放电

3.2.4.1　电晕放电的过程

由图 3-2 所示的放电特征可知，当气体击穿后绝缘破坏，其内阻降低，放电迅速越过自持电流区后便立即出现极间电压减小的现象，并同时在电极周围产生昏暗辉光，称为电晕（corona）放电，对应着图 3-2 所示的伏安特性曲线中 DE 曲线段。电晕放电电压降比辉光放电大（kV 数量级），但放电电流较小（μA 数量级），往往发生在电极间电场分布不均匀的条件下（若电场分布均匀，放电电流又大，则发生辉光放电）。电晕放电中，电极的几何构型起重要作用。电场的不均匀性把主要的电离过程局限于局部电场很高的电极附近，特别是发生在曲率半径很小的电极附近，气体的发光也只发生在这个区域里，称为电离区，或叫电晕层或起晕层。形成电晕所需电场不均匀的程度与气体的种类有很大关系。电晕放电的电流强度取决于加在电极之间的电压大小、电极形状、极间距离、气体性质和密度等。电晕放电的电压降不取决于外电路中的电阻，而是取决于放电迁移区（电离区之外的区域）的电导。电晕放电的极性取决于具有小曲率半径的电极的极性，如果小曲率半径电极带正电位，发生的电晕称正电晕，反之称负电晕。按所加电压类型可将电晕放电分为直流电晕、交流电晕和高频电晕。直流电晕等离子体的能量效率较低。如果电场足够不均匀，并且对于一定的阳极，间隙有足够的长度，将出现放电流柱。这种流柱是电晕放电的，且有明显的、比较亮而长的电晕光形式，并发出大量噪声。

产生电晕放电的条件是：气体压强高（一般在一个大气压以上），电场分布很不均匀，并有几千伏以上的电压加到电极上。一个电极或两个电极的曲率半径很小，就会形成不均匀的电场。因此，细的尖端与平面、点与点、金属丝与同轴圆筒、两条平行导线之间以及轴电缆内部都会形成不均匀的电场，在这些电极导线之间以及同轴电缆内部会形成不均匀的电场，在这些电极之间都有可能形成电晕。电晕放电是一种自持放电，在具有强电场的电极表面附近有强烈的激发和电离，并伴有明显的亮光，此处称为电晕层。在电晕层外，由于电场强度较低，不足以引起电离，故呈现暗区，称为电晕外区。产生电晕的电压称为起晕电压。

如果继续增加电压，电流也增加，亮度也会增加。如果再继续增加电压，电晕会过渡到火花放电或辉光放电，究竟过渡到哪一种放电形式，由电路参数等放电条件来决定。需要强调的是，只有当负离子存在时，才可能有辉光电晕存在。利用电晕放电可以使甲烷偶联在常温常压下进行。当电极两端加上较高电压但未击穿时，如果电极表面附近的局部电场很强（通常是曲率半径很小的电极处），则电极附近的气体介质会被局部击穿而产生电晕放电现象。

如图 3-8 所示，电晕放电有几种不同的形式，其依赖于电场的极性与电极的几何形状。对于针-板电极产生的正电晕来说，放电始于爆发式脉冲电晕，随着电压的提高，继而发展为流光电晕、辉光电晕和火花放电；而对于同样几何形状的负电晕来说，起火形式为特里切尔（Trichel）脉冲电晕，然后在同样的条件下可转化为无脉冲电晕和火花放电。交流电晕则有不同的放电形式和发展方向[11]。交流放电是指在交变电压条件下，曲率半径大的电极附近交替出现正电晕和负电晕，它会产生无线电频率的电磁波和显著噪声，这

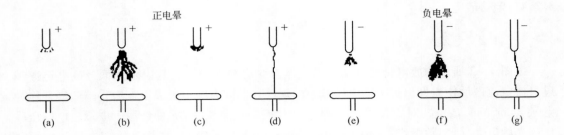

正电晕 负电晕

(a)　　　(b)　　　(c)　　　(d)　　　(e)　　　(f)　　　(g)

图3-8　电晕放电的不同形式

（a）爆发式脉冲电晕；（b）流光电晕；（c）辉光电晕；（d），（g）火花放电；
（e）特里奇（Trichel）脉冲电晕；（f）无脉冲电晕

是不稳定电流产生的流光迭代效应。

3.2.4.2　电晕放电等离子体性质分类

对应着图3-2中 DE 曲线段，由于电压增加，气体放电击穿后的绝缘破坏，内阻降低，电流增大，当迅速越过自持电流区后便立即出现极间电压减小的现象，并同时在电极周围产生昏暗辉光，称为电晕（corona）放电。

电晕放电常采用非对称电极（如针-板电极、针-针电极等），在电极曲率半径小的地方电场强度特别高，容易形成电子发射和气体电离，可在常压条件下形成电晕。常见的针-板电晕放电反应器如图3-9所示，在平板上可放置催化剂颗粒，也可以不放置。本研究采用该种形式的反应器，十分简单、方便。电晕放电性质根据产生电晕的电源来源和频率可分为直流电晕、交流电晕和高频电晕等。直流电晕可分为正电晕和负电晕，曲率半径较小的电极为正电位，发生的直流电晕称为正电晕，反之称为负电晕。

电晕放电类型有多种形式，如爆发式脉冲电晕、流光电晕、辉光电晕和 Trichel 脉冲电晕等[14]。脉冲冷等离子体（PPCP）是20世纪80年代中期兴起的一种新型常压冷等离子体，具有突出的优点，适于常压操作[15]。

Chang、Liu 等[14,16]研究了交直流电晕放电产生冷等离子体条件下的甲烷偶联。反应气体 CH_4 中加入稀有气体 He 以及氧化剂 O_2。研究者提出电晕放电产生的带负电的氧离子（O^-，O^{2-}）可使 CH_4 形成 CH_3 自由基。发现产物 C_2H_6 与 C_2H_4 的选择性受电极的极性、电场频率以及进料中 O_2 分压的影响。交流电晕条件下可获得较高产率的 C_2 烃，所有的交流电晕放电均在室温下（即不用加热或其他热源）引发，反应放热、本身放电体系温度可增至 $300 \sim 500 ℃$，最大 C_2 烃产率为 21% 时 CH_4 转化率为 43.3%，在物料

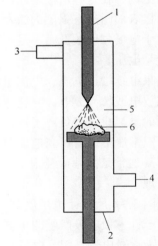

图3-9　针-板电晕放电反应器示意图

1—针电极；2—平板电极；

3—进气口；4—出气口；

5—等离子体区；6—催化剂

流率为 $100cm^3/min$、频率为 $30Hz$、电压为 $5kV$ 条件下，CH_4 转化率可因延长停留时间而提高到 50% 以上，但 C_2 烃选择性降低。

在无氧、常温常压条件下（进料为纯 CH_4），Zhu 等[17]将脉冲电晕等离子体应用于甲烷偶联，考察了脉冲电压峰值和等离子体注入能量对甲烷偶联的影响，并引入能量效率对等离子体能量与 CH_4 脱氢氧化偶联的耦合作用进行了讨论。实验证明，正电晕的能量效率高于负电晕。在正电晕条件下，当脉冲重复频率为 $66Hz$ 及能量密度为 $1788kJ/mol$ 时，CH_4 转化率可达 44.6%，C_2 烃单程收率可达 31.6%，其中 CH_4 单程收率达 31.6%，在实验考察的能量范围内，C_2 烃收率与压力对流率之比成正相关关系，但能量效率随能量密度的增加而降低。在同样能量密度条件下，脉冲电晕等离子体的能量效率均处于较低水平（ 3.2% ）。

在常温常压下，H_2、N_2、He、CO_2 和 O_2 等添加气对脉冲电晕等离子体作用下甲烷偶联的影响实验结果表明，H_2 对甲烷偶联影响不大[18]。N_2 和 He 虽在一定程度上促进 C_2H_4 和 C_2H_6 生成并抑制 C_2H_2 生成，但并不能改变 C_2 烃产物中 C_2H_2 的主体地位（ $>75\%$ ）。在 CH_4/CO_2 体系中，CH_4 转化率随 CO_2/CH_4（摩尔比）值的增大而上升。C_2H_2 的选择性保持一段稳定之后急剧下降，而 C_2H_6 和 C_2H_4 的选择性变化不大。当 $CO_2/CH_4 = 0.2$（摩尔比）时，C_2 烃收率最高。在 CH_4/O_2 体系中，CH_4 转化率随 $n(O_2)/n(CH_4)$ 值的增大而上升，但 C_2 烃收率仅在 $n(O_2)/n(CH_4) < 0.16$ 范围内略有提高（ n 为分子数）。

3.2.4.3 电晕放电的机理分析

实验表明，电晕放电类型对反应有很大影响，有必要进一步探讨电晕放电的机理和特点。正负电晕在本质上有很大差别，其不同可从其形貌明显表现出来，一般常用汤森雪崩放电理论来说明负电晕的形成机理，认为在针状阴极电晕发光区内存在较强烈的电离与激发电流密度大，在负电晕的外围只存在单一的带负电的粒子。文献也用流光理论[19]解释正电晕中的物理过程。认为一旦产生正电晕放电，电晕层内强电场中激发粒子的光辐射产生电子即光致电离，所形成的电子在电晕层中引起雪崩放电，产生大量激发和电离，最后电子被阳极收集，正离子经过电晕层，进入晕外围向阴极迁移。研究通过观察电晕放电现象，比较冷等离子体和热等离子体电子发射的不同特点，对放电机理进行分析。

在电晕放电等离子体反应中，阴极以场致发射的形式发射电子，提供了等离子体区中大部分自由电子。金属中电子发射涉及电子获得能量、从金属内部逸出的过程。根据能量提供方式，电子发射可分为以下几种情况[20]：

（1）高温导致的热电子发射；

（2）强电场导致的场致发射；

（3）光照导致的光致发射；

（4）电子撞击产生的次级电子发射；

（5）金属表面力学作用（摩擦、形变等）或化学反应导致的自电子发射。

电弧放电中，电子由阴极逸出在阴极温度低时主要靠自电子发射，在阴极温度高时主要利用热电子发射。由于电流增大，电子撞击次数增加，阴极附近的气体温度升高，从某一时刻起，热电离在气体的电离开始起作用[21]。

电晕等离子体主要涉及热致发射和场致发射。这两种效应是实际的"热场致发射"

的两种极限情形（电场强度 $E \to 0$ 或温度 $T \to 0$）。下面定性分析金属电子热致发射和场致发射的特点。

图 3-10 所示为电子在金属表面的势能模型，所有金属都含有大量的电子，在金属表面存在势垒（势垒存在的原因是金属表面近旁存在电子云和镜像力），即金属中的电子被束缚在一个势阱内，势阱深度称为电子亲和势 x，E_F 是势阱中电子的费米能级，电子从金属中逸出，需要克服势垒（即功函数）ϕ_M：

$$\phi_M = x - E_F \tag{3-12}$$

根据索末菲（Sommerfeld）的自由电子理论，金属中的电子服从量子力学理论，具有波动性，电子的状态由薛定谔方程确定[22]。

实际金属中势垒形状更接近于图 3-11 中曲线 a 所示。当不存在外电场时，势垒较宽，只有能量高于势垒的电子才有可能逸出金属。当电子能量由外加热能提供时，逸出的电子遵循热致发射机理。热致发射电流密度 j_t 可用理查森（Richardson）公式表示：

$$j_t = (1 - R)AT^2 \exp\left[-\phi_M / (kT)\right] \tag{3-13}$$

式中，A 为常数；R 为反射系数，它体现了电子的波动性，表明并不是所有能量超过势垒的电子都必定能逸出，会有一部分反射。

当所加电场较弱时，势垒的形状如图 3-11 中曲线 b 所示。在电场作用下，势垒的最高点下降，下降高度为 $\dfrac{e}{\sqrt{4\pi\varepsilon_0}}\sqrt{e\varepsilon}$，此即肖特基效应（Schottdy effect）。肖特基效应可用经典力学解释，当电子脱离金属表面到一定距离以后，电子所受的力接近于镜像力，电子镜像力与外加电场的合力，使得势垒降低。

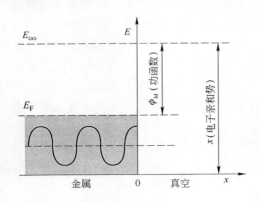

图 3-10 电子在金属表面的势能模型

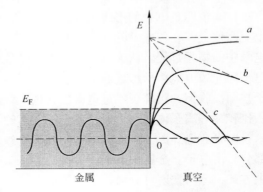

图 3-11 势垒对电子逸出金属的影响

肖特基效应不适用于强电场，因为它没有考虑电子的波动性特点。在低温条件下，随电场的增强，势垒的高度被压低，更重要的是势垒宽度将减小（如曲线 c 所示），当势垒宽度窄到电子波波长的数量级时，即使在绝对零度附近，能够穿过势垒的电子也很多，电子借助隧道效应发射[19]，这种现象就是电子的场致发射。在绝对零度时，场致发射的电流密度 j_f 可用否勒-诺德海姆（Fowler-Mordheim）公式表示：

$$j_f = (a/\phi_M)E^2 \exp\left[-B(E, \phi_M)/E\right] \tag{3-14}$$

式中，a 为常数；$B(E, \phi_M)/E$ 与阴极材料的功函数有关，是 E 的缓变函数。

比较式（3－13）和式（3－14）发现，热致发射与场致发射有相似之处，热致发射时，当阴极温度 T 改变时，j_t 指数性变化，$\ln(j_t/T^2) - 1/T$ 为直线关系；场致发射时，影响 j_f 值的最重要参数是指数项中的 $1/E$，$\ln(j_f/E^2) - 1/E$ 近似为直线关系。

根据文献研究结果[22]，在较低温度（$T < 1000\text{K}$）下，金属中即使有少量能量较高的电子，但高场强条件下，场致发射仍占主要地位，电流密度与绝对零度时相差不大。

下面根据实验结果验证电晕放电条件下阴极场致发射机理。

金属电极表面电场强度（E）与电极电压（U）关系：

$$E = \beta U \tag{3－15}$$

阴极发射电流密度与电流强度的关系：

$$j = IS \tag{3－16}$$

式中，β 为阴极形状因子；S 为阴极电子发射区域的面积。

将式（3－15）和式（3－16）代入式（3－14）后取对数整理后得到：

$$\ln I = -B(E, \phi_M)/(\beta, U) + (\ln a \ln \phi_M - \ln S + 2\ln E) \tag{3－17}$$

当场强和电流均较小时，式（3－17）反映出 $\ln I - I/U$ 关系接近直线关系。电流较大时，$\ln I - I/U$ 关系曲线将出现弯曲，因为当场致发射电流密度超过一定数值时，发射出的电子形成空间电荷效应，对阴极表面场强产生影响，当阴极表面电场为零即形成空间电荷限制电流时，场致发射的电流密度为：

$$\ln j_f = \frac{3}{2}\ln U + \ln\left(\frac{4}{9}kr^2\right) \tag{3－18}$$

式中，k 为玻耳兹曼常数；r 为阴极表面与其中心点距离，对于针状电极可视为球半径。

另外，电极材料功函数不同，部分电子的热致发射和电极表面吸附气体粒子的数量、种类不同也会影响曲线形状。

图3－12 和图3－13 所示分别是实验测出的反应过程中的电流－电压关系，由曲线形状及上述分析和文献结果比较基本吻合[19]。

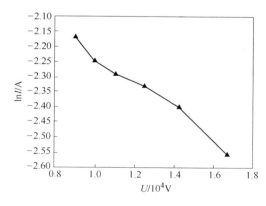

图3－12　CO_2 分解负电晕放电的特性曲线

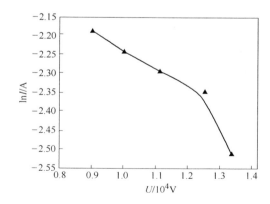

图3－13　$CH_4 - CO_2$ 物系负电晕放电的特性曲线

研究得到电晕放电条件下冷等离子体反应可通过调控放电电压（即电场强度）调整等离子体反应区高能电子密度，进而调节反应速度。因为等离子体反应区高能电子数量直接决定其与分子（自由基）反应的速度常数。当放电电压不变时，可以通过改变电极形状（即改变形状因子）调节电场强度，实现对电流密度的调控。由于电晕放电在电极附近存在空间电荷、在固体表面（反应器壁面、催化剂表面）存在鞘层效应，因此这些地方实际都不能称为等离子体区。阴极电子场致发射将向等离子体区注入电子流，会破坏等离子体的电中性，但由于等离子体对电中性条件的破坏非常敏感，具有维持电中性的强烈倾向，在瞬间将有一定数量电荷在电场力作用下移出等离子体区域，被阳极吸收。因此当电晕放电在稳定条件下进行时，阴极发射电子与移出等离子区的电子基本达到平衡，等离子体区域中正负粒子达到动态平衡，形成准电中性。

3.2.5　辉光放电

3.2.5.1　辉光放电概述

由图 3 - 2 所示的气体放电特征曲线可知，越过电晕放电区后，若减小外电路电阻 R，或提高全电路电压，继续增加放电功率，放电电流将不断上升。同时辉光逐渐扩展到两电极之间的整个放电空间，发光也越来越明亮，叫做辉光放电（glow discharge）。电晕和辉光放电的过程相似，仅是在放电强度上有所不同，从图 3 - 2 气体放电伏安特性曲线可知，电晕和辉光放电的两个区间紧密相连，当电子能 f 提高，也就是增强电场的操作参数，则能使电晕放电过渡到辉光放电。

辉光放电是气体放电的一种重要形式。低气压辉光放电的击穿机制是，从阴极发射电子，在放电空间引起电子雪崩，由此产生的正离子再轰击阴极使其发射出更多的电子。它是由电子雪崩的不断发展而引起的放电。

按其状态，辉光放电又可分为前期辉光、正常辉光和异常辉光三个不同阶段。图3 - 2所示的伏安特性曲线的 EG 段对应的是广义的正常辉光放电区，EF 段为前期辉光放电区，它是由电晕放电到正常辉光放电之间的过渡区，位于伏安特性曲线图中由"$D{\rightarrow}E{\rightarrow}F{\rightarrow}F'$ ${\rightarrow}D$"段闭合形成的环形区是一个亚稳态区域。实验研究表明，它与放电条件有关，是随机变化的，是放电参数敏感区。为此，前期辉光放电区实际上也交叉着电晕放电区。越过 F 点之后，FG 段为正常辉光区，其特点是电流随电场输入功率的增大而增加，但极间电压几乎保持不变，且明显低于击穿电压（也叫着火电压）。越过 G 点之后由图可以看出，伏安特性曲线的电压和电流呈急剧上升势态到达 H 点，GH 段为异常辉光放电区。辉光放电是一个复杂稳定的自持放电过程，是低温等离子体化学领域广泛采用的放电形式。

3.2.5.2　辉光放电等离子体类型

辉光放电等离子体常用的有直流辉光放电、异常辉光放电、高频辉光放电、高气压辉光放电几种形式。

A　直流辉光放电

直流辉光放电的典型条件是，放电管中配置两个对向金属电极且极间电场均匀，管内气压置于 1.33 ~（1.33 × 10⁴）Pa 之间的某个确定值，电源电压高于气体击穿电压 U_B，放电回路的限流电阻允许放电管通过毫安级以上的电流，即可产生辉光放电。图 3 - 14 所示为直流辉光放电时典型放电特性沿轴向变化分布，其中表示了放电管中的区域结构，包括发光强度、等离子体电位、电场、净电和密度等参数分布曲线。由图可见，沿阴极到阳极方向可划分为明暗相间的八个区域，即阿斯顿暗区、阴极辉光区、阴极暗区、负辉区、法拉第暗区、正柱区、阳极辉光区和阳极暗区。其中，前三个区域总称为阴极位降区或简称阴极区。

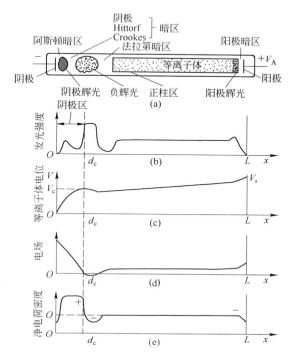

图 3-14 直流辉光放电特性沿轴向变化分布

但以上所述只是正常辉光放电的一种典型情况，并非所有辉光放电均如此。实际上辉光放电外观有许多不同形式，与放电管形状、尺寸，放电气体的种类、气压，电极的形状、大小、材质以及极间距离等诸多因素有关。

B 异常辉光放电

在低温等离子体化学领域，通常采用短间隙异常辉光放电。其放电电位分布特点是等离子体具有放电空间最高电位，阴极鞘层电压降很大，极间电场主要集中在此处。阴极鞘层主要发生电子碰撞电离和离子碰撞电离。电子碰撞电离作用主要来源于阴极二次电子发射致电子雪崩，离子碰撞电离也是阴极鞘中的电离机制之一。此外，还可能存在光电离机制。但即便是以上各种机制的加合也不能满足击穿判据。阳极鞘层比阴极鞘层薄得多，显然更不可能产生强电离而达到气体击穿放电。其电位、电场分布情况是，阴极位降区的电位梯度很大，其后则比较平缓，因此只在阴极附近存在强电场。这就使得带电粒子在阴极位降区的运动主要是电场作用下的迁移运动，而在正柱区占优势的则为无规热运动。电子雪崩是在电子定向运动超过它的无规热运动条件下发生的。因此，正是在阴极位降区"电子-离子对"倍增，电离增长很快。这也是阴极位降区成为辉光放电必不可少部分的缘由。

基于带电粒子在不同区域的运动特点不同，与管壁的关系也不一样。在阴极区，由于定向运动占优势，管壁对阴极位降区的发光和电位分布影响不大。正柱区则不然，由于快速电子先期到达管壁形成等离子体鞘，最终将产生径向电位梯度。

另外，由于等离子体电位高于阳极电位，所以阳极也发射二次电子，并成为负辉区的电子源和能量源。但阳极二次电子进入负辉区以后又被逆向加速。在高频交流电场中如此往复，因而形成电子振荡。当阳极二次电子发射概率很大或阳极尺寸太小时，阳极电位逆转，即阳极电位高于等离子体负辉区电位，此时有一定的净电子流到达阳极。相应地在距阳极一定距离的区域内形成由电子构成的空间电荷层称为电子鞘。

C　高频辉光放电

高频放电一般是指放电电源频率在兆赫以上的气体放电形式。这种放电虽与直流放电有些类似之处，但更重要的是由于放电机制不同产生了许多新的特征，而恰恰这些特征对等离子体化学反应来说是十分有利的。所以目前在实际应用的非平衡等离子体化学工艺中，高频放电等离子体占绝对优势。能在高气压下维持稳定均匀的辉光放电是高频交流放电的一大优点。

关于高频电场增强电离的机制问题，研究者曾提出，若电子发生弹性碰撞的时间能与电场位配合相适当的话，电子就能被持续加速，一种最为理想的情况是，就在电子与原子发生弹性碰撞并改变其运动方向的瞬间，恰好电场换向。这将使电子的速度和能量得以连续增长。若按这种机制，即使在相当弱的电场中电子也能获得相当于电离能的能量值。这种机制被普遍认为是频率达到微波段时能有效地产生大量电离的主要缘由。但是微波放电对于甲烷偶联来说，往往因电离过度而形成大量积炭，因此，碳二烃产率受到限制。另一种电离增强机制是冲浪（surf riding）效应。高频交变电场能使电极处的鞘层时而增大，时而减小，即会使鞘电压和鞘层不断出现涨落。

D　高气压辉光放电

由正常辉光放电的理论分析可知放电电流密度随气压的平方成比例变化，所以高气压放电时电流密度显著升高，放电管的维持电压也非常高。产生这种现象的原因在于放电中出现了新的基本过程。当气压高于 10^5 Pa 时，阴极由于受到高速正离子轰击而加热到很高的温度（1000～2000K 以上），因而产生显著的热电子发射。这种发射比正离子轰击阴极的二次电子发射有效得多。例如，在高气压和超高气压放电时，放电电流密度很大，阴极发射电流密度也很大。在高电流密度发射的状态下，很容易使阴极局部温度升高，从而局部面积上形成热电子发射，这大大高于 Y 过程的二次电子发射效率。另一方面，高气压正柱区内，气体原子的温度也明显升高，可与电子温度接近，因而可发生显著的热电离过程，同时正柱向轴向收缩，使热效应加剧，造成放电向弧光放电转变，管压降变低。为了维持稳定的高气压辉光放电，必须严格控制热效应，加强外界的冷却措施，使放电管很快散热以保持冷的状态。辉光放电气体的高速流动体系本身就可以提供这种冷却条件。

若进一步增加辉光放电的电流，当其达到一定值时伏安特性会突然"急转直下"，管压降陡降而放电电流大增，这表明放电机制发生了质的变化，也就是从辉光放电过渡到了弧光放电。弧光放电也是一种稳定的放电形式，其主要特点是阴极发射电子的机理与辉光放电不同，可能是热发射或场致发射，管压降很低，而放电电流很大，可以从 0.1A 到 kA 数量级。同时电极间整个弧区发出很强的光和热。所发生的等离子体称为电弧等离子体，属于热等离子体。

由以上分析可知，在确定的放电条件下，随伏安特性变化可能出现各种放电形式，实际上放电管内条件和电路控制参数条件的变化对放电特性的影响很大。当放电气体种类和组成一定时，电场强度和气压这两个可操作宏观参量是影响放电的关键性因素。也就是气体放电等离子体的类型与电场强度 E、气压 p、电流密度间有一定关系。一般来说，在低气压、强电场条件下，电流密度小时易产生辉光放电，电流密度增大到一定值后，则过渡到弧光放电。

3.2.5.3 辉光放电等离子体性质分类

越过电晕放电 DE 区后，对应图 3-2 所示气体放电伏安特性曲线中的 $EFGH$ 区为辉光放电区，减小外电路电阻 R，或提高全电路电压，继续增加放电功率，放电电流将不断上升但电压不断下降至 F 点。此时辉光逐渐扩展到两电极之间的整个放电空间，发光也越来越明亮，叫做辉光放电（glow discharge）。按其状态，辉光放电又可分为前期辉光放电、正常辉光放电和异常辉光放电三个不同阶段。图 3-2 所示伏安特性的 FG 段对应的是正常辉光放电区，其特点是放电电流随电场输入功率的增大而增加，但极间电压几乎保持不变且明显低于着火电压。在此之前，由电晕放电到正常辉光之间的过渡 EF 区叫做前期辉光放电区。而在正常辉光之后，即图 3-2 中伏安特性呈急剧上升态势的 GH 段为异常辉光放电区。辉光放电是一种稳定的自持放电，是低温等离子体化学领域广泛采用的一种放电形式。

低气压下直流辉光放电研究在理论上比较成熟，但是对于常压交流辉光放电用于甲烷偶联的文献到目前为止报道不多，只有在多尖端电极和旋转电极的情况下可以实现稳定的辉光放电[23]。低气压下射频辉光放电甲烷偶联研究表明产物主要是 C_2 烃和 H_2，效率较低。对高频脉冲等离子体（HFPP）甲烷转化的研究认为，如果脉冲电源效率高于 7200，则此 HFPP 工艺将有较大潜力。

3.2.6 弧光放电

3.2.6.1 弧光放电概述

由图 3-2 所示的气体放电特征曲线可知，弧光（arc）放电是气体放电的又一种重要形式，其特点是电流密度大、阴极电位降低、发光度强和温度高。减小外电路电阻来增加辉光放电的电流，起初只是阴极发射电子的面积增大，而电极间电压保持不变（正常辉光放电情况）。当整个阴极表面都产生电子发射后，电流进一步增加，极间电压就增加（异常辉光放电情况）。如果继续再增加电流，发现极间电压经过一个最大值后急剧下降，并过渡到低电压、大电流放电，图 3-2 所示特征曲线中 H 经 I 到 J 段的辉光到弧光的过渡区，既有热电子发射电流，也有二次电子发射电流，到 J 点后，阴极热电子发射开始显著，全部电流由热电子发射供给时，表示过渡区结束，弧光放电开始。JK 区间就是热弧光放电区。

由此可知，按照阴极发射电子的不同机理，弧光放电可以分成冷阴极电弧放电（阴极靠冷发射即场致发射）和热电子电弧放电（阴极靠热电子发射）两大类。

在此要说明，当电流很大时，气体和阴极的温度升得很高，导致场致发射与热发射同时发生。在弧光阴极处电流密度是非常高的，可高达 $10^6 \sim 10^{10}$ A/cm²，阴极的温度也很高，可以认为这些阴极上发生着热离子过程。由于电子运动速度很大，在阴极位降区域里，正离子的聚集形成了正的空间电荷。正离子在阴极位降的加速下，撞击电极，把自己的能量交给阴极，提高了阴极的温度，而阴极通过热离子过程发射出大量的电子，从而维持着大电流的弧光放电。但当电子逸出时，可消耗大量热能，使阴极变冷。因此，对于电极温度较低的弧光，可以认为电极上电子发射是场致发射的结果。

弧光放电一般被认为属于热平衡等离子体。但要达到完全热力学平衡状态的条件是很苛刻的，一般只有在宇宙星体内部，可以找到几乎是等温的大体积等离子体。实验室发生的等离子体，局域热力学平衡的条件比完全热力学平衡的条件容易满足，形成的等离子体一般可视为局域热力学平衡的等离子体。

另外，放电管两电极之间加上脉冲电压而产生的放电称为脉冲放电。根据放电电流密度大小，脉冲放电也分脉冲辉光放电和脉冲弧光放电。根据电流方向是直流或交流，脉冲放电又分直流脉冲放电和高频脉冲放电。在电流密度不很大的情况下，脉冲放电的基本物理过程与辉光放电、弧光放电、火花放电类似。

电弧放电是一种气体自持放电现象。在历史上，是英国化学家戴维（1810 年左右）第一次利用伏特电池组在两个水平碳电极之间产生很亮的白色火焰，火焰中气体温度很高。因为热空气上升，冷空气从下方来补充，使碳电极之间的发光部分向上弯曲并呈拱形，因此，才将其命名为电弧（arc）。

从气体放电特征曲线可知，弧光（arc）放电是气体放电的又一种重要形式。特点是电流密度大，阴极电位降低，发光度强和温度高。根据弧光放电的高温特性，可以对难熔金属进行切割、焊接和喷涂；利用弧光放电的发光特性，可用来制造高亮度、高效率的等离子体灯，如高压汞灯、高压钠灯等。利用弧光放电电流密度大、阴极电位降低的特性，可以制造热阴极充气管和汞弧整流器。总之，研究弧光放电是很有实际意义的。

3.2.6.2　电弧放电特性

从伏安特性曲线可知，减小外电路电阻来增加辉光放电的电流，起初只是阴极发射电子的面积增大，而电极间电压保持不变（正常辉光放电情况）。到异常辉光放电后，如果继续再增加电流，发现极间电压经过一个最大值后急剧下降，并过渡到低电压、大电流放电。辉光到弧光的过渡区，既有热电子发射电流，也有二次电子发射电流，到了最后，阴极热电子发射开始显著，全部电流由热电子发射供给时，表示过渡区结束，弧光放电开始。根据阴极发射机理的差异，电弧放电可分三类：（1）自持热阴极弧光放电，来自等离子体的热负载导致阴极高温，在阴极上产生强烈的热电子发射；（2）自持冷阴极弧光放电，也称场致发射，基于阴极表面强电场的隧道效应引起冷电子发射；（3）非自持（人工）热阴极弧光放电，从外部人为地把阴极加热至高温，引起热电子发射。

依据不同弧长，电弧可分为长弧和短弧两类。长弧中弧柱起重要作用。短弧长度在几毫米以下，阴极区和阳极区起主要作用。根据电弧所处的介质不同又分为气中电弧和真空电弧两种。液体（油或水）中的电弧实际在气泡中放电，也属于气中电弧。真空电弧实际是在稀薄的电极材料蒸气中放电。这两种电弧的特性有较大差别。

相对于辉光放电约200V放电电压0.5A左右的放电电流，电弧放电在电离电压值（约为20V）附近的放电电流可高达30A，此外，阴极状况或压强的不同也会导致各种形态的低电压、大电流的电弧放电，电弧放电比辉光放电具备效率更高的电子发射机制。

图3-15所示为电弧放电示意图，电弧放电主要包括：阴极区（阴极、阴极斑点、阴极鞘层）、正柱区、阳极区（阳极鞘层、阳极斑点、阳极）几部分。

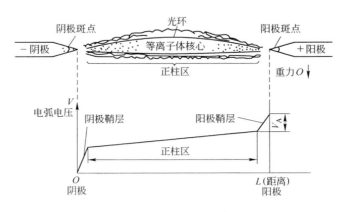

图3-15 电弧放电示意图

（1）阴极是负电极，在非热低强度电弧放电中，它通常靠热阴极发射电子维持。阴极斑点是一个或多个高电流密度的等离子附着点，那里阴极材料非常热。

（2）在阴极斑点内电流密度达 $500 \sim 10000A/cm^2$，阴极的温度将依气体的种类、电极材料和电流密度而定。在电弧放电允许期间，阴极斑点在阴极表面上移动得相当慢。

（3）阴极鞘层挨着阴极且厚度通常小于1mm，有一相当于所用气体的电离电位10V的电压降落，此电压降称为阴极电位降。

（4）正柱区包含电弧放电基本部分并占据几乎全部电弧的轴向长度，在此区域内电压降落比较少，分成两个区域：一为等离子体核心，是热等离子体的基本部分。在此区域中大部分气体被解离，并且对于运行于大气压或更高压上的许多电弧来说，等离子体核心处在热力学平衡中，且像黑体一样辐射。电弧放电的正柱温度与电极材料、工作气体和电流密度有关。对大气空气中电弧，典型温度是4000~6500K范围。二为等离子体晕，是围绕核心的不处于热力学平衡态的一个发光气体区域，等离子体的化学过程能在此区发生。

（5）阳极鞘层在一短距离上有一比较大的电压降落，它与阴极位降相当，在阳极鞘层内电场将电子加速到阳极斑点上。

（6）阳极斑点通常是一个单个的"热斑"，斑中的电流密度低，与阴极斑点不同，通常只存在一个比阴极斑点面积较大而电流密度较低的单独的斑点，它在接近电弧的地方的阳极上形成，并且随总电流的增加在阳极上反向扩大。

（7）阳极是收集电子电流的电极，由高熔点难熔金属制造，在大气压下，阳极温度与阴极温度相同，在2500~4200K之间。

3.2.6.3 电弧中的物理过程

A 不同气压下电弧放电

从直流放电管的伏安特性曲线中可知电弧分非热电弧（也称低电流热电离或低电压的电弧）和热电弧（也称高强度热电弧，也可称为场致发射或高气电弧）非热电弧与热电弧放电的等离子体参数见表 3 − 1。

表 3 − 1 非热电弧与热电弧放电的等离子体参数

等离子体基本参数	非热电弧	热电弧
平衡状态	动力学	局部热平衡
电子密度 N_e/电子数·m^{-3}	$10^{20} < N_e < 10^{21}$	$10^{22} < N_e < 10^{25}$
气体压强 p/Pa	$0.1 < p < 10^5$	$10^4 < p < 10^7$
电子温度 T_e/eV	$0.2 < T_e < 2.0$	$1.0 < T_e < 10$
气体温度 T_g/eV	$0.025 < T_g < 0.5$	$T_g < T_e$
弧电流 I/A	$1 < I < 50$	$50 < I < 10^4$
E/p	高	低
IE/kW·cm^{-1}	$IE < 1.0$	$IE < 0.1$
典型的阴极发射机制	热致	场致
发光强度	亮	眩眼
透明度	透度	不透明
电离率	不确定	Saha 方程
辐射输出	不确定	局部热平衡

在图 3 − 16 所示电弧温度随压强变化趋势中，发现非热电弧由于处于动力学平衡中，难以进行理论描述，电弧区段的决定特征是电子动力学温度和气体温度之间的关系。局部热平衡，即热电弧中电子温度近似于中性粒子温度 $T_e \approx T_g$，而非热电弧 $T_e \neq T_g$，电子与中性粒子碰撞不够频繁，使电子和中性气体粒子解耦，并且它们的温度可以有很大差别。当压强低于 10Torr（1.33kPa）的时候，与辉光放电的情况相似，电弧要求来自阴极的热

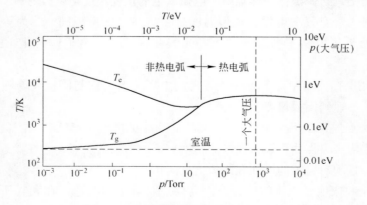

图 3 − 16 电弧温度随压强变化示意图

离子发射，$T_e \neq T_g$；一旦达到100Torr（13.3kPa）以上的高气压状态后，为高强度热电弧，靠场致发射，由于粒子间的碰撞更加剧烈，能量交换更加充分，所以粒子温度大致相等，$T_e \approx T_i \approx T_g$，形成热等离子体，粒子分布函数接近麦克斯韦分布。这种状态称为局部热平衡（local thermal equilibrium，LTE）。

处于局部热平衡状态的等离子体采用流体模型来描述，其生成、维持机制通过热电弧来说明，即电子（e）和离子（M^+）把从电场获得的能量给予中性分子（M），并且维持高温（$T = 10^4$ K）条件下的局部热平衡状态，高温状态下电子、离子、中性气体分子都可能引起电离。另外，高气压高密度的等离子体状态下，与各器壁上的表面复合相比，气相中离子、电子的复合损失变得更加重要。处于局部热平衡状态下电弧等离子体，可以利用这四个方程进行描述。

各种粒子的速度分布符合麦克斯韦分布，各种激发粒子密度符合玻耳兹曼分布。带电粒子电离程度用沙哈方程表示：

$$\frac{\alpha^2}{1-\alpha^2}p = 5.0 \times 10^{-4}T^{5/2}e^{-eV_1/(kT)} \tag{3-19}$$

式中，α 为电离度；p 为气压；T 为等离子体温度；V_1 为电离电压；e 为电子电量；k 为玻耳兹曼常数。

B　电弧放电过程

如图3-17所示，阴极以非常高的电流密度从左端开始发射电子，对于非热低强度电弧，此电流来自一个或多个比较大的通常在表面上移动的弧散阴极斑点的热电子发射，这种阴极斑点上的电流密度为 $500 \sim 10000 \text{A}/\text{cm}^2$。对于具有场发射的高强度热电弧，很多小微斑在阴极表面上移动，每个微斑具有的电流密度为 $10^6 \sim 10^8 \text{A}/\text{cm}^2$，鞘层上阴极电位降10V。阴极区是电位和密度的梯度，$d_c = 1\text{mm}$，超过此区，有一在轴向延伸近1cm的阴极流区域，在此区内形成阴极射流。阴极射流是高速的热气体区域，夹带着靠近阴极的外界气体可以以每秒几百米的速度轴向流动，阴极射流到达阳极，极大增加了阳极的热传递，高速率腐蚀阳极材料。弧强是一个低轴向密度梯度、低电场及基本无轴向温度梯度的区域，电弧示意图如图3-17所示。

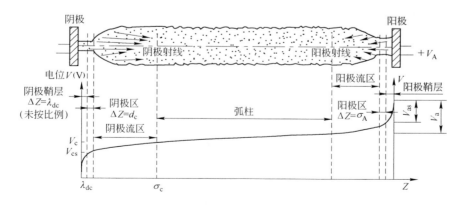

图3-17　直线电弧各区的示意图及各区的电压分布示意图

靠近阳极处为阳极流区域、阳极区和阳极鞘层，其尺寸与阴极附近的大小不相上下，但阳极附着斑点的直径比阴极斑点大，导致阳极射流速度较低和阳极流效应不大重要，阳极电位降为 $3 \sim 13V$。

在低电流（$1 \sim 10A$）非热电弧中，主要的电子发射机制是非自持的热电子发射，在这种状况下，必须从外部加热阴极以把阴极表面的温度提高到能够发射足够的电子，以维持电弧的水平。大多数非热电弧中，阴极发射电子是自持热电子发射，其阴极表面温度来自电弧的热通量。

高强度热电弧下，为维持电弧要求的极高的电流和电流密度，两者均由场致发射提供，在场致发射中，电子是由场致发射，由很多小斑点（微斑）发射入电弧。场致发射热电弧中，阴极表面温度上千摄氏度，故要求水冷。

C　电极射流的形成

电弧靠近电极处紧缩到较小的直径，电弧直径的缩小引起向离开电极方向流动的电极射流。可用 Bennett 箍缩理论来分析射流的物理机制。

箍缩效应如图 3 – 18 所示，两个平行导体流过同向电流时，会产生相互吸引力，这个力跟流过的电流成正比，同导线间的距离的平方成反比。电离气体通过电流后可以形成较强大的电流。可以把它分割成截面积较小的若干电流线。它们间的距离较小，特别是高温等离子体情况下，通过的电流很大，因此将产生一个巨大的向轴压力，将等离子体从四周均匀地向轴心压缩。这就是箍缩效应。当等离子体向轴心箍缩时，等离子体的体积和直径缩小，密度增大，电流产生的热效应也增加，会使温度增加，这种情况下将等离子体看成一种电阻很小的导体，通过电流使其加热。这是一种加热等离子体的方法，称为欧姆加热。

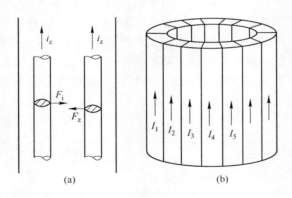

图 3 – 18　箍缩效应示意图

事实上，箍缩效应不可能使等离子体的直径无限缩小。因为等离子体内部有一个动压强 $p_K = NKT$，随着等离子体的箍缩效应增强，密度 N 不断增强，温度 T 不断增加，动压强 p_K 也增加，当向轴心的洛仑兹力同 p_K 相等时，箍缩就停止。箍缩效应受力示意图如图 3 – 19 所示。

Bennett 认为电弧中存在高的电流密度，往往存在着磁流体力学效应。外加磁场或自身磁场较强时，电弧受到洛仑兹力作用。大的径向洛仑兹力 $F = JB = F_r = -\dfrac{1}{2}\mu_0 J_z^2 r$ 作用于等离子体上，此洛仑兹力沿径向指向内部，力图把电弧箍缩到较小的直径。具有恒定电

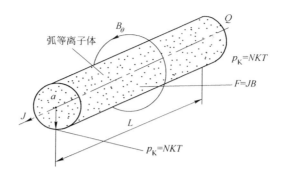

图 3-19 半径为 a 的圆柱形电弧等离子体上的径向体积力

流密度的电弧中，角向磁场为 $B = \frac{1}{2}\mu_0 J_z r$，式中，$J_z$ 为轴向电流密度；μ_0 为自由空间磁导率，其值为 $4\pi \times 10^{-7}$（H/m），不考虑任何电极附着、外部气体压强或对流稳定的作用。在稳定态下，在轴上的等离子体膨胀动力压强与向心径向体积力达到平衡，称这种现象为 Bennett 箍缩。

$$\nabla_p = F = JB \tag{3-20}$$

对于一个轴对称圆柱电弧，当 $r \leqslant a$ 时，电弧内径向压强分布为：

$$p(r) = \frac{1}{4}\mu_0 J_z^2 (a^2 - r^2) = \frac{\mu_0 l^2}{4\pi^2 a^4}(a^2 - r^2) \tag{3-21}$$

轴向压强：

$$p_0 = p(0) = \frac{1}{4}\mu_0 J_z^2 a^2 = \frac{\mu_0 l^2}{4\pi^2 a^2} \tag{3-22}$$

得到 Bennett 箍缩的平衡半径：

$$a = \frac{1}{2\pi}\sqrt{\frac{\mu_0}{p_0}} \tag{3-23}$$

弧柱轴上的动力压强为：

$$p_a = \frac{\mu_0 l^2}{4\pi^2 a^2} \tag{3-24}$$

在阴极处，电弧直径收缩到小得多的半径 $r_{max} = b$，故在轴上的动力压强较大，即 $p_b = \frac{\mu_0 l^2}{4\pi^2 b^2}$。

如果径向电弧边界 $b \ll a$，那么在点 b 处的动力压强远大于弧柱中的动力压强 p_a，故产生轴向压强梯度为：

$$\Delta p = p_b - p_a = \frac{\mu_0 l^2}{4\pi^2}\left(\frac{1}{b^2} - \frac{1}{a^2}\right) \approx \frac{\mu l^2}{4\pi^2 b^2} \tag{3-25}$$

此轴向压强梯度驱使气体和蒸气沿轴离开电极而去。轴向压强梯度的这个抽运作用将吸入从电极旁边流过的外界气体。由式（3-25）给出的压强差等于动力学（滞止）压强就可以估计电极射流速度，假如电极射流对着一平面的表面滞止下来，会产生一动力学滞

止压强 $\dfrac{1}{2}\rho v_0^2$，其中 v_0 是以 m/s 为单位的射流速度，ρ 是以 kg/m³ 为单位的等离子体质量密度：

$$\Delta p \approx \frac{\mu_0 l^2}{4\pi^2 b^2} = p_0 = \frac{1}{2}\rho v_0^2 \qquad (3-26)$$

可估计射流速度为：

$$v_0 = \left(\frac{\mu_0 l^2}{2\pi^2 b^2 \rho}\right)^{\frac{1}{2}} = \frac{1}{\pi b}\sqrt{\frac{\mu_0}{2\rho}} \qquad (3-27)$$

其典型速度从每秒几米到每秒几百米。

电极鞘层中，轴向电场是非常强的，大约 1cm 范围，其余为中等强度，在弧柱中最低的总电弧电压可以写成：

$$V_1 = V_C + V_A + \int_{d_C}^{L-d_A} E d_Z \qquad (3-28)$$

式中，V_C、V_A 分别为阴极和阳极的电位降。通常一电弧必须有最小的总外加电压，$V_1 \geqslant V_C + V_A$，否则电弧就会熄灭。

D　热电弧辐射

热电弧处于热力学平衡，因而像黑体一样辐射，导致它们在照明装置和工业应用过程中产生危害，如焊接时紫外辐射的职业危害。

按照普朗克辐射定律，黑体辐射为：

$$\frac{dM_e}{d\lambda} = \frac{2\pi hc^2}{\lambda^2}\frac{1}{e^{hc/(kT\lambda)}-1} \qquad (3-29)$$

式中，M_e 为辐射出射率，W/m²；λ 为辐射波长，m。在很短波长处辐射趋于 0。

确定最大发射波长为：

$$\lambda_{max} = \frac{hc}{4.965kT} \qquad (3-30)$$

焊接和另一些电弧的电子动力学温度典型为 1~2eV，即 11000~22000K，最大发射的波长是紫外区。

电弧的出射率为：

$$M_e = \varepsilon \int_0^\infty \frac{dm_e}{d\lambda}d\lambda \qquad (3-31)$$

式中，参数 ε 为灰体因数或灰体系数，为 0~1.0。

式（3-29）代入式（3-31），得斯特藩-玻耳兹曼辐射定律为：

$$M_e = \varepsilon \frac{2\pi^5 k^4 T^4}{15h^3 C^2} = \varepsilon\delta T^4 \qquad (3-32)$$

式中，δ 代表常量集合，是斯特藩常量，$\delta = 5.6705 \times 10^{-8}[\text{W}/(\text{m}^2 \cdot \text{K}^4)]$。

3.2.6.4　电弧等离子体应用

A　Ayrton H 的非热电弧

1902 年 Ayrton H 夫人发表了在 1 个大气压下空气碳电弧电压-电流关系。低电流、弧压单调减小，在小电流时，转变为"兹声"电弧，由于运行在大气时产生噪声而得名。

$$V_A = C_1 + C_2 L + (C_3 + C_4 L) / I \qquad (3-33)$$

式中，C_1、C_2、C_3、C_4为常数；L为弧长；I为总的电弧电流。

电弧柱中的带电粒子密度与放电电流有关，一般为$10^{20} \sim 10^{25} \mathrm{m}^{-3}$。

B　等离子体喷涂或等离子体射流

等离子体喷涂：电弧等离子体中混合涂层用的粉末，然后在高温等离子体熔融后随电弧射流喷向基底材料的表面，形成涂层。

等离子体熔融：用水冷却圆柱电极（阳极），加热对象放入接地阴极，电弧等离子体柱在阳极和阴极之间形成，它是高气压电弧的应用，如金属的焊接、切割。

3.2.7　微波放电

3.2.7.1　微波放电等离子体概述

微波放电是采用微波放电发生器来使气体电离产生微波等离子体，一般采用的频率较高，大约$2.45 \times 10^3 \mathrm{MHz}$，微波放电可在较宽的频率和压力范围内操作，产生均匀的非平衡等离子体，在等离子体化学领域有广泛的应用。微波等离子体与射频等离子体的激发方式是类似的，主要区别在于驱动频率处于微波波段。

在典型的微波等离子体中，电场强度E_0大约为$30 \mathrm{V \cdot cm}$。在无碰撞情形、微波频率下电子的最大幅度$x < 10^{-3} \mathrm{cm}$，一个周期内电子获得的最大能量约为$0.03 \mathrm{eV}$。这个能量太低，不能维持等离子体。因此在低气压下（小于1Torr）微波放电是非常困难的。在提高气压形成碰撞放电时，在固定电场和功率密度下，当$v = \omega$时，从外电场传递给单位体积气体的平均射频功率有极大值。因此，微波功率吸收是电子与重粒子碰撞频率的函数，决定于放电气压。一般气体的微波放电最佳气压为$1.0 \sim 100 \mathrm{Torr}$（约$133.4 \sim 13340 \mathrm{Pa}$）。

微波源产生的微波功率通过微波传输系统传递给等离子体。微波传输系统由微波波导管、环行器、定向耦合器、阻抗匹配器和水负载组成。环行器用来防止反射波造成磁控管损伤，定向耦合器用于测量前行波和反射波的功率，阻抗匹配器用于调节阻抗的匹配。$2.45 \mathrm{GHz}$的高功率微波信号可通过微波传输系统由石英介质窗引入反应室，在反应室放电产生等离子体，微波传输系统如图3-20所示。

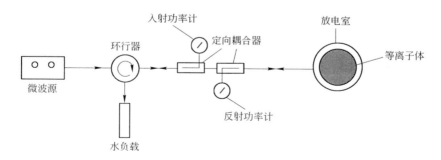

图3-20　微波传输系统

将微波功率传递给等离子体的最简单方式是波导耦合。在矩形波导宽面的中央插入一个介质管反应室，如图3-21所示。反应室的轴与波导中电场最强的位置一致，有助于电子在波电场中的加速。为防止微波的泄漏，放电区的两侧用金属管包裹，金属管的尺寸小于微波波长的截止尺寸。

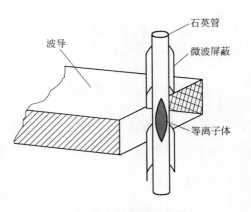

图3-21　波导耦合微波放电

通常，低气压、低温等离子体是在1~100Pa的气体中进行直流或射频放电产生的。直流辉光放电首先被研究和应用，但该等离子体是有极放电，而且密度低、电离度低、运行气压高，这就限制了其应用的广泛性。随后，射频放电技术逐步被发展起来，这是一种无极放电，且等离子体工作与控制参数比辉光放电有所提高，因而获得了较广泛的应用。但是其密度和电离度仍较低，应用范围依然受到限制。

近年来，微波放电已经发展成为气体放电物理和技术研究中的新兴领域，并且得到了广泛的应用。通过使用适当的微波腔，微波放电可以在工作气压从几个大气压到10^{-3}Pa之间有效地建立和维持。高气压、高温微波放电被用于等离子体切割、冶金、喷涂等热处理方面；低气压、低温微波放电被用于等离子体镀膜、刻蚀、表面清洗等方面。

微波气体放电初始阶段的物理过程为：微波引入反应腔中建立起电磁场，反应气体中的电子在微波场作用下获得能量，与气体分子碰撞使其电离，从而得到更多的自由电子和离子；在电子、离子密度增加的同时，等离子体介质参数发生变化，引起电磁场的变化，结果导致电离参数的变化；另外，电子、离子还存在扩散和复合运动。这些作用使等离子体最终达到平衡状态。因此这是一种微波与等离子体互相作用、互相耦合的非线性过程。

在低气压、低温放电方面一个重要的发展是电子回旋共振（ECR）放电，这种技术首先是在核聚变研究中发展起来的。最初，它被用于磁镜实验装置产生和加热等离子体，后被发展成为托卡马克、串级磁镜等核聚变装置实验中等离子体加热的主要手段。目前，这一高技术被移植到各种低温等离子体应用上来，显示了蓬勃的生命力。

所谓ECR是指当沿磁场传播的右旋圆偏振微波频率等于电子回旋频率ω_{ce}时，电子在微波场中将被不断同步、无碰撞加速而获得能量。如果在两次碰撞之间电子能量高于气体粒子的电离能、分子离解能或某一状态的激发能，那么将产生碰撞电离、分子离解和粒子激活，从而实现等离子体放电和获得活性反应粒子。电子回旋频率$\omega_{ce}=eB/m_e$，这里e和m_e分别是电子电荷及其质量，B是磁场强度。通过调节磁场，使得这个条件在放电室某一体积或表面层中得到满足，即$\omega=\omega_{ce}$。在电磁场中，电子通过共振吸收机制获得能量，从而电离或者激发中性粒子。这种放电可以在低气压下进行。通过改变放电气压、气体流量、磁场形态和输入微波功率，可以获得参数满足需要的等离子体。

3.2.7.2　微波等离子体原理

微波等离子体原理主要包括微波在等离子体中的传播和吸收的基本物理过程。这些工作经过20世纪60~70年代将近20年的研究日趋完善，到20世纪80年代则进入了开始应用的阶段。

A 微波在等离子体中的传播特性

在电磁场的作用下，对质量为 m、电荷为 q 的粒子，漂移运动方程为：

$$m \frac{\partial \boldsymbol{v}}{\partial t} = q(\boldsymbol{E} + \boldsymbol{v} \times \boldsymbol{B}_0) \qquad (3-34)$$

由于粒子漂移运动，等离子体中产生的电流 $\boldsymbol{J}$ 为：

$$\boldsymbol{J} = \sum_k n_k q_k \boldsymbol{v}_k \qquad (3-35)$$

为叙述方便，下面以由一种离子和电子组成的等离子体为例来说明微波在等离子体中的传播特性。对于由一种离子和电子组成的等离子体：

$$\boldsymbol{J} = n_e q_e \boldsymbol{v}_e + n_i q_i \boldsymbol{v}_i \qquad (3-36)$$

根据电矩的定义可知：

$$\boldsymbol{P} = n_e q_e \boldsymbol{r}_e + n_i q_i \boldsymbol{r}_i \qquad (3-37)$$

同样可知：

$$\boldsymbol{J} = \frac{\partial \boldsymbol{P}}{\partial t} \qquad (3-38)$$

B 电磁波在各向同性等离子体（$B_0 = 0$）中的色散关系

在各向同性等离子体中，由式（3-34）得 $(j\omega)^2 m_e \boldsymbol{r}_e = q_e \boldsymbol{E}$，$(j\omega)^2 m_i \boldsymbol{r}_i = q_i \boldsymbol{E}$，所以

$$\boldsymbol{P} = n_e q_e \boldsymbol{r}_e + n_i q_i \boldsymbol{r}_i = -\left(\frac{n_e q_e^2}{m_e \omega^2} + \frac{n_i q_i^2}{m_i \omega^2} \right) \boldsymbol{E} \qquad (3-39)$$

$$\boldsymbol{D} = \varepsilon_0 \boldsymbol{E} + \boldsymbol{P} = \varepsilon_0 \left(1 - \frac{n_e q_e^2}{\varepsilon_0 m_e \omega^2} - \frac{n_i q_i^2}{\varepsilon_0 m_i \omega^2} \right) \boldsymbol{E} = \varepsilon_0 \varepsilon_r \boldsymbol{E} \qquad (3-40)$$

$$\varepsilon_r = \left(1 - \frac{n_e q_e^2}{\varepsilon_0 m_e \omega^2} - \frac{n_i q_i^2}{\varepsilon_0 m_i \omega^2} \right) = 1 - \frac{\omega_{pe}^2}{\omega^2} - \frac{\omega_{pi}^2}{\omega^2} \approx 1 - \frac{\omega_{pe}^2}{\omega^2} \qquad (3-41)$$

式中，ε_r 为无碰撞各向同性等离子体的介电常数；$\omega_{pe}^2 = \frac{n_e q_e^2}{\varepsilon_0 m_e}$，$\omega_{pi}^2 = \frac{n_i q_i^2}{\varepsilon_0 m_i}$，$\omega_p^2 = \omega_{pe}^2 + \omega_{pi}^2$ 分别为电子、离子、等离子体的等离子体角频率，考虑到离子质量远大于电子质量，可知等离子体角频率 ω_p 和电子的等离子体角频率 ω_{pe} 数值上差别不大。

因为 $\boldsymbol{n} = \dfrac{kc}{\omega}$，$\nabla \times \boldsymbol{E} = j\boldsymbol{k} \times \boldsymbol{E} = j \dfrac{n\omega}{c} \times \boldsymbol{E}$，$\dfrac{\partial \boldsymbol{B}}{\partial t} = -j\omega \boldsymbol{B}$

由麦克斯韦方程组得

$$\boldsymbol{B} = \frac{1}{c} \boldsymbol{n} \times \boldsymbol{E}, \quad \boldsymbol{D} = -\frac{1}{c} \boldsymbol{n} \times \boldsymbol{H} = -\varepsilon_0 \boldsymbol{n} \times (\boldsymbol{n} \times \boldsymbol{E})$$

所以

$$\boldsymbol{P} = -\varepsilon_0 [\boldsymbol{E} + \boldsymbol{n} \times (\boldsymbol{n} \times \boldsymbol{E})] = \varepsilon_0 [(n^2 - 1)\boldsymbol{E} - \boldsymbol{n} \times (\boldsymbol{n} \times \boldsymbol{E})] \qquad (3-42)$$

由式（3-40）、式（3-42）得

$$\left(n^2 - 1 + \frac{\omega_p^2}{\omega^2} \right) \boldsymbol{E} - (\boldsymbol{n} \times \boldsymbol{E})\boldsymbol{n} = 0$$

用 $\boldsymbol{n}$ 标乘，得

$$\left(1 - \frac{\omega_p^2}{\omega^2} \right) (\boldsymbol{n} \cdot \boldsymbol{E}) = 0$$

除 $\omega = \omega_p$ 外 $\qquad\qquad\qquad\qquad \boldsymbol{n} \cdot \boldsymbol{E} = 0$

所以，各向同性等离子体的色散关系为：

$$n^2 = 1 - \frac{\omega_p^2}{\omega^2} \qquad\qquad (3-43)$$

取 z 轴为相位传播方向，波函数可表示为：

$$\exp\left[j\omega\left(t - \frac{nz}{c}\right) \right] = \exp\left\{ j\omega\left[t - \frac{1}{c}\left(1 - \frac{\omega_p^2}{\omega^2}\right)^{1/2} z \right] \right\} \qquad (3-44)$$

当 $\omega > \omega_p$ 时，这个波函数描述在 z 轴的正方向上速度为 $v = \dfrac{c}{n} = \dfrac{c}{\sqrt{1 - \dfrac{\omega_p^2}{\omega^2}}}$ 的相传播。

当 $\omega < \omega_p$ 时，波沿 z 轴方向指数衰减。

电磁波在磁等离子体中的色散关系比较复杂，这里不再细致讨论，只做如下规定：如在直角坐标系中，外加恒定磁场沿 z 轴方向，如果使电场发生右旋圆偏振的，即沿电子拉莫运动的方向旋转，称为右旋波（R 波）；如果使电场发生左旋圆偏振的，即沿离子拉莫运动的方向旋转，称为左旋波（L 波）；如果波的电场方向和磁场方向一致，称为寻常波（O 波）；如果波的电场方向和磁场方向垂直，称为非常波（X 波）。

C　微波等离子体中电磁波传播的基本特性

作为色散关系的一个应用，讨论磁化等离子体中的高频电磁波传播的基本特性具有研究意义。由于离子的质量大，对高频振荡不能响应，对于这些波，可以忽略离子的运动，把它们看成固定的正电荷本体。此时：

$$\varepsilon_{r\perp} \approx 1 - \frac{\omega_{pe}^2}{\omega^2 - \omega_{ce}^2}, \varepsilon_{r//} \approx 1 - \frac{\omega_{pe}^2}{\omega^2}, \varepsilon_{r\times} \approx -\frac{\omega_{ce}}{\omega}\left(\frac{\omega_{pe}^2}{\omega^2 - \omega_{ce}^2}\right)$$

$$R = \varepsilon_{r\perp} + \varepsilon_{r\times} = 1 - \frac{\omega_{pe}^2}{\omega^2}\left(\frac{\omega}{\omega - \omega_{ce}}\right), L = \varepsilon_{r\perp} - \varepsilon_{r\times} = 1 - \frac{\omega_{pe}^2}{\omega^2}\left(\frac{\omega}{\omega + \omega_{ce}}\right)$$

（1）O 波与 X 波的色散曲线。对于 O 波 $n^2 = 1 - \dfrac{\omega_p^2}{\omega^2}$，在 $\omega = \omega_{pe}$ 点截止。当 $\omega < \omega_{pe}$ 时，

$\boldsymbol{n}^2 < 0$，波是衰减的。对于 X 波，$n^2 = \dfrac{RL}{\varepsilon_{r\perp}}$ 在 $RL = 0$ 点截止，即在 $\omega = \omega_R$（右旋截止）和

$\omega = \omega_L$（左旋截止）点截止。

式中 $\qquad\qquad\qquad \omega_R = \sqrt{\omega_{pe}^2 + \dfrac{\omega_{ce}^2}{4}} + \dfrac{\omega_{ce}}{2}, \quad \omega_L = \sqrt{\omega_{pe}^2 + \dfrac{\omega_{ce}^2}{4}} - \dfrac{\omega_{ce}}{2}$

对于 X 波，当 $\omega^2 \omega_{HH}^2 = \omega_{ce}^2 + \omega_{pe}^2$ 时，$n^2 = 0$，即当一定频率的波接近共振点时，波的能量转化为高混杂振荡。O 波和 X 波的 $n^2 - \omega$ 色散曲线如图 3-22 所示。

（2）R 波与 L 波的色散曲线。对于 R 波，$\varepsilon_{r\perp} + \varepsilon_{r\times} = 1 - \dfrac{\omega_{pe}^2}{\omega^2}\left(\dfrac{\omega}{\omega - \omega_{ce}}\right)$，对于 L 波，

$n^2 = \varepsilon_{r\perp} - \varepsilon_{r\times} = 1 - \dfrac{\omega_{pe}^2}{\omega^2}\left(\dfrac{\omega}{\omega + \omega_{ce}}\right)$。

R 波的电矢量旋转方向与电子回旋方向相同，当 $\omega \to \omega_{ce}$ 时，R 波出现电子回旋共振。由于这时电场矢量旋转频率与电子回旋频率近似相等，电场能有效地不断加速电子，波能

量转化为电子的动能。波的这种共振机制提供了加热等离子体的一条途径。

L 波不能与电子发生共振，因为 L 波的电场矢量旋转方向与电子回旋方向相反。令 $n^2 = 0$ 可以得到 R 波与 L 波的截止频率为：

$$\omega_R = \sqrt{\omega_{pe}^2 + \frac{\omega_{ce}^2}{4}} + \frac{\omega_{ce}}{2}, \quad \omega_L = \sqrt{\omega_{pe}^2 + \frac{\omega_{ce}^2}{4}} - \frac{\omega_{ce}}{2}$$

R 波和 L 波的 $n^2 - \omega$ 色散曲线如图 3-23 所示。

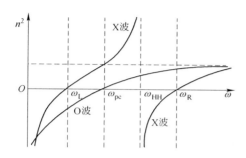

图 3-22　O 波与 X 波的 $n^2 - \omega$ 色散曲线　　　图 3-23　R 波与 L 波的 $n^2 - \omega$ 色散曲线

（3）电子回旋共振的产生条件。电子回旋共振是指当输入的微波频率等于电子回旋频率时，微波能量共振耦合给电子，获得能量的电子电离中性气体，产生放电，电子回旋频率 $\omega_{ce} = eB/m_e$。这里，e 和 m_e 分别是电子电荷及其质量，B 是磁场强度。通过调节磁场，可以使得这个条件在放电室某一体积或表面层中得到满足，即 $\omega = \omega_{ce}$。

需要注意的是，共振是指只有电矢量旋转方向与电子回旋方向相同时，电场才能有效地不断加速电子，波能量转化为电子的动能。

R 波的电矢量旋转方向与电子回旋方向相同，当 $\omega = \omega_{ce}$ 时，R 波出现电子回旋共振。由于这时电场矢量旋转频率与电子回旋频率相等，电场能有效地不断加速电子，波能量转化为电子的动能。

产生电子回旋共振的条件包括以下几方面：
（1）施加磁场，且磁感应强度 $B = 0.0875T$；
（2）磁场方向与电磁波的传播方向平行；
（3）电子碰撞频率足够低，以保证电子在两次碰撞之间绕磁场回旋多次。

3.2.7.3　微波等离子体电子能量吸收的计算

考虑碰撞时，漂移运动方程为：

$$m_e \frac{\partial v_e}{\partial t} = -e(\boldsymbol{E} + \boldsymbol{v}_e \times \boldsymbol{B}_0) - m_e \boldsymbol{v}_e \nu_e \tag{3-45}$$

式中　ν_e——电子的有效碰撞频率；
$-m_e \boldsymbol{v}_e \nu_e$——电子与离子和中性粒子碰撞造成的动量损失。

无外磁场时漂移运动方程为：

$$-j\omega m v = -e\boldsymbol{E} - m_e \boldsymbol{v}_e \nu_e \tag{3-46}$$

所以

$$v = \frac{-eE}{m(\nu_e - j\omega)} \qquad (3-47)$$

电流密度
$$J = -n_e e \, v_e = \frac{n_e e^2 E}{m(\nu_e - j\omega)} = \sigma E$$

式中
$$\sigma = \frac{n_e e^2}{m(\nu_e - j\omega)}$$

无外磁场时，电导率为：

$$R_{e\sigma} = \frac{n_e e^2 \nu_e}{m(\nu_e^2 + \omega^2)} \qquad (3-48)$$

有外磁场时，漂移运动方程为：

$$m \frac{\partial v}{\partial t} = -e(E + v \times B_0) - m_e \, v_e \nu_e \qquad (3-49)$$

即
$$-j\omega m v = q(E + v \times B_0) - m_e \, v_e \nu_e \qquad (3-50)$$

在直角坐标系中，使外加恒定磁场沿 z 轴方向，则

$$(\nu_e - j\omega)mv_x = -eE_x - eB_0\nu_y \quad (\nu_e - j\omega)mv_y = -eE_y + eB_0\nu_x, \quad (\nu_e - j\omega)mv_x = -eE_x$$

即
$$v = \begin{pmatrix} \mu_\perp & \mu_\times & 0 \\ -\mu_\times & \mu_\perp & 0 \\ 0 & 0 & \mu_{/\!/} \end{pmatrix} \begin{pmatrix} E_x \\ E_y \\ E_z \end{pmatrix} \qquad (3-51)$$

式中
$$\mu_\perp = \frac{-e}{m_e} \frac{\nu_e - j\omega}{\omega_c^2 + (\nu_e - j\omega)^2}, \quad \mu_\times = \frac{e}{m_e} \frac{\omega_c}{\omega_c^2 + (\nu_e - j\omega)^2}, \quad \mu_{/\!/} = \frac{-e}{m_e} \frac{1}{\nu_e - j\omega}$$

电流密度：

$$J = -n_e e v_e \begin{pmatrix} \sigma_\perp & \sigma_\times & 0 \\ -\sigma_\times & \sigma_\perp & 0 \\ 0 & 0 & \sigma_{/\!/} \end{pmatrix} E \qquad (3-52)$$

式中
$$\sigma_\perp = \frac{n_e e^2}{m_e} \frac{\nu_e - j\omega}{\omega_c^2 + (\nu_e - j\omega)^2}, \quad \sigma_\times = \frac{-n_e e^2}{m_e} \frac{\omega_c}{\omega_c^2 + (\nu_e - j\omega)^2}, \quad \sigma_{/\!/} = \frac{n_e e^2}{m_e} \frac{1}{\nu_e - j\omega}$$

电导率实部：

$$R_{e\sigma\perp} = Re \left[\frac{n_e e^2}{m_e} \frac{\nu_e - j\omega}{\omega_c^2 + (\nu_e - j\omega)^2} \right] = \frac{n_e e^2 \nu_e}{2m_e} \left[\frac{1}{\nu_e^2 + (\omega - \omega_c)^2} + \frac{1}{\nu_e^2 + (\omega + \omega_c)^2} \right] \qquad (3-53)$$

在稳态放电情况下，等离子体的吸收功率 P_{abs} 应该等于其损失功率 P_{lost}。用 $\langle P \rangle_{abs}(r)$ 和 $\langle P \rangle_{lost}(r)$ 分别表示单位时间内微分体积内等离子体吸收的能量和微波能量的损失，那么稳态下微分体积内的能量输入和输出达到一个平衡，即

$$\langle P \rangle_{lost}(r) = \langle P \rangle_{abs}(r) \qquad (3-54)$$

式中，$\langle P \rangle_{abs}(r) = \frac{1}{2} Re[E(r) \cdot \sigma E(r)^*]$，$\sigma$ 为电导率张量。

对于整个放电体积 V_L，对式（3-54）积分可得等离子体吸收的总能量：

$$P_{abs} = \int_{V_L} \langle P \rangle_{abs}(r) \, dV \qquad (3-55)$$

微波能量的吸收包括电子和离子气体的吸收，在碰撞之间电场作用于带电粒子所做的

功因粒子质量的不同有很大的不同。由于电子的质量远小于离子的质量，相同电场下对电子所做的功远大于对离子所做的功，微波传给电子的能量比传给离子的能量大很多，可以忽略电场直接传给离子的能量。这样，微波能量的主要吸收机制只考虑电场对电子的作用，它包括焦耳热（弹性和非弹性碰撞加热）和电子回旋热。电子从电场得到能量后，通过碰撞将能量转移给离子和中性粒子。主要的能量损失机制包括扩散损失，离子、电子和中性粒子的热导、对流、复合和辐射损失。这些损失能量主要被放电室壁吸收。

对于电子来说单位体积内的能量损失为：

$$\langle P \rangle_{\text{lost}}(r) = 弹性碰撞损失 + 非弹性碰撞损失 + 电导和对流损失$$

它可以写成方程的形式：

$$\langle P \rangle_{\text{lost}}(r) = \left[\left(\frac{5kT_e}{2} \right) \frac{D_a}{\Lambda^2} + \nu_{en} \left(\frac{2m_e}{M_n} \right) \left(\frac{3k}{2} \right) (T_e - T_n) + eV_i\nu_i + \sum_j eV_{exj}\nu_{exj} \right] n_e(r) \tag{3-56}$$

式中，D_a 为双极扩散系数；T_e、T_n 分别为电子和中性粒子的温度；k 为玻耳兹曼常数；Λ 为放电扩散长度；ν_i 为电离频率；V_i 为电离电位；ν_{exj} 为第 j 种粒子的激发频率；V_{exj} 为其激发电位；ν_{en} 为电子和中性粒子的碰撞频率。

对于整个放电体积 V_L，积分式（3-56）就得到总的能量损失功率，它依赖于放电几何尺寸、气压、气体种类和电子密度。实际上，对于不同的应用，上述条件有很大的差别。在稳态放电中，$\langle P \rangle_{\text{abs}}(r) = \langle P \rangle_{\text{lost}}(r)$。因此，为了维持放电所要求的电场是不同的，也就是说，波与等离子体的能量耦合，等离子体的产生、约束、稳定以及微波系统的配备和谐振腔的设计，就成为一个重要的物理和技术研究课题。

由式（3-48）和式（3-54）得，在无磁场的情况下，电子所吸收的按时间平均的功率密度可以写成：

$$\langle P \rangle_{\text{abs}}(r) = \frac{n_e e^2}{2m\nu_e} \left(\frac{\nu_e^2}{\nu_e^2 + \omega^2} \right) |\boldsymbol{E}(r)|^2 \tag{3-57}$$

这里的 ν_e 是电子的有效碰撞频率。这个表达式经常用有效电场的形式写成

$$\langle P \rangle_{\text{abs}}(r) = \frac{n_e e^2}{m\nu_e} |E_e|^2 \tag{3-58}$$

式中，$|E_e|$ 为有效电场。

$$|E_e| = \frac{|\boldsymbol{E}(r)|}{\sqrt{2}} \frac{\nu_e}{\sqrt{\nu_e^2 + \omega^2}} \tag{3-59}$$

如果存在稳态磁场，电子吸收的微波功率增加了 ECR 的加热部分。为简单计，只考虑波沿着磁场传播且变化的电场垂直于磁场的情况，由式（3-53）和式（3-54），电子吸收功率变成：

$$\langle P \rangle_{\text{abs}}(r) = \frac{n_e e^2}{2m\nu_e} \left[\frac{1}{\nu_e^2 + (\omega - \omega_c)^2} + \frac{1}{\nu_e^2 + (\omega + \omega_c)^2} \right] |\boldsymbol{E}(r)|^2 \tag{3-60}$$

有效电场现在定义为：

$$|E_e|^2 = \frac{\nu_e^2}{2} \left[\frac{1}{\nu_e^2 + (\omega - \omega_c)^2} + \frac{1}{\nu_e^2 + (\omega + \omega_c)^2} \right] |\boldsymbol{E}(r)|^2 \tag{3-61}$$

下面简单讨论一下式（3-57）、式（3-60）的结果。

　　电子的有效碰撞频率 ν_e 是气压 p 的函数，例如对于 300K 的氩气。$\nu_e = 2.3 \times 10^9 p$（压强 p 的单位为 Torr）。在无磁场的情况下，若密度和电场保持不变，则当 $\omega = \nu_e$ 时，式（3-57）有极大值。对于激发频率 $\omega = 2.45\text{GHz}$ 的情况，最大的功率吸收发生在 p 为 900Pa 左右时。一般地说，用 2.45GHz 微波来维持一个无磁场放电时的气压范围为 70~1300Pa。

　　在低气压下（<10Pa），电子和中性粒子、电子和离子的碰撞平均自由程很长，$\nu_e \ll \omega$，这样式（3-57）变成 $\langle P \rangle_{\text{abs}}(r) = \dfrac{n_e e^2 \nu_e}{2m\,\omega^2}|E(r)|^2$。

　　在低气压，即 ν_e 很小的条件下，为了维持放电，需要高的密度和电场，也就是说，需要强的微波入射功率和高 Q 值的谐振腔体，这是难以做到的。一个有效的解决方法是加上磁场来增加电子回旋加热的能量耦合部分。从式（3-60）可以看到，当 $\omega = \omega_{ce}$ 时，即使 ν_e 很小，在低的电场下，也可以得到高功率的吸收。这相当于提高了有效电场 E_e，见式（3-61）。从物理上说，在电子回旋共振时，电子的垂直于磁场的速度增加了（如图 3-24 所示）。电子的轨迹半径受到它与器壁或其他粒子碰撞的限制。虽存在碰撞，但是在 $\nu_e \ll \omega$ 的条件下，在两次碰撞之间，由于 ECR 电子所获得的能量反比于 ν_e，于是在低气压下，低的电场也能耦合给电子大的能量。

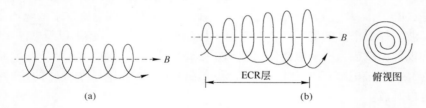

图 3-24　电子在磁场中的运动
（a）$E = 0$；（b）$E = E_0 \exp(j\omega_e)$，$E_0 \perp B$

　　从式（3-60）可以看到，当气压增加时，ν_e 上升，能量吸收方程变成式（3-57）。在高气压下，磁场的效应变弱。随着气压增加，纯 ECR 加热逐渐转变为纯碰撞加热。对于氩气，这种转变发生在 70~400Pa 之间。所以 ECR 是低气压放电中的能量耦合技术，在低气压下，电子在两次弹性或非弹性碰撞之间可以回旋很多圈，从而获得了较多的能量来维持放电。

3.3　结语

　　等离子体发生最初主要起源于气体放电，因此本章介绍了气体放电的特性与原理，主要包括汤森放电、帕邢定律以及气体原子的激发转移和消电离。放电等离子体发生的形式多种多样，放电类型各不相同，如电晕放电、火花放电、介质阻挡放电、辉光放电、弧光放电、微波放电等，根据其性能不同，可用于制备高分子材料、薄膜、合成气、表面处理、喷涂、杀菌消毒以及用于微电子和光电子技术方面等。在环境保护方面，由于其特殊性能及较高的降解能力，在处理气态污染物以及液、固体废物等方面也具有很好的应用前景。本书主要针对低温等离子体在气相 VOCs 的净化应用方面展开一系列的实验研究。

参 考 文 献

［1］赵华侨. 等离子体化学与工艺［M］. 合肥：中国科学技术大学出版社，1993.

［2］高树香，陈宗柱. 气体导体（上、下册）［M］. 南京：南京工学院出版社，1988.

［3］J. R. 罗斯. 工业等离子体工程基本原理（第一卷）［M］. 吴坚强，等译. 北京：科学出版社，1998.

［4］徐学基，诸定昌. 气体放电物理［M］. 上海：复旦大学出版社，1996.

［5］Engei A V. Ionized Gases［M］. London and New fork：Oxford University Press, 1965.

［6］许根慧，姜恩永，盛京，等. 等离子体技术与应用［M］. 北京：化学工业出版社，2006.

［7］Eliassion B, Kolgelschatz U. Modeling and Application of Silent Discharge Plasmas［J］. IEEE Trans Plasma Science, 1991, 19 (2)：309 ~ 323.

［8］Kolgelschatz U, Eliassion B, Egli W. Dielectric – barrier discharges principle and applications. International conference on Phenomena in Ionized Gases. Toulouse, France, July 1997, 17 ~ 22.

［9］Tas M A. Plasma-induced catalysis-A feasibility study and fundamentals Dissertations［D］. Netherlands：Eindhoven University of Technology, 1995.

［10］Venugopalan M, Veprk S. Kinetics and catalysis in plasma chemistry (Topics in Current Chemistry, PP：2 – 61, ed. by Boschke F. L.). Springer：Berlin – Heidelberg – New York, 1983.

［11］Liu C J, Xu GH, Wang T. Non-thermal plasma approaches in CO_2 utilization［J］. Fuel Processing Technology, 1999, 58：119 ~ 134.

［12］王保伟. 天然气等离子体转化制 C_2 烃特性研究［D］. 天津：天津大学，2001.

［13］李明伟. 温室气体冷等离子体反应制合成气基础研究［D］. 天津：天津大学，2000.

［14］Chang J S. Corona discharge processes［J］. IEEE Transaction on Plasma Science. 1991, 19 (6)：1152.

［15］Gordon G L, et al. Novel Technique for the Production of Hydrogen Using Plasma Reactor［J］. Fuel Chem. 1999, 44 (4)：874.

［16］Liu C J, et al. Oxidative Coupling of Methane with ac and do Corona Discharge. Ind. Eng. Chem. Res, 1996, 35 (10)：3295.

［17］Zhu A M, et al. Coupling of methane under pulse corona plasma（Ⅰ）– In the absence of oxygen［J］. Science in China B, 2000, 43 (2)：208.

［18］朱爱民，等. 脉冲电晕等离子体作用下甲烷偶联反应的研究（Ⅱ）—反应添加气的影响［J］. 应用化学，1999，16 (4)：70.

［19］Loeb L B. Basic Processes of Gaseous Electronics［M］. Berkeley and Los Angeles：University of California Press, 1995：751 ~ 822.

［20］Busch G, et al. Lectures on Solid State Physics［M］. Hungary：Pergarnon Press Ltd., 1976：156.

［21］茹科夫 M，等. 热等离子体实用动力学［M］. 赵文华，等译. 北京：科学出版社，1981.

［22］江剑平，等. 阴极电子学与气体放电原理［M］. 北京：国防工业出版社，1980.

［23］Kanazawa S, Kogoma M, Moriwaki T, et al. Satble golw plasma at atmospheric pressure［J］. Phys. D：Appl. Phys., 1988, 21 (5)：838 ~ 840.

4 气相等离子体光谱特性

　　气体放电的形式有很多种类,大致可分为电晕放电、辉光放电、火花放电、电弧放电等[1]。气体放电现象的研究通常有两种方法,即理论研究和实验研究,理论方法可以获得内在机理,而实验方法更直接,但会受到一些条件制约。近几年,等离子体物理的研究成果颇丰,随着科技发展的需要,气体放电的内在机理研究显得越来越重要,从微观角度解释各种粒子的存在状态和运动规律以及使用间接的手段获取相关数据,如电子温度、电子密度等也成为研究热点,目前常用的测量方法有光谱诊断、缪尔探针法以及质谱诊断等。

　　光谱法是研究气体放电现象的一种重要手段[2,3]。气体放电过程形成的大量带电粒子处于复杂的运动状态,因而辐射出大量多种形式的电磁波,其波长范围相当广泛,从微波开始,有红外光、可见光、紫外光直到 X 射线。辐射过程跟气体放电过程的内部状态密切相关。因此,通过对辐射光谱的测量分析,可以获得气体放电过程形成的放电通道中的粒子密度、温度以及粒子成分等重要参数。通过适当的设计,光谱分析方法可测量任意电极装置及气体放电的特征谱线。光谱分析法属于非侵入式,故它不会给气体放电过程产生任何干扰,使用多通道光纤测量,可实现空间分辨测量,因此光谱分析法现已成为最具竞争力的气体放电现象研究的最有前景的方法[4]。等离子体分析中常用到发射光谱（optical emission spectroscopy，OES）、吸收光谱（absorption spectroscopy，AS）、激光诱导荧光光谱（laser induced fluorescence，LIF）和空腔衰荡光谱（cavity ring down spectroscopy，CRDS）。发射光谱是比较简单且常用的测量方法,是借用等离子体形成过程中能量变化所辐射出光发射谱,结合理论计算,获得相关参数以及信息的方法。用红外光照射气体放电所形成的等离子体,之后通过测量红外光因部分被吸收所导致的光强发生的变化值来推导某些粒子基团的浓度的方法属于吸收光谱法。

　　在气体放电时所形成的等离子体区域内大量的粒子进行着复杂的运动,同时辐射出不同种类的电磁波,其辐射过程与等离子体中粒子的运动状态紧密相关,因而利用等离子体辐射的光谱可计算出等离子体中的粒子成分、粒子温度和粒子密度等参数。激发态粒子一般只有 10^{-8} s 的短暂寿命,随即便会发生能级跃迁,跃迁过程中辐射出光子[5,6]。气体放电的发射光谱即是基于此原理。电子通过外电场获得能量,经碰撞转移给气体来维持等离子态[4],电子与原子和分子碰撞后就会产生该原子或分子的受激态,如图 4-1 所示,发生如下反应:

$$e + A \longrightarrow e + A^*$$
$$e + AB \longrightarrow e + AB^* \tag{4-1}$$

　　通过电磁辐射,电子激发态可以回到基态,此时发射的紫外光–可见光光谱就是这种辐射产生的。

　　在气体放电过程中,两个带相反电荷的粒子也会发生复合反应,通过这样的方式,带电粒子（包括电子和离子）发生如图 4-2 所示反应,该过程同时伴随电磁辐射的光发射,称为辐射复合。

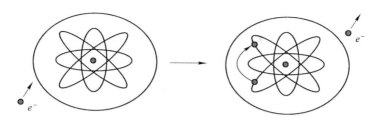

图 4 – 1 电子激发过程

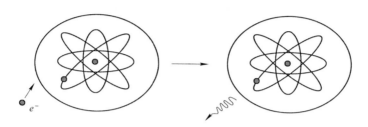

图 4 – 2 辐射复合过程

4.1 电晕放电光谱特性

按尖端电极极性不同,电晕放电分为正电晕放电和负电晕放电。正电晕特点是流注脉冲增加,极间正负离子将畸变电场,使空间电荷不能发展新的流注。对于阳极,当有足够的间隙时,才能够产生较长的流光,如果极间电压加到一定的数值之后,将发生火花击穿。负电晕中,形式稳定,位置固定在中心处,击穿电压比正电晕击穿电压值高,故多用在电除尘器等方面[3]。按放电电源不同,分为脉冲电晕,高频电晕和直流电晕放电等。

在电晕放电过程中,裸眼可以同时观察放电区域,对在不同实验条件下等离子体密度及空间分布进行初步判断,从而宏观地把握放电性质。在实验中,等离子体发射光谱可以通过发射光谱仪精确地测量记录,也可以通过裸眼进行直接的观察[7]。在低气压条件下,线光谱发射占主导地位,裸眼观察的总发光强度为各线光谱强度之和。在其他放电条件不变时,裸眼观察到的总发光强度也大约与电子等离子体密度、基态中性粒子密度成线性比例关系。因此,根据发光这一点,也可以直接通过裸眼观察对等离子体进行简便、有效的研究。

图 4 – 3 和图 4 – 4 所示分别为不同放电电压下正、负电晕等离子体放电图片,在通入干空气,流量为40L/h 的条件下,极间距 $d = 1.0$ cm、电压 $U = 7$ kV 时,正电晕的放电现象与负电晕有明显的不同,正电晕呈典型的刷状放电,负电晕的刷状放电则没有那么典型,而是部分呈放射状。如图 4 – 3(a)和图 4 – 4(a)所示,在异极距 1.0cm,放电电压 7kV 时,正电晕针电极尖端发出淡紫色光,发光点周围有一圈紫色电晕;负电晕针电极尖端发出的是白色光,周围有一圈明显的紫色电晕,电晕范围比正电晕大。电压增大到 9kV,放电光区变大,正负电极间形成一整条发光带,正电晕亮度和放电强度都比负电晕大,而负电晕的放电范围大于正电晕,且两种电晕方式的电晕颜色明显不同,正电晕为紫

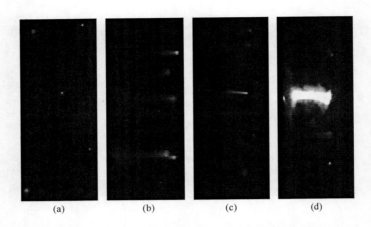

图 4-3　不同放电电压下正电晕等离子体放电图片

（a）$d=1.0cm$，$U=7kV$；（b）$d=1.0cm$，$U=9kV$；（c）$d=1.0cm$，$U=13kV$；（d）$d=1.0cm$，$U=15kV$

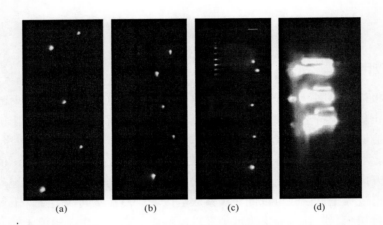

图 4-4　不同放电电压下负电晕等离子体放电图片

（a）$d=1.0cm$，$U=7kV$；（b）$d=1.0cm$，$U=9kV$；（c）$d=1.0cm$，$U=13kV$；（d）$d=1.0cm$，$U=17kV$

色，负电晕为紫红色，如图 4-3（b）和图 4-4（b）所示。电压继续增大到 13kV 时，正电晕中只有中间一个针电极形成流光放电，其余四个电极只是在针尖端才有一小圈电晕，但形成的流光放电强度增加，并发出嘶嘶的噪声；负电晕的电晕亮度增加，使得流光放电更加明显，电晕所覆盖的区域进一步变大，如图 4-3（c）和图 4-4（c）所示。当电压升高到 15kV 时，正电晕中，中间电极发生击穿，其余电极还保持在电晕放电的状态下，如图 4-3（d）所示。负电晕在电压增至 17kV 时全部电极同时发生击穿，如图 4-4（d）所示。正负电晕击穿时都伴有响亮的啪啪声响。由放电现象可以看出，在同一放电电压下，正电晕的发光亮度和放电强度比负电晕大，但负电晕笼罩的范围比正电晕大。在相同的异极距、相同的气体种类和流量下，正电晕比负电晕更早发生击穿。另外，正负电晕放电一段时间后，用手触摸反应器壁可感觉到温度略高于室温，可见电晕放电产生的等离子体温度很低，属于低温等离子体[8]。

刘志强等[9,10]通过对大气中针板电极直流电晕放电实验研究，得到了电子密度、电晕层厚度、振动温度与电晕电压、放电间距的变化关系，建立了电晕层等离子体参数和其应用效率之间的关系，采用发射光谱法对氮分子第二正带系337.1nm的光谱强度进行测量，分析出了高能电子密度与光谱强度的关系，并用发射光谱法分析计算出氮分子振动温度。图4-5所示为不同电压下的 N_2（C3Πu→B3Πg）的发射光谱。由图可以看出电晕放电的 N_2（C3Πu→B3Πg）发射光谱的峰值随着电源电压的增加而升高。由此可见电压越高，N_2（C3Πu→B3Πg）辐射的光子越多，辐射的强度越大。图4-6所示为电压对 N_2（C3Πu→B3Πg）发射光谱相对强度的影响曲线。由图可以看出，随着电压的升高，光谱强度基本成线性上升。这说明，电晕放电产生的电子密度随着电压的升高而增大。这导致激发态的 N_2 增多，发射光谱强度增大。在标准大气压情况下，通过测量放电发射谱中氮分子第二正带系337.1nm谱线强度分布，发现高能电子密度在针尖附近具有最大值，增大电压或者减小针板间距，高能电子密度都增大。在针板间距和电源电压不变的情况下，高能电子密度随针尖曲率半径的减小而增大，如图4-7和图4-8所示。

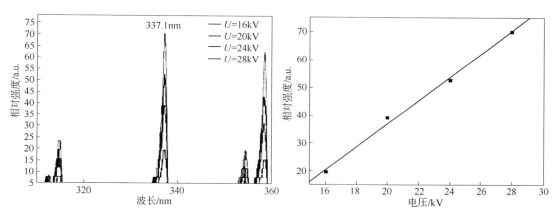

图4-5　不同电压下 N_2（C3Πu→B3Πg）
发射光谱图

图4-6　电压对 N_2（C3Πu→B3Πg）
发射光谱强度的影响

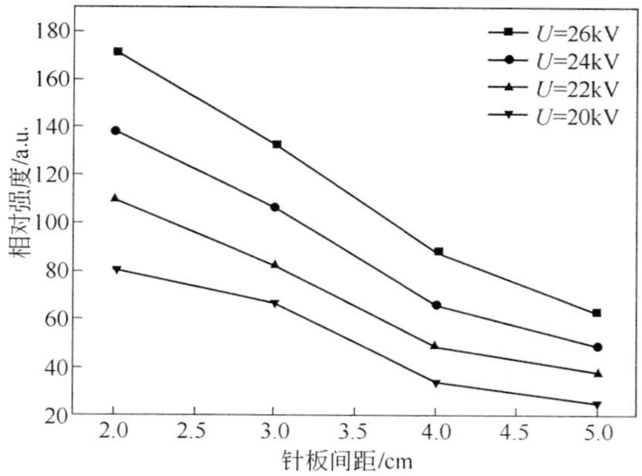

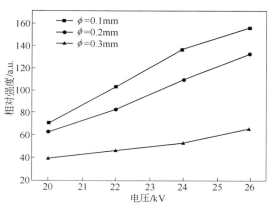

图4-7　针板间距对 N_2（C3Πu→B3Πg）
发射光谱强度的影响

图4-8　不同阴极针对 N_2（C3Πu→B3Πg）
发射光谱的影响

闫伶[11]用光学发射光谱对大气压下空气中多针对板负直流电晕放电电离区和正电晕流光阶段的 O 活性原子进行检测，分别研究负电晕放电中单因素（包括放电电压、放电电流、放电功率、电极间距）对产生 O 活性原子的变化规律。根据正电晕流光阶段 O 活性原子空间分布数据，确知其分布特性。结果发现负电晕辉光放电中，电离区内 O 活性原子相对密度随外加电压、放电电流、放电功率的升高呈增加趋势。随电极间距增大，电离区范围减小，其相对密度减小；常压下流光放电中几乎整个放电间隙内和针尖后部均可检测到 O 活性原子存在。流光放电间隙内 O 活性原子沿针尖轴向呈先增大后减小的趋势。

李金平[12]等用等离子体发射光谱法，用 CCD（charge coupled device）光栅光谱仪记录并标志了脉冲电晕甲烷等离子体 370～1100nm 的发射光谱，确定了常温常压下高纯甲烷（99.99%）经 100kV、100Hz 脉冲高压电离后的产物为 H、C^+、CH、C、C_2、C_3、C_4、C_5和烃等。通过分析实验检测到甲烷等离子体发射光谱，结果显示甲烷分子经高能电子非弹性碰撞后脱氢程度很高，大量氢原子及其离子和甲烷自由基在进一步被高能电子作用下合成了烯烃、炔烃、烷烃和高聚碳化物。

4.2　流光放电光谱特性

英国物理学家 Townsend 最先对气体放电现象进行了系统的研究，并提出了一套完整的理论，但 Townsend 放电理论是在低气压小放电间隙条件下所进行的放电实验基础上建立起来的。当放电间隙较大时，放电机理将发生根本性的变化，Townsend 理论就不再适用。对于高气压和大放电间隙情形，近年来发展起来的流注理论能较为成功地对实验现象做出定性解释[13]。流光放电（streamer discharge，又称为流注）是一种自持放电，是由放电间隙中高度电离气体构成的导电丝带通道，流注放电理论从两个方面解释流光的形成机制：在电场作用下，电子在向阳极运动过程中，不断地与气体粒子发生电离碰撞，形成电子雪崩效应。由于电子以很快的速度向阳极运动，而正离子则以非常慢的速度向阴极移动，电子和正离子的空间分离造成了空间电场的畸变；随着外加电压的增加，空间电荷的分离愈加严重。当外加电压很高（超过气隙的最低击穿电压）时，电子雪崩头部的电子数和尾部的正离子数已非常多，使得两端的电场大为增强，而电子雪崩中部电场则大为减弱。崩头强烈的电离过程伴随着强烈的激励和反激励过程，强烈的反激励会辐射出大量的光子。崩中部的弱电场为电子附着在气体粒子上形成负离子，并进而正、负离子复合提供了良好的条件，这个区域强烈的复合过程也会辐射出大量光子。辐射向电子雪崩头、尾两端的光子使这些区域衍生出众多的二次电子雪崩，分别向阳极运动（负流注）和阴极运动（正流注）。

由于电子迁移率比离子迁移率大两个数量级，所以电子总是跑在崩头部分，而正离子则大体上处于原来它产生的位置，这样就形成了一个头部为球状的圆锥体，如图 4-9（a）所示，崩头是电子，向着阳极运动，其后是正离子区。当电子雪崩穿过放电间隙后，电子都进入阳极，而正离子仍旧留在角锥形的体积里。崩头处的正离子向周围发射大量光子，导致附近气体光电离，产生次电子崩，如图 4-9（b）所示。此电子崩头部的电子跑向初崩区的正空间电荷区，与之汇合成为充满正负带电粒子的混合通道，如图 4-9（c）所示。这个电离通道称为流注。由于初崩电子进入阳极，正空间电荷大大加强了外界的作用电场，促使更多的新电子崩相继产生并与之汇合，从而推动流注向前发展。在均匀电场里，当两个电极间存在连续的流光时，通道里的电离强度会突然加强，而且进一步发展，当流注通道把两电极接通时，就将导致放电间隙的完全击穿，如图 4 - 9（d）所示。与脉冲电晕放电相比，脉冲流光电晕放电注入功率大，介质阻挡放电（dielectric barrier discharge，DBD）又称无声放电，是产生非平衡等离子体的一种非常有效的方法，在高气压条件下，DBD 放电处于流光放电模式，放电脉冲宽度为 ns 量级。

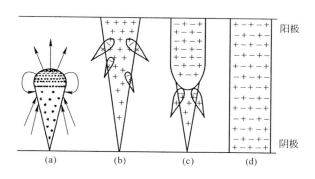

图 4 - 9　正流注的形成及发展示意图

张连水等[14]利用微量 Ar 的发射光谱，对标准大气压 N_2 脉冲流光放电等离子体特性进行了实验研究，在对所得 Ar 原子荧光谱线归属的基础上，分别采用谱线相对荧光强度比值法、玻耳兹曼曲线斜率法和费米 - 狄拉克布居分布模型法三种计算方法，对标准大气压 N_2 脉冲流光放电等离子体电子激发温度进行分析比较。结果表明，采用玻耳兹曼曲线斜率法和费米 - 狄拉克布居分布模型法计算得到的电子激发温度非常接近，分别为（7474 ± 500）K 和 （7480 ± 500）K，说明本研究所涉及的脉冲流光放电等离子体至少接近局部热平衡。

党伟等[15]采用脉冲流光放电和介质阻挡放电两种放电形式分别获得了 H_2O/N_2 等离子体的发射光谱 $OH(A^2\Sigma^+ \rightarrow X^2\Pi)$，荧光辐射在两种放电等离子体中均出现，而 H_a 荧光辐射仅存在于脉冲流光放电等离子体中。实验还对脉冲流光放电条件下 OH、H_a 荧光信号进行了时间分辨测量，结果显示 H_a 荧光信号滞后 OH 荧光信号约 10ns。综合时间分辨测量结果以及水分子解离的相关文献可知，等离子体内水分子分解的主要产物是基电子态的 H 原子和 OH 自由基，H_a 荧光辐射源于快电子对 H 原子的次级碰撞激发。

4.3　辉光放电光谱特性

气体低压放电模式根据放电电压 - 电流特性可分为汤森放电、辉光放电、电弧放电等。在 133.3Pa 低气压下放电电压 - 电流特性对应放电模式如图 4 - 10 所示，辉光放电是汤森放电的进一步发展，其主要差别在于辉光放电具有较大的放电电流密度，且空间电荷效应起着显著的作用。辉光放电是低气压下气体放电的一种重要形式，因放电时管内出现特有的光辉而得名，形成的等离子体属于非热力学平衡的低温冷等离子体。辉光放电可以分为亚辉光放电、正常辉光放电和反常辉光放电三种类型。典型辉光放电发光区域呈带状分布[16,17]，从光强明暗分布上看可分为 8 个区域，如图 4 - 11 所示[18,19]。

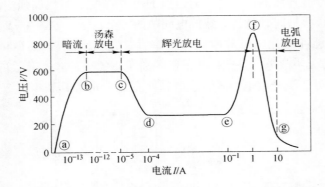

图 4-10 133.3Pa 低气压下放电电压 - 电流特性对应放电模式

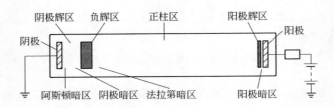

图 4-11 辉光放电装置结构及发光区域名称示意图

（1）阿斯顿（Aston）暗区：和阴极连接的细小暗区。

（2）阴极辉区：一个或几个微弱明亮的细小阴极层。

（3）阴极暗区：辉光放电的特征区域，为在阴极附近一个薄的暗层。该区实际包括许多暗层和亮层，严格说并非完全暗的，它具有可观察到的低发光性，所以称为阴极暗区。在阴阳极间距不是很大时，大部分的电压都加在阴极暗区，薄薄的阴极暗区存在很大的电压差，该电压差也称为阴极压降。阴极暗区是辉光放电中最重要的部分，是辉光放电得以持续所必需的区域，也是电子被加速获得能量的区域。

（4）负辉区：一个较宽的、最明亮的区域，紧邻阴极暗区，并与之分界明显。该区的等离子体满足准电中性。在阴极区域内被加速后的高能电子、亚稳态惰性原子和进入该区的溅射原子等发生频繁碰撞，由于非弹性碰撞，高能量电子在此区会失去其大部分能量，引起大量的激发与电离，样品原子的谱线信息在此区产生。

（5）法拉第（Faraday）暗区：由负辉区非弹性碰撞中失去能量的低速电子形成，此处电子密度略微过剩，呈微弱负电性，此负电荷空间区域中的电场较弱，进入该区负辉消失。

（6）正柱区（正辉区）：亮度低于负辉区，不同的放电气体会呈现出不同的颜色，放电电流密度对颜色也有一定的影响。该区域中电子和正离子的浓度几乎相等，属于等离子体，其离子密度一般约为 $10^{10} \sim 10^{20}\,cm^{-3}$。

（7）阳极辉区：较正柱区发光稍有增强。

（8）阳极暗区：阳极电子加速区域。

尹利勇等[20]利用发射光谱法对金属管内形成的稳定氩氮直流辉光等离子体进行了诊断。通过对等离子体发射光谱谱线的研究确定了等离子体中的活性粒子成分；根据氩原子的玻耳兹曼曲线斜率法计算了等离子体中的电子激发温度；采用氮分子第二正带系跃迁的发射谱线计算了等离子体中的氮分子振动温度；研究了电子激发温度和氮分子振动温度随压强的变化特征。研究结果表明，在20Pa下产生的Ar 60% + N₂40% 直流辉光等离子体中，活性成分主要是Ar原子、Ar离子、N₂的第二正带系跃迁和N_2^+的第一负带系跃迁；电子激发温度约为（15270 ± 250）K；氮分子振动温度约为（3290 ± 100）K，随着压强的增加，电子激发温度、分子振动温度逐渐降低。

朱轶等[21]设计了一套交流放电产生N₂等离子体喷束的装置，该装置可对氮气进行高达15kV连续放电。采用浓度调制光谱技术对放电辉光光谱进行探测，并对实验中放电电流和光谱信号的关系进行了讨论。沿着束流的轴向探测了不同位置N₂等离子体的发射光谱，发现其激发态振动温度随着束流的下降先降低继而升高，并根据实验条件分析了其变化规律和产生机理。研究了束流中N_2^+/N₂比例变化过程，发现随着束流向下两者比例逐渐升高。

王永清[22]对射频辉光放电等离子体光谱激发源及其增加效应进行了研究。利用NCS. GD05型辉光光谱仪实验系统平台，考察了研制的Marcus型、两种Grimm型三种DC/RF激发源。介绍了三种激发源的设计结构，在NCS-GD05型辉光光谱仪实验系统平台上进行了三种激发源对导体和非导体样品的溅射测试。提出了GD-ICP联用和激光照射两种辉光增强型激发源，并对其性能进行了测试考察。

4.4　火花放电光谱特性

当高压电源的功率不太大时，高电压电极间的气体被击穿，出现具有闪光和爆裂声的气体放电现象。从外貌上看来，火花放电是明亮曲折而有分支的细带束，它们会刹那间穿过放电间隙，但又很快熄灭，经常一个一个地更替着。火花放电的过程与其他放电过程很容易区别，火花靠加在两个电极间的近万伏的高电压击穿而产生，这种放电只维持$10^{-8} \sim 10^{-6}$s，此后放电可能转向弧光放电。

火花放电等离子体满足局部热平衡（local thermal equilibrium，LTE）条件，同种原子或离子处于两个能级 E_1 和 E_2 上的粒子数密度 n_1 和 n_2，满足玻耳兹曼分布[23,24]，即

$$\frac{n_2}{n_1} = \frac{g_2}{g_1} \exp\left(-\frac{E_2 - E_1}{kT_e} \right) \qquad (4-2)$$

式中，k 为玻耳兹曼常数；T_e 为激发温度，近似等于电子温度，eV；g_1、g_2 分别为两种能级上的能级统计权重；E_1、E_2 分别为不同价态粒子的能级。由高能级 E_2 向低能级 E_1 跃迁辐射产生的谱线强度[23]为：

$$I_{21} = A_{21} \frac{h\nu_{21}}{4\pi} n_2 l \qquad (4-3)$$

式中，h 为普朗克常数；A_{21} 为 E_2 向 E_1 跃迁的跃迁几率；ν_{21} 为跃迁频率；l 为测量方向上等离子体的厚度。根据式（4-2）和式（4-3）可得

$$\frac{I_1}{I_2} = \frac{A_1 g_1 \lambda_2}{A_2 g_2 \lambda_1} \exp\left(\frac{E_2 - E_1}{kT_e} \right) \qquad (4-4)$$

式中，I_1、I_2 分别为两条谱线的强度；A_1、A_2 分别为产生谱线的两种跃迁的跃迁概率；λ_1、λ_2 分别为两种能级下的辐射波长。选择两条谱线并将其幅值和光谱学参数代入式（4-

4)，即可得到电子温度 T_e。电子数密度 n_e 的估算利用萨哈方程得到[25,26]：

$$n_e = 2\left(\frac{mkT_e}{2\pi h^2}\right)^{1.5}\frac{I_1 A_2 g_2}{I_2 A_1 g_1}\exp\left(-\frac{E_{ion} + E_2 - E_1}{T_e}\right) \tag{4-5}$$

式中，E_{ion} 为不同价态粒子处于基态时的能量差；m 为电子质量。

图 4-12（a）所示为典型光谱图像，其中，红色部分辐射强度最强，黄色次之，蓝色区域辐射强度最弱。光谱中心强度如图 4-12（b）所示，空气间隙火花放电以氮元素光谱为主。选用 Nii-500.5nm 和 Nii-463.1nm 计算电子温度，选用 Nii-500.5nm 和 Niii-409.7nm 谱线计算电子数密度，因为这三条谱线辐射强度较高，且比较容易区分。光谱中存在连续谱线和谱线交叠现象，且线状光谱的线形符合 Lorentz 分布，因此对谱线线形进行 Lorentz 拟合，得到各谱线的强度[27]。

由于间隙距离较短，放电通道可近似等效为轴对称的圆柱结构。一般认为通道径向分布不均匀，中心处的电流密度大、温度高。但本书实验条件下，火花等离子体温度高、密

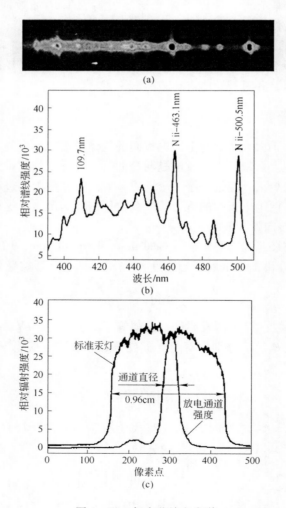

图 4-12　气火花放电光谱

（a）光谱图片；（b）通道中心谱线；（c）谱线长度和汞灯长度对比

度大，等离子体通道对自辐射光谱有很严重的吸收，导致 Abel 反变换条件无法满足，通道径向分布难以获得，因此只有对径向不同位置光谱信息进行平均处理，才方便得到通道径向的平均温度。计算电子温度和电子数密度时，所选取谱线的激发能级必须有较大差别，且具有足够的辐射强度。空气环境中火花放电产生的发射光谱主要分布于可见光范围，且以氮元素的谱线为主。

4.5 电弧放电光谱特性

电弧最早被命名为 "electric arc"，即 "电的拱形物"，是在 1808 年由 Davy 和 Ritter 发现的[24]。阴极位降区、弧柱区和阳极位降区是电弧的主要组成部分，阴极和阳极也可认为是电弧的组成部分[28]。其放电的电压在 10~100V 之间，放电电流在 0.1~1000A 以上，远远胜过电压的值，是一种阴极位降低、电流密度大的放电，具有负的伏安特性[29]。且在空气及金属蒸气等离子体中，当压力 p 不小于 1 个大气压时，在电弧正柱里达到局域热力学平衡[30,31]。如图 4-10 所示，超过 f 点的放电为电弧放电区，其与辉光放电相比存在如表 4-1 所示特点。

表 4-1 电弧放电与辉光放电特点比较

放电特性	电弧放电	辉光放电
电压值	几十伏	几百伏
发光强度	强	弱
电流密度	每平方厘米几百安	每平方厘米几毫安
阴极发射电子过程	热电子或场致电子	二次电子
阴极发射电子区域	局部	整个阴极
发射颜色	气体及阴极材料光谱色	气体辉光
能量损耗	阳极、阴极及正柱区	主要损耗于阴极

从等离子体的反应机制来看，电弧放电属于等离子体放电中的一种，因此电弧放电过程中非弹性碰撞引起的等离子体基元反应与等离子体放电中的大部分等离子体化学反应相同，见表 4-2[32]。

表 4-2 电弧放电中的基元反应

反应过程	反应式
激发过程	$A + M + W^* \Longleftrightarrow A^* + M$
电离过程	$A + M + W_i \Longleftrightarrow A^+ + M$
离解过程	$AB + M \longrightarrow A + B + M$
复合过程	$A^+ + e^- \longrightarrow A^* + e$ $(AB)^+ + e^- \longrightarrow (AB)^* \longrightarrow A^* + B$
电子附着和解吸	$A + e^- + M \longrightarrow A^- + M$
转荷过程	$A^+ + B \longrightarrow A + B^+$

注：A^* 表示激发态原子；W^* 表示激发能；W_i 表示电离；M 表示可能存在的碰撞粒子，可以是原子、分子或电子。

表 4-2 中列举的是在电弧放电过程中的一些最主要的基元反应过程，另外也存在有由分子 - 分子、分子 - 原子、原子 - 原子之间进行的中性反应，这些基元反应共同构成了电弧等离子体化学反应的基础，会形成多种激发态粒子、离子和自由基等。电弧放电产生的分子、原子、离子或自由基等物种从高能态跃迁到低能态时释放出不同波长的光子形成光谱，通过分析发射光谱中的信息，如光谱线的频率、强度、强度分布以及线型等，可以得到等离子体放电过程中产生的各种活性基团的类型、能量状态和浓度分布。

图 4-13 所示为胡辉等[33]利用光学多通道分析仪测量的不同气体流量下（1L/min、

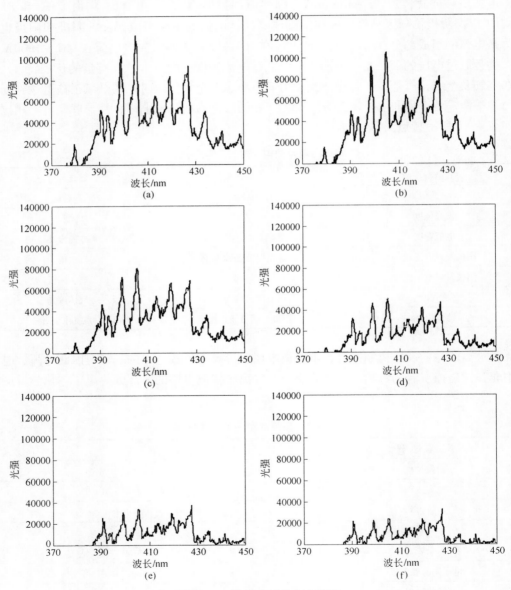

图 4-13   脉冲电弧放电光谱图

（a）气体流量为 1L/min；（b）气体流量为 2L/min；（c）气体流量为 3L/min；（d）气体流量为 4L/min；
（e）气体流量为 5L/min；（f）气体流量为 6L/min

2L/min、3L/min、4L/min、5L/min 及 6L/min）的脉冲电弧放电等离子体发射光谱。从原子物理学可知，原子激发温度 T 和原子各激发谱线强度 I_i 间满足玻耳兹曼分布[34~36]：

$$I_i \propto \frac{1}{\lambda_i} g_i A_i e^{-E_i/(kT)} \tag{4-6}$$

式中，I_i 为光谱强度，J/(cm·s)；λ_i 为各激发光谱线波长，nm；g_i 为光谱跃迁上能级统计权重；A_i 为跃迁几率，s^{-1}；E_i 为各上能级能量，cm^{-1}；T 为激发温度，K；k 为玻耳兹曼常数，$k = 1.38 \times 10^{-23}$ J/K。根据热辐射样品不同能级间粒子的跃迁，选取其中两条或几条谱线，式（4-6）可改写为：

$$\ln(\lambda_i I_i / g_i A_i) = C - E_i/(kT) \tag{4-7}$$

式中，C 为常数。对于特定原子或离子的某一激发谱，λ_i、g_i、A_i 及 E_i 都是不随等离子体激发条件变化的固定值。λ_i 及 I_i 可以直接由实验得出，只要知道等离子体每条谱线对应的 g_i 及 A_i 值，对式（4-7）中 $\ln(\lambda_i I_i / g_i A_i) - E_i$ 实验曲线作直线拟合，其斜率等于 $-1/(kT)$，由此即可得到等离子体温度 T。根据玻耳兹曼分布原理，只要能同时和准确记录各发光谱线的强度，就可以求解脉冲电弧放电的等离子体温度。

从光谱图可知，随着气体体积流量的增加，相对应的谱线强度逐渐减弱，同时，不同体积流量下脉冲电弧放电等离子体的发射光谱图谱形态基本相同，光谱图的重复性很好，均出现了一些较尖锐的谱线。电弧放电等离子体的辐射光中存在紫外光，且主要为 UVA 型紫外光，波长集中在 380~400nm 的紫外光光强较强。

4.6 结语

光谱法是研究低温等离子体产生过程的一种重要手段。气体放电过程形成的大量带电粒子处于复杂的运动状态，因而辐射出大量多种形式的电磁波。其波长范围相当广泛，从微波开始，有红外光、可见光、紫外光直到 X 射线。辐射过程跟气体放电过程的内部状态密切相关。等离子体分析中常用到发射光谱（OES）、吸收光谱（AS）、激光诱导荧光光谱（LIF）和空腔衰荡光谱（CRDS）。发射光谱是比较简单且常用的测量方法，是借用等离子体形成过程中能量变化所辐射出光发射谱，结合理论计算，获得相关参数以及信息的方法。本章着重介绍了电晕放电、流光放电、辉光放电、火花放电及电弧放电时所产生的各类光谱特性，通过对辐射光谱的测量分析，可以发现五种气体放电形式及过程中所形成的放电通道中粒子密度、温度以及粒子成分等重要参数各不相同。

参 考 文 献

[1] 丘军林. 气体电子学 [M]. 武汉：华中理工大学出版社，1999：28，33.

[2] 李小银，林兆祥，刘煜炎，等. 激光大气等离子体光谱特性实验研究 [J]. 光学学报，2004，08：1051，1056.

[3] 杨保姣. 介质阻挡放电等离子体中氧原子密度的发射光谱测量 [D]. 大连：大连理工大学，2011：29，36.

[4] 叶超，宁兆元，江美福，等. 低气压低温等离子体诊断原理与技术 [M]. 北京：科学出版社，2010：39，52，143，179.

[5] 褚圣麟. 原子物理学 [M]. 北京：高等教育出版社, 2010：250~279.

[6] 孙汉文. 原子光谱分析 [M]. 北京：高等教育出版社, 2002：74, 82.

[7] Loyd C B L, Alexis T B. Kinetics of the oxidation of carbon monoxide and the decomposition of carbon dioxide in a radio frequency electric discharge [J]. I. Experimental Results Ind Eng Chem Fundam, 1974, 13 (3)：203~210.

[8] 丁凝, 谢兆倩. 电晕放电等离子体性质研究 [J]. 广东化工, 2011, 38 (4)：119~120.

[9] 刘志强, 郭威, 刘涛涛, 等. 直流大气压电晕放电电子密度的光谱研究 [J]. 光谱学与光谱分析, 2013, 33 (11)：2900~2902.

[10] 刘志强, 刘铁, 苗欣宇, 等. 大气中针板放电电晕层的研究 [J]. 科学技术与工程, 2013, 13 (6)：1553~1556.

[11] 闫伶. 发射光谱研究多针对板电晕放电激发态 O 特性 [D]. 大连：大连海事大学, 2011.

[12] 李金平, 代斌, 范婷. 甲烷电离特性的等离子体发射光谱法研究 [J]. 光谱学与光谱分析, 2009, 29 (7)：1979~1982.

[13] 高树香. 气体导电 (上) [M]. 南京：南京工学院出版社, 1988：88, 167, 191.

[14] 张连水, 刘凤良, 党伟, 等. 脉冲放电等离子体电子激发温度发射光谱诊断 [J]. 河北大学学报 (自然科学版), 2009, 29 (3)：245~250.

[15] 党伟, 张连水, 王百荣, 等. H_2O/N_2 脉冲流光放电和介质阻挡放电发射光谱比较 [J]. 原子与分子物理学报, 2009, 26 (2)：299~304.

[16] Payling R, Jones D G, Bengtson A. Glow Discharge Optical Emission Spectrometry [M]. Chichester：John Wiley & Sons Ltd., 1997.

[17] 江祖成, 田笠卿, 陈新坤, 等. 现代原子发射光谱分析 [M]. 北京：科学出版社, 1999.

[18] 菅井秀郎. 等离子体电子工程学 [M]. 张海波, 张丹译. 北京：科学出版社, 2002.

[19] 蔡华义. 辉光放电光源 [J]. 光谱学与光谱分析, 1987, 7 (1)：34~42.

[20] 尹利勇, 温小琼, 王德真. 细长金属管内产生的直流辉光等离子体发射光谱诊断 [J]. 光谱学与光谱分析, 2008, 28 (12)：2745~2748.

[21] 朱轶, 孙殿平, 杨晓华, 等. N_2 交流辉光放电等离子体喷束的光谱测量及特性研究 [J]. 光谱学与光谱分析, 2007, 27 (9)：1680~1684.

[22] 王永清. 射频辉光放电等离子体光谱激发源及其增加效应研究 [D]. 北京：钢铁研究总院, 2010.

[23] 方叶林. 脉冲放电等离子体电磁特性的初步研究 [D]. 南京：南京理工大学, 2008：28~38.

[24] 过增元, 赵文华. 电弧和热等离子体 [M]. 北京：科学出版社, 1986：28, 319.

[25] 常正实, 邵先军, 张冠军. 基于 OH 基团二级光谱的氩大气压等离子体射流温度诊断 [J]. 高电压技术, 2012, 38 (7)：1736~1741.

[26] Vladimir V T, Hans-Jnrgen K. On the modeling of long 8rc instill air and arc resistance calculation [J]. IEEE Transactionson Power Delivery, 2004, 19 (3)：1012~1017.

[27] 李晓昂, 李志兵, 张乔根, 等. 气体间隙放电火花电阻的光谱诊断 [J]. 高电压技术, 2013, 39 (6)：1390~1395.

[28] 王其平. 电器中的电弧理论 [M]. 北京：机械工业出版社, 1982：8~24.

[29] 徐学基, 诸定昌. 气体放电物理 [M]. 上海：复旦大学出版社, 1996.

[30] 茹科夫 M, 科罗捷耶夫 A C, 乌柳科夫. 电弧等离子发生器的物理过程 [M]. 北京：科学出版社, 1981.

[31] 陈熙. 高温电离气体的传热与流动 [M]. 北京：科学出版社, 1993：42~47.

[32] 赵化侨. 等离子体化学与工艺 [M]. 合肥：中国科学技术大学出版社, 1993.

［33］胡辉，杨旗，包滨，等．合成医用 NO 的等离子体温度的光谱测量与计算［J］．高电压技术，2009，35（2）：319～323．

［34］发射光谱分析编写组．发射光谱分析［M］．北京：冶金工业出版社，1977．

［35］Sueda T, Katsuki S, Akiyama H. Early phenomena of capillary discharges in different ambient pressures［J］. IEEE Trans on Magn, 1997, 33（1）：334～339.

［36］Weast Robert C. CRC handbook of chemistry and physics［M］. Cleveland：CRC Press, 1988.

等离子体技术处理 VOCs 的机理

低温等离子体净化 VOCs 的步骤如图 5－1 所示。

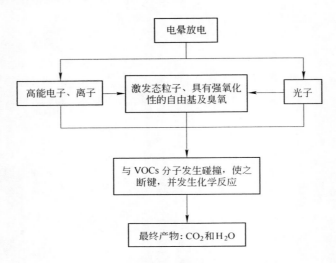

图 5－1　低温等离子体法去除 VOCs 的步骤

5.1　电晕放电

电晕放电（corona discharge）是在大气压或高于大气压条件下，电极表面曲率半径很小，放电空间电场不均匀，电极表面附近电场比较强时，发生的放电现象。在电极附近有一个发光的电晕层，层内电场很强，产生强烈的电离和激发。电晕层外部，电场比较弱，不发生电离和激发，这个部分叫电晕放电外围区，这个区域是不发光的暗区，正负带电粒子在弱电场作用下发生迁移运动，它们决定了这个空间的电导[1]。

在非均匀电场中的电场分布如图 5－2 所示[2]，在高电场强度的电晕线附近为产生大量自由电子的电晕区，电晕区的扩展能产生更多的自由电子，扩展电晕区的一种方法是提高电压，另一种方法是在电场中加入电介质，使电介质发生极化并产生电晕放电，从而提高放电强度。

电晕放电有多种形式，主要与电场极性和电极对称性相关[3]。本节对正电晕、负电晕以及交变电场中电晕形式加以说明。

5.1.1　正电晕

尖极为正时（如图 5－3 所示），电子崩是从场强小的区域向场强大的区域发展，这对电子崩的发展有利；此外，由于电子立即进入阳极（正尖端），在尖极前方空间留下正

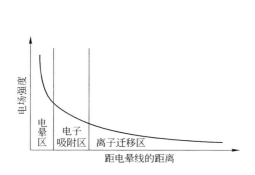

图 5 - 2 非均匀电场中的电场分布

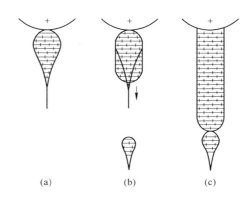

图 5 - 3 正极出发的流注

（a）初崩发展结束，电子进入阳极；（b）流注开始沿着初崩通道向
下传播，使通道充满混合质；（c）新崩的头达到流注的头，电子经
过混合质进入阳极，下一阶段，流注沿着新崩通道继续发展

离子，这就加强了前方（向板极方向）的电场，造成发展正流注的有利条件。二次崩和初次崩汇合，使通道充满混合质，而通道的头部仍留下正空间电荷，加强了通道头部前方的电场，使流注进一步向阴极扩展。由于正流注所造成的空间电荷总是加强流注通道头部前方的电场，所以正流注的发展是连续的，速度很快，与负尖极相比，击穿同一间隙所需的电压要小得多。

在冲击电压作用下，空间电荷没有足够时间发生漂移和积累。如果间隙上加上长时间的直流电压，空间电荷可以在电场中运动，有时积累为瞬变的或稳定的空间电荷。当空间电荷稳定时，原来的电场要发生畸变，形成静态电压的阳极电晕。若所加电压足够高，将过渡为击穿。如果极间距不变，逐渐升高电压，形成脉冲式流注，表现为突然出现电流脉冲，它的幅值要比基本电流高许多。如果电压继续升高，流注的产生越来越频繁，一直到瞬变活动停止而趋于自持。此时阳极表面附近出现一稳定的薄辉光层，继续升高电压，电流上升，发亮辉光的尺寸及强度也增加；然后出现一瞬时放电。流注的特点是强有力的，流注很亮，并且有清楚的声响，靠近阳极同时产生一辉光层。再升高电压，最后有一电火花发生，引起间隙全部击穿[4]。图 5 - 4 和图 5 - 5 所示分别为产生正电晕放电的不同范围和放电各阶段的平均电流及频率。

5.1.2 负电晕

当尖端为负时（如图 5 - 6 所示），初崩直接由尖极向外发展，先经过强场区，并在之后的路程中随着场强降低而减弱，这就使电子崩的发展比正尖极时不利得多。初崩留下的正空间电荷（负电子已向外空间流散）虽然增强了负尖极附近的电场，却削弱了前方（向阳极方向）空间的电场，使流注的向前发展受到抑制。只有在提高外加电压，并待初崩中向后（向阴极）发展的正流注完成、初崩通道中充满着导电的混合质、使前方的电场加强以后，才可能在前方的空间产生新的二次电子崩，如图 5 - 6（c）所示。新电子崩的发展过程与第一个电子崩相同。这样就形成了自阴极向阳极发展的流注，称为负流注，其发展过程是阶段式的，其平均速度比正尖极流注小得多，击穿同间隙所需的电压要高得多。

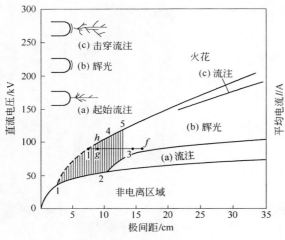

图 5 - 4　正电晕放电的不同范围

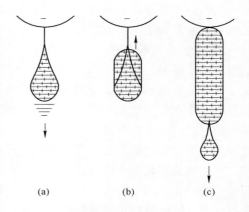

图 5 - 5　放电各阶段的平均电流及频率

负电晕和正电晕有所不同。电子崩从电场强的阴极出发，电子向电场弱的区域移动，沿着电场电子彼此发散。在空气中，电离发射出光子并在空气中被吸收，它们在电子崩头部前面使一些分子电离。这些光电子处在前进电子崩空间电荷的电场之中，当它们获得足够能量时，将在不断前进中的初级电子崩前端产生新的电子崩。各电子崩彼此排斥，引起弯曲并且形成羽毛形图像。负电晕发展的总情况如图 5 - 7 所示。电极上电压逐渐上升，开始没有电离发生，此时电流是饱和电流，如正电晕的情形一样。电压升高到一定程度，电流突然增加，表示发生了某一种形式的电离。它产生规则的电流脉冲，称为"特里奇（Trichel）脉冲"[4]。图 5 - 7 中最低一条线是特里奇脉冲的

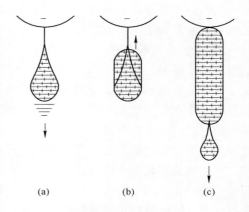

图 5 - 6　负极出发的流注
（a）初崩发展结束，电子离开崩的通道；（b）流注开始沿着初崩通道向上传播，使通道充满混合质；（c）第一流注的发展结束，新崩开始发展

起始电压，它随着极间距 d 增加的不多。特里奇脉冲存在的范围相当大，接着是阴极出现电流稳定的辉光。辉光的起始电压是不确定的，它有一宽的区域。电压在提高，恒稳态的辉光电晕仍继续存在，一直到电火花击穿。在很长的间隙里，辉光与电火花之间发生另一类型电晕称为负流注，呈刷状或羽毛状。图 5 - 8 所示为不同极距下电压和电流的关系，其中各个 0 点表示辉光的起始。

5.1.3　交变电场电晕放电

在交变电场中，当施加频率大约在 15 ~ 500Hz 时，在均匀电场里大气中离子的临界距离大约为 1.2m，极间距离比较小，离子有足够时间越过全程，电晕或局部放电的发展将

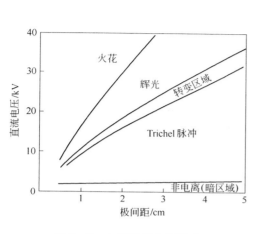

图 5 - 7　主要阴极电晕形式

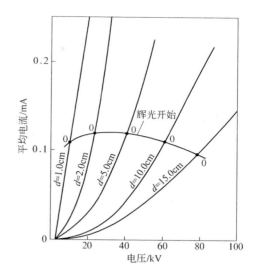

图 5 - 8　典型的平均电流曲线（负尖）

和静电场差不多，由于所加电压正弦形式的变化，电晕的形成也将做相应的变化。图5 - 9 所示为球对板上电压逐渐增加时，出现不同的电晕形式。图5 - 9（a）所示为电压刚超过阳极及阴极的电晕起始电压的情形，正及负半周期间将出现第一种电晕形式。球极是正，起始流注的频率约在几百到几千赫兹。它的幅值的波形是不规则的，这一行为称为"爆发脉冲"。在某些几何形态，阴极起始电晕电压比阳极电晕低，只看到阴极峰时期有特里奇脉冲，而在正半周时期内则看不到什么活动。负半周期峰值附近发生规则的特里奇脉冲，像在静电场情形一样，它们的频率将随电压瞬时值的增加而增加，脉冲的最大频率发生在电压峰值。

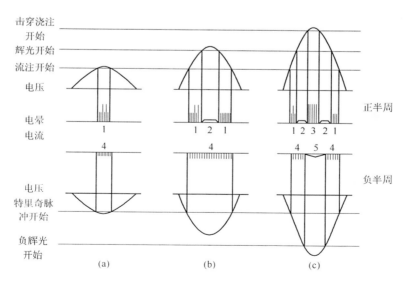

图 5 - 9　交变场中电晕样式的变化

电压升高之后，当正半周电压的瞬时值达到流注起始电压时，将看到流注脉冲，如图 5 - 9（b）所示，如果电压足够高，电压峰附近一个时期将没有电流脉冲，这是流注到辉光过渡的时期，然后是辉光阶段，产生幅值小但涨落幅度大的连续电流。当电压下降，电晕形式又回到流注形式。负半周时期（图 5 - 9（b）），情况和起始电晕差不多，只是特里奇脉冲频率增加了。它存在的时间比流注的时间长。

再提高电压，可能在正峰值达到击穿流注的起始电压时，电流又出现脉冲，如图 5 - 9（c）所示，在负半周期，电压可能超过负辉光的起始电压，峰值附近出现连续电流。

最后，电压升高到一定程度，将导致电火花和击穿发生。在大气条件下，正尖电极的击穿电压比负尖电极的低，电火花常常发生在正半周期里。

5.1.4　电晕放电起晕电场的计算

电晕放电的起晕电场与电晕极的极性、电晕极线径和气体相对密度有密切的关系。PEEK 从实验结果总结出的经验公式为：

$$E_0 = A_g \delta + B_g \left(\frac{\delta}{r_0} \right)^{\frac{1}{2}} \tag{5 - 1}$$

式中，δ 为气体相对密度，$\delta = 273p/(t + 273)$；r_0 为电晕线半径，m；A_g、B_g 分别为常数，决定于气体性质。在 1 个标准大气压、25℃时，空气中放电 A_g、B_g 分别为 32.2×10^5 V/m、8.46×10^4 V/m$^{1/2}$[5]。在相同条件下，负电晕起晕电场低于正电晕起晕电场。如果以金属丝作为电晕丝，则正负电晕起晕电场大致为：

正电晕

$$E_0 = \left[33.70\delta + 8.13 \left(\frac{\delta}{r_0} \right)^{\frac{1}{2}} \right] \times 10^5 \tag{5 - 2}$$

负电晕

$$E_0 = \left[31.03\delta + 9.54 \left(\frac{\delta}{r_0} \right)^{\frac{1}{2}} \right] \times 10^5 \tag{5 - 3}$$

如果已知 $E(r)$、$\alpha(E/P)$、$\beta(E/P)$，则原则上可以直接求出起晕电场[6]：

$$E_0 = \left[31\delta + 1.43 \left(\frac{\delta}{r_0} \right)^{\frac{1}{2}} \right] \times 10^5 \tag{5 - 4}$$

这里利用均匀电场中的火花放电的场强 3100kV/m。

5.2　流注理论

5.2.1　空间电荷对电场的畸变

一个电子从阴极飞向阳极时，加入电场足够强，那么它在路径上将引起碰撞电离。和气体原子第一次碰撞引起电离之后，就多了一个自由电子。这两个电子飞向阳极时，又由于碰撞引起电离，每一个原来的电子又多产生了一个自由电子，于是第二次碰撞之后，就变成了 4 个自由电子。这 4 个电子又可以和气体原子进行碰撞电离，产生更多的电子。所以一个电子从阴极飞向阳极时，由于碰撞电离，电子数将"雪崩"似地增加，这种现象称为"电子崩"[7]。

在电场作用下电子在奔向阳极的过程中不断引起碰撞电离，电子崩不断发展。由于电子的迁移速度比正离子的迁移速度要大两个数量级，因此在电子崩发展过程中，电子总是跑在崩头部分，而正离子则大体上滞留在产生它的地方，相对于电子可看成是静止的。又由于电子的扩散作用，电子崩在其发展过程中横向半径逐渐增大，这样，电子崩中出现了大量的空间电荷。崩头最前面集中着电子，其后直到尾部是正离子，其外形如一个头部为球状的圆锥体，如图 5 – 10（a）所示。

随着电子崩的发展，电子崩中的电子数呈指数增加。所以，电子崩的电离过程集中于头部，空间电荷的分布也是极不均匀的，如图 5 – 10（b）所示。这样，当电子崩发展到一定程度后，电子崩形成的空间电荷的电场将大大增强，并使总的合成电场明显畸变，大大加强了崩头及崩尾的电场，从而削弱了电子崩内正、负电荷区域之间的电场，如图 5 – 10（c）和图 5 – 10（d）所示（沿电子崩轴线各点的合成电场将是电源电场和空间电荷所造成的电场的叠加）。

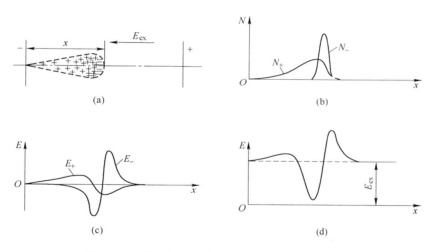

图 5 – 10　电极间电子崩空间电荷对外电场的畸变

电子崩头部电荷密度很大，电离过程强烈，再加上电场分布受到上述畸变，结果崩头将放射出大量光子。崩头前后，电场明显增强，这有利于产生分子和离子的激励现象，当分子和离子从激励状态恢复到正常状态时，放射出光子。电子崩内部正、负电荷区域之间的电场大大削弱，这有助于发生复合过程，同样也将放射出光子。当外电场相对较弱时，这些过程不很强烈，不会引起什么新的现象。但当外电场甚强，达到击穿场强时，情况就起了质的变化，电子崩头部开始形成流注。

5.2.2　正流注的形成

图 5 – 11 所示为外加电压等于击穿电压时电子崩转入流注实现击穿的过程。由外电离因素从阴极释放出的电子向阳极运动，形成电子崩，如图 5 – 11（a）所示。随着电子崩的向前发展，其头部的电离过程越来越强烈。当电子崩走完整个间隙后，头部空间电荷密度已非常大，以致大大加强了尾部的电场，并向周围放射出大量光子，如图 5 – 11（b）所示。这些光子引起了空间光电离，新形成的光电子被主电子崩头部的正空间电荷所吸

引, 在受到畸变而加强了的电场中, 又激烈地造成了新的电子崩, 称为二次电子崩, 如图 5 – 11 (c) 所示。

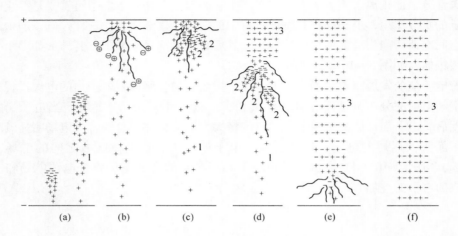

图 5 – 11   正流注的产生及发展
1—初始电子崩 (主电子崩); 2—二次电子崩; 3—流注

二次电子崩向主电子崩汇合, 其头部的电子进入主电子崩头部的正空间电荷区 (主电子崩的电子这时已大部分进入阳极), 由于这里电场强度较小, 所以电子大多形成负离子。大量的正、负带电质点构成了等离子体, 这就是正流注, 如图 5 – 11 (d) 所示。

流注通道导电性良好, 其头部又是由二次电子崩形成的正电荷, 因此流注头部前方出现了很强的电场。同时, 由于很多二次电子崩汇集的结果, 流注头部电离过程蓬勃发展, 向周围放射出大量光子, 继续引起空间光电离, 于是在流注前方出现了新的二次电子崩, 它们被吸引向流注头部, 从而延长了流注通道, 如图 5 – 11 (e) 所示。

这样, 流注不断向阴极推进, 且随着流注向阴极接近, 其头部电场越来越强, 因而其发展也越来越快。当流注发展到阴极后, 整个间隙就被电导很好的等离子体通道所贯通, 于是间隙的击穿完成, 如图 5 – 11 (f) 所示。

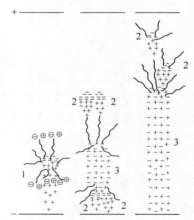

图 5 – 12   负流注的产生及发展
1—初始电子崩 (主电子崩);
2—二次电子崩; 3—流注

5.2.3   负流注的形成

以上介绍的是电压较低、电子崩需经过整个间隙方能形成流注的情况, 这个电压就是击穿电压。如果外施电压比击穿电压还高, 则电子崩不需经过整个间隙, 其头部电离程度已足以形成流注, 如图 5 – 12 所示。因为形成后的流注由阴极向阳极发展, 所以称为负流注。在负流注的发展过程中, 由于电子的运动受到电子崩留下的正电荷的牵制, 所以其发展速度较正流注的要小。当流注贯通整个间隙后, 击穿就完成了。

5.3 介质阻挡放电

介质阻挡放电（dielectric barrier discharge）是一种高气压下的非平衡放电。电子从外加交流电场获得能量，与放电间隙中的气体分子或原子发生非弹性碰撞并传递几乎全部的能量，从而激励气体产生电子雪崩，生成大量空间电荷。它们聚集在雪崩头部形成本征电场并叠加在外电场上同时对电子作用，雪崩中的部分高能电子将进一步得到加速向阳极方向逃逸，由逃逸电子形成的击穿通道使电子电荷有比电子迁移更快的速度，从而形成了往返于电极间的两个电场波。这样一个导电通道能非常快地通过放电间隙，形成大量细丝状的脉冲微放电，均匀、稳定地充满整个放电间隙。可是在介质阻挡放电中，由于电极间介质的存在，限制了放电电流的自由增长，因此也阻止着级间火花或弧光的形成。

在气压为 10^{-5} Pa 或者更高的情况下，当对两极板施加高电压，就能在气体间隙中产生足够强的电场强度，电子从外加电场中获得能量，通过与周围分子原子碰撞，将能量传递给其他分子，使之激发电离，从而生成更多的电子，引起电子雪崩。气体的击穿会造成大量的电流细丝通道，而每一个通道相当于一个单个击穿或者是流光击穿，这就是形成了所谓的微放电。单个微放电是在放电气体间隙里某一个位置上发生的，同时在其他位置上也会产生另外的微放电。正是由于介质的绝缘性质，这种微放电能够彼此独立地发生在很多位置上。由于电极间介质层的存在，介质阻挡放电的工作电压一定要是交变的。当微放电两端的电压稍小于气体击穿电压时，电流就会截止。在同一位置上只有当电压重新升高到原来的击穿电压数值时才会发生再击穿和在原地产生第二个微放电。可以理解为，这样就会在放电的一个半周期内出现大量时间短促的电流脉冲，整个放电时间和空间内大量微放电呈无规则的分布[8]。

5.3.1 介质阻挡放电的发生过程

以一个放电单元（气隙）作为研究对象，介质阻挡放电的等效电路如图 5-13（a）所示，其中 C_g、R_g 和 C_b、R_b 分别表示气隙和介质阻挡层的等效电容、电阻。在介质阻挡放电发生前，R_g 和 R_b 远大于 C_g 和 C_b 的阻抗，电流主要经通过容性支路分流；当气体放电发生时，R_g 降低到一个很小值，因此，等离子体反应装置属于阻容性负载，如图 5-13（b）所示。

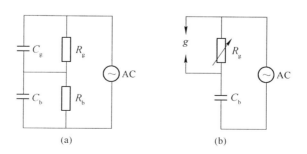

图 5-13　介质阻挡放电等效电路

在 $u = U_m \sin\omega t$ 的作用下，C_g 上的电压为：

$$u_{\mathrm{g}} = \frac{C_{\mathrm{b}}}{C_{\mathrm{b}} + C_{\mathrm{g}}} U_{\mathrm{m}} \sin\omega t \tag{5-5}$$

图 5 – 14（a）中虚线为 u_{g} 的波形。当 u_{g} 达到气隙的放电电压 U_{s} 时，气隙产生火花放电，相当于图 5 – 13（a）中的 C_{g} 通过并联间隙 g 放电。这时 C_{g} 上的电压从 U_{s} 迅速下降到 U_{r} 值，U_{r} 称剩余电压，然后放电熄灭，构成一次局部放电。

图 5 – 15 所示为一次局部放电从开始到终止的过程。在这段时间里，C_{g} 上电压从 U_{s} 下降到 U_{r} 的过程对应一个局部放电脉冲电流，于是形成一次局部放电脉冲。发生这样一次放电过程的时间很短，约 10^{-8}s 数量级，可认为是瞬时完成，故放电脉冲电流表现为与时间垂直的一条直线，如图 5 – 14（b）所示。气隙每放电一次，其电压瞬时下降一个 ΔU_{g}。

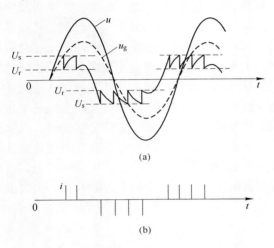

图 5 – 14 U_{s} 的变化以及相应的脉冲电流图
（a）U_{g} 波形；（b）脉冲电流

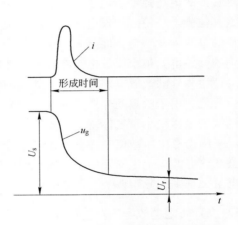

图 5 – 15   一次形成的脉冲电流

随着外加电压瞬时值的上升，C_{g} 重新充电，直到 u_{g} 又达到 U_{s} 时气隙发生第二次放电，又下降 ΔU_{g}。这样的放电会发生第三次、第四次……，要持续到电源电压最大值附近，并有相应次数的脉冲电流形成。

气隙电压下降的实际过程是放电的空间电荷建立的反向电场引起的。气隙表面电阻很高，在下次放电开始时，前次放电产生的空间电荷还来不及泄漏掉，于是气隙每次放电都要建立一个反向电压 $-\Delta U_{\mathrm{g}}$（与正的外加电压反方向），它与前面提到的电压瞬时下降值 ΔU_{g} 相对应。

如果外加电压瞬时值达峰值前气隙发生了 n 次放电，则反向电压为 $-n\Delta U_{\mathrm{g}}$。外加电压过峰值后，气隙上的外加电压分量逐渐减小，当 $u_{\mathrm{g}} = |-n\Delta U_{\mathrm{g}}|$ 时，气隙上的作用电压为零，于是提前过零。

在外加电压由正的最大值下降到零以前，会有[9]：

$$|u_{\mathrm{g}} - n\Delta U_{\mathrm{g}}| = U_{\mathrm{s}} \tag{5-6}$$

于是气隙开始反向放电，因而出现负的脉冲电流。这时放电电荷移动的方向由气隙正向空间电荷的电场所决定。负向放电使气隙正向放电时积累的空间电荷减少，电压相应下降一

个 ΔU_g。于是气隙上的作用电压为 $|u_g-(n-1)\Delta U_g|$，它小于 U_s，放电又暂停。随着外加电压下降到负的峰值以前，气隙会发生多次负向放电，放电电荷的一部分用来中和气隙正向放电的空间电荷，另一部分则建立起负向放电的空间电场和正向作用电压（与负的外施电压反方向）$n\Delta U_g$。

随着外施电压的回升，由负的最大值上升到零以前，气隙电压又提前过零，在空间电荷正向电压作用下，能有：

$$|-u_g+n\Delta U_g|=U_s \tag{5-7}$$

于是气隙又开始正向放电。外加电压上升到正峰值以前，气隙发生多次正向放电，从而建立起负向作用电压（$-n\Delta U_g$）。

由此可见，正弦电压作用下的局部放电是在一定相位上发生的，正、负半周内的局部放电彼此间有一定时间间隔，但相邻两次放电之间的时间间隔是很短的。

5.3.2 介质阻挡放电的能量和电场的计算

气体被击穿，导电通道建立后，空间电荷在放电间隙中输送并积累在介质上。介质表面电荷将建立电场，其方向与外电场相反，从而削弱作用电场，以致中断放电电流，所以装置中须使用交流电源，以使放电过程再次启动。因此介质阻挡放电是一个放电、熄灭、重新放电的复杂、瞬态过程。对该过程起决定性作用的为电子和重离子之间的非弹性碰撞。

介质阻挡放电过程中电子取得能量的表达式为：

$$T_e=\frac{\sigma m_h E_g^2}{3kn_e m_e \nu_e} \tag{5-8}$$

式中，σ 为生成的等离子体的电导率；k 为玻耳兹曼常数；n_e 为电子浓度；m_e、m_h 分别为电子和重粒子的质量；E_g 为气隙间电场强度；ν_e 为电子碰撞频率。

由式（5-8）可以看出，介质阻挡放电过程中电子从外加电场取得的能量和电场强度、气体种类及浓度（或压强）有关，电场强度和气体浓度对电子取得的能量大小起决定作用。在常压较大气体浓度下，只有通过提高气隙电场强度得到大量高能电子，才能使介质阻挡放电顺利进行。

在采用单阻挡介质时，气体击穿放电前放电间隙电场强度为：

$$E_g=\frac{V\varepsilon_d}{L_d\varepsilon_g+L_g\varepsilon_d} \tag{5-9}$$

式中，V 为外加电压；ε_d、ε_g 分别为介质及气体的相对介电常数；L_d、L_g 分别为介质厚度和气隙宽度。

由式（5-9）可知，增加外加电压 V 和相对介电常数 ε_d，减小放电间隙 L_g 和介质厚度 L_d，可以获得较强的放电间隙电场强度。

5.4 电子、离子、自由基和臭氧的形成

5.4.1 放电等离子体的重要基元反应过程

采用电子束照射法或气体放电法来产生等离子体，其作用机理是一致的，都是以高能

电子与气体分子碰撞反应为基础。在空气气氛中，高能电子与气体分子碰撞一般会发生的基元反应有电子与氧气分子的作用和电子与氮气分子的作用[10]。

5.4.1.1 电子与氧气分子的作用

$$e^- + O_2 \longrightarrow O_2^+(X^2\pi_g) + 2e^- \tag{5-10}$$

$$e^- + O_2 \longrightarrow O_2^+(A^4\pi_g) + 2e^- \tag{5-11}$$

$$e^- + O_2 \longrightarrow O(^3P) + O(^2D) + e^- \tag{5-12}$$

$$e^- + O_2 \longrightarrow O(^3P) + O(^1D) + e^- \tag{5-13}$$

$$O_2 + e^- \longrightarrow O_2^- \tag{5-14}$$

上述各式中，括号内描述的是各物种的能级状态，其中 $O_2^+(X^2\pi_g)$、$O_2^+(A^4\pi_g)$ 表示被电离的氧分子，这两种分子都不稳定，还会继续离解为 $O(^3P)$、$O(^2D)$ 及其他氧离子。反应生成的 $O(^3P)$、$O(^2D)$ 为活性氧原子，其中 $O(^3P)$ 就是氧自由基 $O^\bullet$。反应式 (5-10) 和式 (5-11) 是氧分子的电离过程，所需要的电离能分别为 12.1eV、16.3eV，通过这类反应使电子在与气体碰撞过程中产生的大量的次级电子，电子数量迅速增加。反应式 (5-12) 和式 (5-13) 是氧分子受电子作用的离解反应，可生成大量的活性粒子，如激发态氧分子和活性氧分子。由于氧分子的电负性大，也易与电子发生附着反应，如式 (5-14) 所示，该反应对等离子体的发展有限制作用。

5.4.1.2 电子与氮气分子的作用

$$e^- + N_2 \longrightarrow N_2^+(X^2{\textstyle\sum_g}^+) + 2e^- \tag{5-15}$$

$$e^- + N_2 \longrightarrow N_2^+(B^2{\textstyle\sum_u}^+) + 2e^- \tag{5-16}$$

$$e^- + N_2 \longrightarrow N(^4S) + N(^4D) + e^- \tag{5-17}$$

$$e^- + N_2 \longrightarrow N(^4S) + N(^2D) + e^- \tag{5-18}$$

反应式 (5-15) 和式 (5-16) 表示氮分子的电离过程，也是产生次级电子的主要反应，式 (5-17) 和式 (5-18) 是氮分子的离解过程，并生成相应的自由基原子。

上述列出的是空气中发生放电作用时，次级电子的生成及主要自由基的生成反应。事实上，放电作用下的等离子体化学反应远不止这些反应，尤其是放电作用下伴随着大量激发态的物种之间的反应，这是一个相当复杂的反应。

5.4.2 电子所得的能量和羟基与臭氧的形成

在电晕放电过程中，气体中出现的一个自由电子从外加电场获得能量并与某个气体分子发生碰撞，使该气体分子的外层电子脱离核的束缚，从而产生更多的自由电子和带正电的气体离子。要发生这样的过程，起碰撞作用的电子就必须具有一定的最小能量，一般称此能量为电离能。

电子在电场中的能量增加不是一次完成的，而是经过多次弹性碰撞后才能达到一定的能量水平。电子在一个平均自由程内获得能量后，与其他粒子碰撞，如果发生非弹性碰撞，电子将失去大部分能量；如果发生弹性碰撞，电子将在下一个自由程内继续获得能量。电子增加的能量与它所处的电场强度有很大的关系，电场强度越高，电子获得的能量越多，达到一定能量水平的电子容易发生非弹性碰撞。因此提高电场强度是电子获得高能量的极为重要的手段。图 5 - 16 所示为空气中脉冲电晕电子的能量分布情况[11]，由图可以看出，电子的平均能量分布在 2 ~ 20eV 之间。

低温等离子体去除 VOCs 的过程中，除了电子与污染物分子发生非弹性碰撞并使其分解之外，等离子体中的氧原子、羟基、臭氧等活性基团也起到了一定的作用。

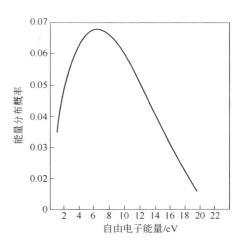

图 5 - 16　脉冲电晕电子的能量分布

5.4.2.1 羟基的生成

电子被放电电场加速具有高能量再与 O_2 和 H_2O 分子发生非弹性碰撞，产生 · OH 及其他的活性粒子，其等离子体反应过程是极其复杂的。在反应器中具有低能量部分的电子碰撞 O_2、H_2O 后，只产生微量羟基，它由水直接分解附着和分解等产生羟基的反应式是：

$$H_2O + e \longrightarrow H^- + OH \tag{5-19}$$
$$H_2O + e \longrightarrow H + OH + e \tag{5-20}$$

高能态活性粒子 $O(^1D)$ 与水直接作用产生羟基的反应式为：

$$H_2O + O(^1D) \longrightarrow 2OH \tag{5-21}$$

介质阻挡放电属于强电离放电，其放电产生高浓度的具有高平均电子能量的电子，大量的 O_2 分子发生电离、分解电离和电荷交换等反应过程，即

$$O_2 + e \longrightarrow O_2^+ + 2e \tag{5-22}$$
$$O_2 + e \longrightarrow O + O^+ + 2e \tag{5-23}$$

在强电场的作用下，离子与 H_2O 分子形成水的离子团簇，它再与 H_2O 分子反应形成羟基，这是产生羟基最主要的渠道。等离子体反应过程为：

$$O_2^+ + H_2O + M \longrightarrow O_2^+(H_2O) + M \tag{5-24}$$
$$O_2^+(H_2O) + H_2O \longrightarrow H_3O^+ + O_2 + OH \tag{5-25}$$
$$O_2^+(H_2O) + H_2O \longrightarrow H_3O^+(OH) + O_2 \tag{5-26}$$
$$H_3O^+(OH) + H_2 \longrightarrow H_3O^+ + H_2O + OH \tag{5-27}$$

5.4.2.2 臭氧的形成

式（5-10）~式（5-14）反映了氧分子、臭氧分子分解及分解电离过程[12,13]。

$$O_2(X^3\textstyle\sum_g^-) + e \longrightarrow O_2(A^3\textstyle\sum_u^+) + e \longrightarrow O(^3P) + O(^3P) + e \tag{5-28}$$
$$O_2(X^3\textstyle\sum_g^-) + e \longrightarrow O_2(B^3\textstyle\sum_u^-) + e \longrightarrow O(^3P) + O(^1D) + e \tag{5-29}$$
$$O_2(X^3\textstyle\sum_g^-) + e \longrightarrow O_2(A^2\textstyle\prod_u) + e \longrightarrow O(^3P) + O^+(^4S^0) + 2e \tag{5-30}$$
$$O + O_2 + M \longrightarrow O_3^* + M \longrightarrow O_3 + M \tag{5-31}$$
$$O_3(^3A_2 + {}^1A_2) + e \longrightarrow O_2(a) + O(^1D) \tag{5-32}$$

氧分子被电子激励后发生跃迁，其能级跃迁曲线如图 5-17 所示。

加速电子与氧原子碰撞的激励过程极短，几乎是垂直激励过程。从 $O_2(X^3\Sigma_g^-)$ 基态激励到 $O_2(A^3\Sigma_u^+)$、$O_2(C^3\Delta u)$、$O_2(C^1\Sigma_u^-)$ 状态。它的垂直激励能量为 6.1eV，是禁阻跃迁。当激励能量达到 8.4eV 以上时，跃迁到 $O_2(B^3\Sigma_u^-)$ 状态。只有电子从放电电场取得能量大于 8.4eV 时，才有可能使氧分子分解、分解电离、分解附着成 $O(^3P)$、$O(^1D)$、$O^-(^2P^0)$、$O^+(^4S^0)$、$O^+(^1S^0)$ 等。电子从外加电场取得能量大小将决定氧分子的分解、分解电离、分解附着的强度，也决定了臭氧产生浓度的大小。

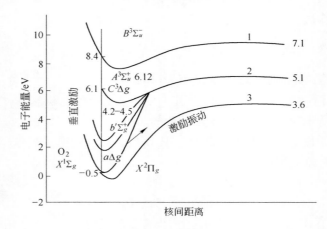

图 5-17 氧分子能级跃迁曲线

1—2.85+4.55eV $O(^3P)+O(^1D)$;2—2.58+2.58eV $O(^2P\pi)+O(^3P)$;

3—2.58+1.05eV $O(^2P)+O^-(^2P)$

5.5 VOCs 分子降解过程

由前面可知，放电等离子体空间内存在大量的电子和活性自由基、离解原子、激发态分子等活性粒子，它们具有较强的反应活性，使一些用其他手段难以实现的化学反应在等离子体内得以进行。

等离子体化学反应过程主要有以下几方面：在高能电子作用下强氧化自由基如·O、·OH、HO_2·的生成；有机物分子受到高能电子碰撞，被激发及原子键断裂形成小碎片基团或原子；·O、·OH、HO_2·等活性自由基与激发原子有机物分子、破碎的分子基团、自由基等发生一系列反应。

电子在等离子体反应中起着至关重要的作用，因此，等离子体反应中电子的平均能量十分重要，因为它直接决定了产生活性基团的种类和为产生这些活性基团外界所需施加的能量。如前所述，电子在放电过程中获得的能量为 2~20eV，最大的能量分布概率在 2~12eV 之间，VOCs 分子合成和分解所需要的能量均在自由电子能量分布概率最大的区域内。表 5-1 列举了 VOCs 分子中主要化学键合成和分解的能量[14,15]。

当电子所具有的能量与 VOCs 分子内部某一化学键能相同或略大，电子与 VOCs 分子的碰撞将是非弹性碰撞，电子将自身的能量全部或大部分传递给 VOCs 分子，这些能量转化为 VOCs 的内能，因此，污染物分子将发生电离、解离和激发。由表 5-1 可看出，电子具有的能

表 5 - 1　VOCs 分子中化学键键能　　　　　（eV）

化 学 键	键 能	化 学 键	键 能
C—C	3.6	C—O	3.7
C≡C	6.3	C=O	7.4
C=C（环中）	5.5	C=O（CO_2 中）	8.3
C≡C	8.4	C—Cl	3.5
C—H	4.3	C—N	3.1
O—O	1.4	C—S	2.7
C—F	4.4	O—H	4.8
C=N	9.3		

量大于 VOCs 分子的键能，因此，电晕放电产生的电子可以有效地破坏污染物分子。分子的结构对于污染物的去除影响很大，一般来讲，键能越小，带有支链的 VOCs 分子越容易被降解。在电子破坏 VOCs 的结构后，VOCs 原有的稳定性受到破坏，电离或离解后的 VOCs 碎片分子很容易与气体中存在的氧等离子体发生反应，最终被氧化生成无害物质 CO、CO_2 和 H_2O，同时放出能量，这些能量又以光子或光电子的形式进一步和污染物分子作用，从而进一步降解 VOCs 污染物。整个反应过程是一个链式反应，一旦开始，将很快进行下去，直至终产物的形成。下面以甲苯及甲醛分子为例，说明 VOCs 可能的降解反应过程。

式（5-33）~式（5-37）为甲苯降解过程中可能的反应方程式。由于其苯环上的一个氢被甲基所取代，导致苯环原有的稳定结构被打破，因此甲苯并不稳定。由表 5-1 知，其苯环上的碳与取代基的碳之间的键能是 3.6eV，比苯环上的碳碳键和碳氢键的键能都低，从理论上讲，此处是最容易被高能电子破坏的，其几率也是最大的，当然其他键也会受到高能电子的轰击，只是几率相对小一些。遭高能电子破坏的甲苯分子，在氧等离子体和臭氧的继续作用下，最终被氧化成 CO_2、CO 和 H_2O。

$$（5-33）$$

$$（5-34）$$

$$（5-35）$$

$$（5-36）$$

$$（5-37）$$

常压低温等离子体作用下甲醛分解机理见表 5-2[16]。表 5-2 说明·CHO 的分解是反应控制步骤，·O 与·OH 自由基是重要的反应中间体，甲醛分解的最终产物为 H_2O、CO_2 与少量的 CO。甲醛分子中 C—H 键断裂所需能量为 86.6kcal/mol，约为 3.77eV[16]，而在低温等离子体中大多数高能电子在放电过程获得的能量分布范围为 2~20eV[17]，这就使具有高动能的电子直接轰击 HCHO 生成·CHO 成为可能。图 5 - 18 所示为甲醛分子去除的主要路径。

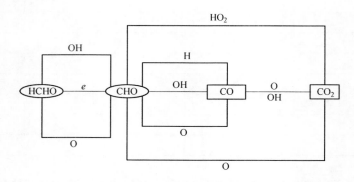

图 5 - 18   甲醛（HCHO）分子去除的主要路径

表 5 - 2   甲醛分解机理

反 应 步 骤	反应速率常数 $k/cm^3 \cdot (molecule \cdot s)^{-1}$
HCHO + OH ⟶ HCO + H$_2$O	1.0×10^{-11}
HCHO + O ⟶ HCO + OH	1.6×10^{-13}
HCO + H ⟶ CO + H$_2$	6.6×10^{-11}
HCO + O$_2$ ⟶ OH + CO	5.6×10^{-12}
HCO + OH ⟶ H$_2$O + CO	8.3×10^{-12}
HCO + O ⟶ CO$_2$ + H	1.7×10^{-11}
HCO + HO$_2$ ⟶ OH + H + CO$_2$	5.0×10^{-11}
CO + OH ⟶ CO$_2$ + H	1.5×10^{-13}

上述只是以甲苯及甲醛为例对等离子体过程进行简要的分析。由于等离子体反应过程又是一个复杂的过程，中间反应非常多，同时自由基存在时间非常短，反应速度很快，要具体对某一反应过程进行研究是非常困难的。

5.6   结语

由本章内容可以看到，等离子体化学反应过程主要有以下几方面：首先，电场的建立，以电晕放电或介质阻挡放电等形式，产生低温等离子体和高能电子；其次，在高能电子作用下强氧化自由基如·O、·OH、HO$_2$·的生成；再次，有机物分子受到高能电子碰撞，被激发及原子键断裂形成小碎片基团或原子；最后，·O、·OH、HO$_2$·等活性自由基与激发原子有机物分子、破碎的分子基团、自由基等发生一系列反应，使 VOC 大分子最终矿化成 CO$_2$ 和 H$_2$O 等无机小分子，从而实现 VOC 的净化和控制。

参 考 文 献

[1] 胡志强，甄汉生，施迎难. 气体电子学 [M]. 北京：电子工业出版社，1985：124 ~ 129.

［2］ 李坚，马广大. 电晕法处理 VOCs 的机理分析与实验［J］. 西安建筑科技大学学报，2000，32（1）：24～27.

［3］ Jen-Shih Chang, Phil A. Lawless, Toshiaki Yamamoto. Corona Discharge Processes［J］. IEEE Transactions on Plasma Science, 1991, 19（6）: 1152～1166.

［4］ 朱德恒，严璋. 高压电绝缘［M］. 北京：清华大学出版社，1992：19～24.

［5］ Moore A D. Electrostatics and its applications［M］. A Wiley-Interscience Publication, 1973: 197.

［6］ Roth J R. Industrial plasma engineering: vol 1 principles［M］. Bristol and Philadelphia: IOP Publishing Ltd. , 1995.

［7］ 杨津基. 气体放电［M］. 北京：科学出版社，1983.

［8］ 蔡忆昔，王军，刘志楠，等. 介质阻挡放电等离子体发生器的负载特性［J］. 高电压技术，2006，32（10）：62～64.

［9］ 陈宗柱，高树香. 气体放电［M］. 南京：南京工学院出版社，1986.

［10］ 李天成，王军民，朱慎林. 环境工程中的化学反应技术及应用［M］. 北京：化学工业出版社，2005.

［11］ Dinelli G, Civitano L, Rea M. Industrial experiments on pulse corona simultaneous removal of NO_x and SO_2 from flue gas［C］// IEEE IAS Annual Meeting, 1988: 1620～1627.

［12］ 储金宇，吴春笃，陈万金，等. 臭氧技术及应用［M］. 北京：化学工业出版社，2002.

［13］ 张芝涛，白敏菂，周晓见，等. 强电离放电产生臭氧等离子体过程及其应用研究［J］. 环境污染治理技术与设备，2002，3（4）：25～28.

［14］ 巫松桢，谢大荣，陈寿田，等. 电气绝缘材料科学与工程［M］. 西安：西安交通大学出版社，1996：1～19.

［15］ Kohno H, Berezin A A, Chang J S, et al. Destruction of volatile organic compounds used in a semiconductor industry by a capillary tube discharge reactor［J］. IEEE Trans on Industry Applications, 1998, 34（5）: 953～966.

［16］ Moo Been Chang, Chin Ching Lee. Destruction of Formaldehyde with Dielectric Barrier Discharge Plasmas［J］. Environ. Sci. Technol. , 1995, 25: 181～186.

［17］ Daniel G Storch, Mark J Kushner. Destruction mechanisms for formaldehyde in atmospheric pressure low temperature plasmas［J］. Appl. Phys. , 1993, 73（1）: 51～55.

低温等离子体反应系统优化

通过研究反应器结构参数变化对甲醛或甲苯的降解效果的影响,从而达到反应器最优化的目的,对放电系统的电源研究,探讨了反应器高频电源发热问题,建立了放热模型,并分别比较了直流、高频交流、工频交流及中频交流四种不同的电源参数对 VOCs 降解效果的影响,甄选出较佳的电源参数,为该技术应用于工业废气的处理及室内空气净化打下基础[1,2]。

6.1 实验装置

实验装置示意图如图 6-1 所示。实验流程由气体发生、气体反应和气体检测三部分组成。空气由空气钢瓶或压缩机进入管路,经过缓冲瓶、流量计后分流:一路鼓入甲苯液瓶中,带动污染物气体分子的挥发进入混合瓶;另一路直接进入混合瓶,当两路气流在混合瓶混合趋于稳定后进入管-线式等离子体反应器。反应后的气体进入气相色谱仪进行分析。实验在常温常压条件下进行。

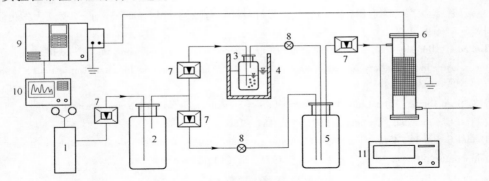

图 6-1 实验装置示意图

1—空气钢瓶;2—缓冲瓶;3—甲苯液瓶;4—恒温水浴;5—混合瓶;6—等离子体反应器;
7—质量流量计;8—针阀;9—工频电源;10—示波器;11—气相色谱分析仪

6.2 等离子体反应器

等离子体反应器自行设计,采用同轴线管式结构,如图 6-2 所示。介电管材质分别

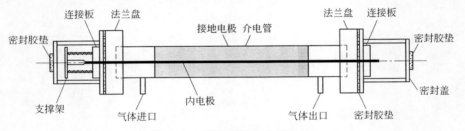

图 6-2 等离子体反应器结构

为有机玻璃、石英、普通陶瓷和99陶瓷；内电极选用钨丝或不锈钢丝，固定于反应器的中心，作为高压电极；外电极选用铜铂、致密钢丝网，紧紧环绕于介电管的外壁，作为接地电极。实验共选用了21种反应器进行对比性实验，其参数见表6-1。

表6-1 高压电源下反应器技术参数

序号	反应器			内电极		外电极	
	材料	外径/mm	内径/mm	材料	直径/mm	材料	有效长度/mm
1	99陶瓷	32	27	钨丝	0.5	铜皮	200
2	99陶瓷	40	35	不锈钢丝	0.5	铜皮	200
3	99陶瓷	40	35	不锈钢丝	0.8	铜皮	200
4	99陶瓷	40	35	不锈钢丝	1.2	铜皮	200
5	99陶瓷	32	27	不锈钢丝	0.5	铜皮	200
6	99陶瓷	32	27	不锈钢丝	0.8	铜皮	200
7	99陶瓷	32	27	不锈钢丝	1.2	铜皮	200
8	99陶瓷	25.2	20.2	不锈钢丝	0.5	铜皮	200
9	99陶瓷	25.2	20.2	不锈钢丝	0.8	铜皮	200
10	99陶瓷	25.2	20.2	不锈钢丝	1.2	铜皮	200
11	99陶瓷	25.2	20.2	铜丝	0.5	铜皮	200
12	99陶瓷	25.2	20.2	钨丝	0.5	铜皮	200
13	普通陶瓷	25.2	20.2	钨丝	1.2	铜皮	200
14	有机玻璃	25.2	20.2	钨丝	1.2	铜皮	200
15	99陶瓷	25.2	20.2	钨丝	0.5	铜皮	100
16	石英玻璃	24	20.2	钨丝	0.5	铜皮	150
17	99陶瓷	25.2	20.2	钨丝	0.5	铜皮	150
18	有机玻璃	30	24	钨丝	0.5	致密钢丝网	200
19	99陶瓷	40	35	钨丝	0.5	致密钢丝网	200
20	99陶瓷	32	27	钨丝	0.5	致密钢丝网	200
21	99陶瓷	25.2	20.2	钨丝	0.5	致密钢丝网	200

6.3 实验电源及电路

国内外研究报道多数都是使用脉冲电源，本实验分别实验了直流高压电源和交流高频、中频、工频高压电源。

实验所用工频高压交流电源控制电路如图6-3所示，采用Y01型自耦变压器调节交流电压的高低，通过HTC10/220控制台控制输出电压、电流，利用高压电压表测量反应器输出端电压，频率50Hz，变压范围为0~100kV。

中频高压交流电源在工频电源的基础上，采用Y01型变压器变压，通过HTC10/380控制台控制输出电压、电流，经适当调整电路后，接入EV2000-4T0055G1/0075P1变频器调频，变频范围为50~500Hz，变压范围为0~100kV。

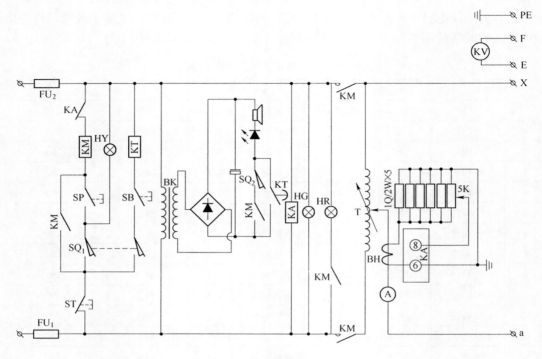

图 6-3 工频高压控制电路示意图

高频交流电源由中国科学院等离子体物理研究所研制，其控制电路如图 6-4 所示。

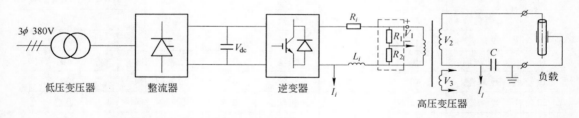

图 6-4 高频高压控制电路示意图

以上四种高压电源的制作要比脉冲电源简便，不仅省去了硅堆整流部分及相应的元器件，而且还避免使用旋转火花开关或固体开关之类的易损器件，电源的造价及维护费用均较低，因而这类电源更便于应用，目前已有此类成熟的电源技术。

中频高压交流电源的电压、频率、电流均可调节，使用美国泰克 TDS2014 型示波器对电源输出波形进行检测，电源正常工作时的电压和电流波形如图 6-5 所示。从图中可以看出，电源电压输出波形为正弦波形，电流输出波形类似正弦波。

在交变电场作用下放电功率测量比较困难，因为放电的电流、电压间相位差难以确定，尤其是在强的气体放电中由此引起的功率误差相当大，利用 Lissajous 图形法对正确确定放电功率 P 很有帮助。

该方法的测量原理[3]为：在反应器的接地侧串联一个电容值已知的测量电容 C_m，用以测量放电输送的电荷量。为了有效地通过示波器采集电压、电流、Lissajous 图形的输出信号，本实验对采样电路进行了设计，其测量电路如图 6-6 所示。通过采样电路可以测得电压-电流波形图、Lissajous 图形及通过反应器漏失电流的有效值。

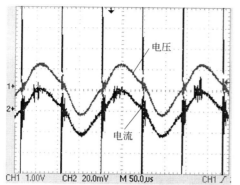

图 6-5 电压电流波形图

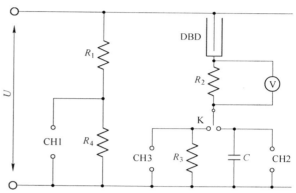

图 6-6 Lissajous 法测功率的电路图

R_1—分压电阻（250MΩ）；R_2—电流有效值采样电阻（10kΩ）；R_3—电流示波器采样电阻（10kΩ）；R_4—电压示波器采样电阻（20kΩ）；C—李萨如采样电容（0.33μF）；K—单刀双置开关；CH1—电压示波器采样端；CH2—李萨如示波器采样端；CH3—电流示波器采样端

当放电发生时，C_m 两端的电压为 V_m，则流过回路的电流为：

$$I = C_m \frac{\mathrm{d}V_m}{\mathrm{d}t} \qquad (6-1)$$

因此放电的功率为：

$$P = \frac{1}{T}\int_0^T VI\mathrm{d}t = \frac{C_m}{T}\int_0^T V\frac{\mathrm{d}V_m}{\mathrm{d}t}\,\mathrm{d}t = fC_m\oint V_a V_m \qquad (6-2)$$

通过计算所测得的闭合 Lissajous 曲线面积，就可以计算出放电过程的功率消耗，如图 6-7 所示。该图形为规则的闭合的平行四边形 Lissajous 图形，其图形反映了 $u_c(t)-u(t)$ 的变化关系。其中 $u_c(t)$ 为 C_m 上所施加的电压，$u(t)$ 为负载上所施加的端电压，X 和 Y 分别为示波器的 X 轴和 Y 轴。

负载等效电路模型的建立对正确测量放电参量很有益。以一个气隙放电单元为研究对象，介质阻挡放电过程总等效电路如图 6-8 所示。电介质层和气隙均等效为阻容性负载，在等效电路中电介质等效为电介质的等效电容 C_d 和电介质的等效电阻 R_g 并联；气隙等效为气隙的等效电容 C_g 和气隙的等效电

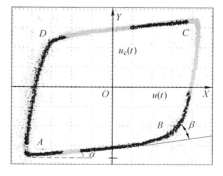

图 6-7 $V-Q$ Lissajous 图形

阻 R_g 并联，且电介质与气隙之间存在一个等压面。由于电源以正弦波的形式向反应器输入能量，电压是周期性变化的，气隙放电过程可分为放电阶段和不放电阶段。当气隙两端

的电压小于其击穿电压时，气隙不放电，电流流经容性支路，负载等效为 C_d 和 C_g 串联，如图 6-8（a）所示；当气隙两端的电压大于其击穿电压时，发生放电现象，气隙被击穿后 R_g 迅速降低到非常小的值，负载等效电路如图 6-8（b）所示。

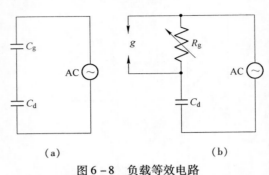

（a）　　　　　　　　　　（b）

图 6-8　负载等效电路

（a）不放电阶段等效电路；（b）放电阶段等效电路

6.4　反应器结构研究

实验在常温常压下进行，以甲醛和甲苯为研究对象，分别选用 1 号～21 号等离子体反应器，以高频高压交流电源作为能量供给设备。

6.4.1　反应器直径对降解率的影响

频率 4000Hz，气体流量为 $0.3m^3/h$，甲醛入口浓度为 $20mg/m^3$，实验反应器材质为 99 瓷，直径分别为 40mm、32mm、25.2mm，放电极直径为 0.8mm。

由图 6-9 可知，相同电压下甲醛降解率随着反应器管径的变小而升高。随着电压的升高，直径 25.2mm 的反应器中甲醛降解率变化趋势是先增大，后减小；而在直径较大（>30mm）的反应器中则一直呈上升趋势。

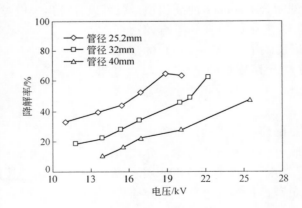

图 6-9　反应器管径变化对降解率的影响

实验观察到直径较小的反应器在较高电压下易发生火花放电，而直径较大的反应器则在实验电压范围内不易出现火花放电。直径较小时，虽然对甲醛降解率较高，但存在易发生火花放电及处理气体流量偏低的缺点，不便于实际应用。可以肯定的是提高管径对于今后的工业放大实验具有一定的指导意义，但须考虑如何提高能源利用率的问题，因此本实验决定采用32mm管径的反应器。

6.4.2 放电极直径对降解率的影响

由图6-10（a）和图6-10（b）可知，管径为40mm、32mm的反应器对甲醛降解率表现为：1.2mm电极＞0.8mm电极＞0.5mm电极。

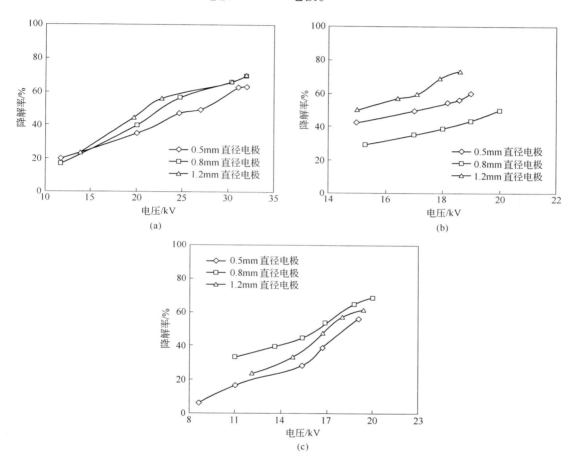

图 6-10　放电极直径对降解率的影响

（a）反应器直径40mm；（b）反应器直径32mm；（c）反应器直径25.2mm

由图6-10（c）可知，管径为25.2mm的反应器对甲醛降解率表现为：0.8mm电极＞1.2mm＞0.5mm电极。结合图6-10（a）和图6-10（b）试验结果，说明当管径尺寸固定（＞30mm）时，电极并非越粗越好，而是存在一个较佳值[4]。

电晕线越细，起晕电压越低；电晕线越细，放电较易发生。但从实验结果来看，0.8mm电极和1.2mm电极对于污染物的降解效果均优于0.5mm电极。这主要是因为，粗电极的表面积较大，电子的发射能力较好，细电极在某一电晕过程中产生的电子数量多于粗电极，因而在电源周期交替过程中，细电极打破电晕屏蔽的时间比粗电极长，导致处理污染物的效率低于粗电极反应器；如果原电子的能量足够高，直径较粗的电极中的较深处的电子也可能被其轰击出来，从而有利于提高污染物降解率。同时，当电极曲率半径减小时，火花放电更易发生，火花放电不仅增大电能消耗，而且破坏了电晕放电的稳定进行。

因此放电电极直径变化对甲醛降解率的影响不是单调的。在工业应用方面，应在保证污染物降解效果的前提下，选取适宜直径的电晕线。忽略介质阻挡放电反应管的边缘效应，放电气隙电场强度为：

$$E_g(r) = \frac{\varepsilon_d}{\varepsilon_d \ln(D/d) + 2\varepsilon_g(L_d/D)} \frac{U}{r} \tag{6-3}$$

式中，$E_g(r)$ 表示气隙间电场强度，kV/cm；ε_d 表示介质相对介电常数；D 表示反应器管径，mm；d 表示放电极直径，mm；ε_g 表示气体相对介电常数；L_d 表示介质层厚度，mm；U 表示施加电压，kV；r 表示距离反应器轴线的距离，cm。

由式（6-3）可知，$E_g(r) \propto d$，增大 d 可以增加 $E_g(r)$，但同时减小了气隙间距，缩短了气体停留时间，因此 d 的变化对甲醛降解率的影响是非单调的。相反，D 增加，会使 $E_g(r)$ 变小，但同时增大了气隙间距，导致气体停留时间延长，所以 D 的变化对甲醛降解率的影响也是非单调的。据此可以断定存在最佳的放电反应器管径和放电极直径配比，使得甲醛降解率最高。理论分析与实验结果相吻合。

因此，等离子体反应器管径与放电极直径之间应存在一个最佳的极配点。本试验中放电直径与反应器管径的最佳比例约为 1∶34。

6.4.3 放电极材料对降解率的影响

从图 6-11 可见，在其他条件相同的前提下，甲醛降解率依次表现为：以钨丝为放电极的反应器 > 以铜丝为放电极的反应器 > 以不锈钢丝为放电极的反应器。

当施加相同电压时，在相同的初始自由电荷的轰击下，要使放电产生大量高能离子、电子，就要靠初始少量自由电荷碰撞气体分子电离产生的离子、电子在强电场加速下再分别轰击电晕极产生出二次电子，再加速、电离、轰击，所以二次电子发射系数的大小决定了最终产生高能电子、离子的多少。二次电子发射系数越大，产生的高能离子、电子越多，轰击作用越有效，得到的作用于有机物分子的活性自由基越多，有机废气降解也就越彻底[5]。因为钨的二次电子发射系数（$\delta_m = 1.4$）> 铜

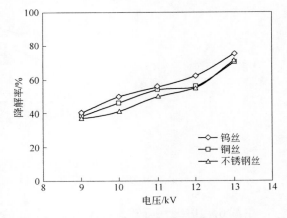

图 6-11　放电极材料对降解率的影响

的二次电子发射系数（$\delta_m = 1.29$）> 不锈钢的二次电子发射系数（$\delta_m = 1.24$）。所以，对于甲醛的降解率：以钨丝为放电极的反应器 > 以铜丝为放电极的反应器 > 以不锈钢丝为放电极的反应器。

另外，次级电子发射系数（δ）除和入射电子能量有关外，还与原电子入射角、金属逸出功、金属表面状态、温度等因素有关。其中，金属表面的粗糙度对 δ 有相当大的影

响，粗糙表面的 δ 值要比光滑表面小，这是由于当金属表面粗糙时，有一部分次级电子又被原物体所吸收，因而导致 δ 减小。此外，电极在荷能电子的持续轰击下，会带来局部温升，形成局部高温，从而逐渐造成电极损耗，影响电极寿命。热化学稳定性不好的电极材料在局部温升时会与废气分子发生氧化反应，形成表面的局部氧化层，电极导电率变低，从而降低次级电子发射系数。由于钨材料具有高熔点、低蒸汽压、化学稳定性好的特点，能减少局部温升对电极性能的不良影响，因此钨材料更适合实际应用。根据以上原因，实验中反应器选择以钨丝作为反应器的放电极。

6.4.4　反应器材质对降解率的影响

6.4.4.1　有机玻璃、普通陶瓷与 99 瓷反应器对比实验

从图 6 - 12 可见，在其他实验条件不变的情况下，99 瓷作介质阻挡层更有利于甲醛的降解，普通陶瓷次之，有机玻璃影响最小。

观察图 6 - 13 所示电压 - 电流波形图可见，陶瓷介质表现出电流与电压相位角很小的特点，即电路谐振，此时电路呈电阻性，电路阻抗最小，电流最大。根据物理结构可知，DBD 装置实际上是由放电极、电介质层、放电间隙构成的有损耗电容器，对激励电源可等效为阻容性负载，如图 6 - 14 所示。整个电路等效于串联谐振，反应器端电压可以比总电压大很多倍。有机玻璃介质则表现出电流与电压有一定相位角存在，且电流滞后于电压，此时电路呈感性。

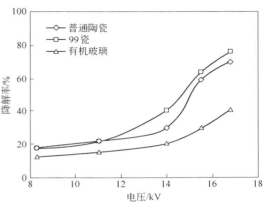

图 6 - 12　反应器材质对降解率的影响

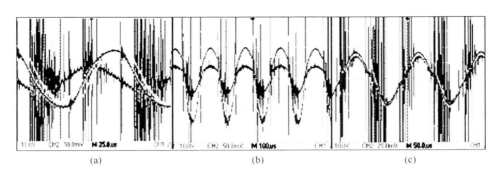

图 6 - 13　电压 - 电流波形图

（a）有机玻璃反应器；（b）普通陶瓷反应器；（c）99 瓷反应器

在均匀静电场中的电介质，当其极化强度较大时，它表面的尖端就会聚集大量电荷，将产生较高的局部的不均匀电场，其强度见下式[6]：

$$E_r = \frac{3\varepsilon}{\varepsilon + 2} E_0 \cos\theta \qquad (6 - 4)$$

式（6-4）给出了电场中，电介质小球极化后产生的局部电场强度（E_r），可以看出 E_r 大小与 E_0 成正比，与其本身的介电常数有关，ε（相对介电常数）越大，E_r 越接近 E_0 的 3 倍（$\theta = 0$），因此随着电压的提高，阻挡放电的介质相对介电常数越高，产生的微放电数量越多，电场强度越高。放电脉冲所产生的高能电子加大了对污染物分子的碰撞几率，从而更有利于甲苯的去除。表 6-2 给出了三种介质的相对介电常数。从表中可以看出，99 陶瓷的介电常数最大，有机玻璃最小，分析结论与实验结果相一致。

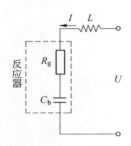

图 6-14　气体放电等效电路

表 6-2　不同介质的相对介电常数

电介质	相对介电常数
有机玻璃	2.5
普通陶瓷	5～6
99 陶瓷	10～13

另外，有机玻璃管反应器不如陶瓷管反应器对甲醛降解率高，这还与材料表面结构形态有关。陶瓷管表面较为粗糙，具有多孔性表面，对甲醛分子吸附量较大，吸附态的甲醛分子与等离子反应中产生的活性基团继续反应，有利于提高甲醛降解率。有机玻璃管表面光滑致密，吸附作用较小。因此 99 瓷反应器较佳。

6.4.4.2　石英玻璃与 99 瓷反应器对比实验

由图 6-15（a）可知，随着电压的升高，作为高压电源负载的反应器电流情况为：$I_{陶瓷介质管} > I_{石英玻璃管}$。参考图 6-14 所示气体放电等效电路图，根据物理结构可知，DBD 装置实际上是由放电极、电介质层、放电间隙构成的有损耗电容器，对激励电源可等效为阻容性负载。整个电路等效于串联谐振，此时回路品质因素 Q 值可达几十甚至上百倍。图 6-14 中 C_b 是一个与介质厚度 L_b、介电常数 ε_b 和介质的有效面积 S（带电粒子覆盖在介质上的真实面积）有关的量，即 $C_b \propto \dfrac{S\varepsilon_b}{L_b}$。在陶瓷和石英玻璃的 S 和 L_b 相等的前提下，介电常数 ε_b 越大，C_b 越大，相应的回路中 I 越大。

从图 6-15（b）可见，在其他实验条件不变的情况下，随着电压的升高，陶瓷作介质阻挡层更有利于污染物的降解。由式（6-4）可知，随着电压的提高，阻挡放电的介质相对介电常数越高，产生的微放电数量越多，电场强度越高。放电脉冲所产生的高能电子加大了对污染物分子的碰撞几率，从而更有利于污染物分子的去除。表 6-3 给出了两种介质的相对介电常数。从表中可以看出，陶瓷的介电常数大于石英玻璃，分析结论与实验结果相一致。

表 6-3　介质的相对介电常数

电介质	相对介电常数	厚度/mm
石英玻璃	3.5～4.5	2.5
陶瓷	5～10	2.5

另外, 石英玻璃管反应器不如陶瓷管反应器表现出的降解率高, 这还与材料表面结构形态有关。陶瓷管表面较为粗糙, 具有多孔性表面, 对污染物分子吸附量较大, 吸附态的污染物分子与等离子反应中产生的活性基团继续反应, 有利于提高降解率。玻璃管表面光滑致密, 吸附作用较小。因此本实验选用陶瓷反应器进行后续研究。

分析图 6-15 还可以得出电流上升降解率上升这一结论。

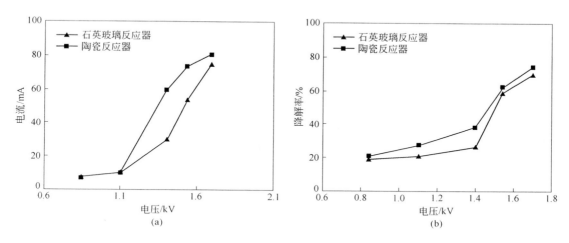

图 6-15 不同介质反应管对降解率的影响

（a）电压-电流关系；（b）电压-降解率关系

6.4.5 反应区长度对降解率的影响

由图 6-16 可知, 反应器反应区长度越长, 甲醛降解率越高。当气体流量一定时, 反应器长度增长, 相当于延长了气体在反应器中的停留时间, 使等离子体化学反应得以充分进行。但同时也有不利条件, 随着反应器长度的增加, 放电所需的能量加大, 在电源条件一定的前提下, 注入反应器的能量一定, 反应器有效长度越长, 则反应器中的平均能量密度越低, 放电强度减弱, 污染物去除率也随之降低。因此, 在电源输出功率一定的条件下, 反应器有效反应长度存在最佳值, 这主要是根据电源和放电反应器自身的性能以及二

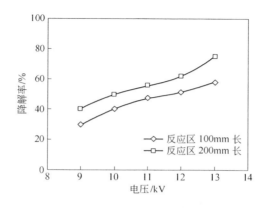

图 6-16 反应区长度与降解率的关系

者的匹配性来确定的。

6.5　高频电源下的反应器发热研究

　　介质阻挡放电（DBD）通常工作在大气压强下，它至少有一个电极被介质所覆盖，阻挡介质与另一电极之间的空气间隙被高频高压电场所激励产生非平衡态气体放电[7~9]。这种放电仅能工作在交流电源的情况下，其频率可从几十赫兹到几十万赫兹。当击穿电压超过 Paschen 击穿电压时，大量随机分布的微放电就会出现在放电间隙中。微放电持续 10ns 左右，其放电通道几乎是圆柱对称的，即等离子体通道（如图 6 – 17 所示）。

　　介质阻挡放电是一种典型的非平衡态交流气体放电过程，其主要结构如图 6 – 18 所示。当两极间加上足够高的交流电压时，电极间的气体被击穿形成放电，在压强为大气压或高于大气压时，放电模式为流光模式，即放电电流是由大量快脉冲放电细丝——微放电通道组成的。在适当条件下，这些放电微通道自组织形成空间斑图，如条纹斑图、六边形斑图及正方形斑图等[10~13]。

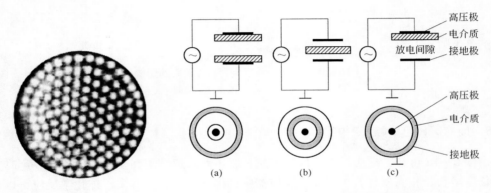

图 6 – 17　类六边形斑图　　　　　图 6 – 18　DBD 基本结构示意图

　　放电丝的发光强度正比于微放电电流密度，因此照相机记录的照片可表示放电的分布情况。在不同的条件下得到不同斑图结构的照片。照片中的亮点对应着 DBD 中微放电丝。利用 Photoshop 取照片中放电区域部分，经锐化、调节对比度等方法处理，使其更清晰。经验证明，这些处理不但不会影响空间频谱分布，而且使频谱更清晰[14]。

　　常压下 DBD 非平衡等离子体耗能所产生的热量，是引起不必要的反应器的温度升高的因素之一。尤其是现在等离子体反应器形式更为紧凑，而且电源多采用能量较高频率的电源，等离子体发热的问题就更为严重。从粒子角度考虑，巨大的温升将会影响到电子及化学过程，进而影响到反应降解效果。采取措施以减少能量的浪费，避免过度的温升，这已达成广泛的共识，但是目前几乎没有人试图探讨这一热转移机理。因此我们试图在这一问题上进行一些分析和探讨[15]。

6.5.1　研究方法

　　本实验等离子体发生采用 99 瓷管线式反应器，反应管外径 32mm，内径 26mm，内电极为 1.25mm 钨丝，外电极为铜箔，有效长度 200mm。

反应器沿气流方向分为①区、②区和③区，温度分别为 T_1、T_2 和 T_3，如图 6-19 所示。气体放电时，每间隔 1min 分别用 TES-1327 型红外温度测定仪（准确度：±2%。感应光谱：6~14μm。放射率补正范围：0.17~1.00。照准：单束激光小于 1mW）测量以上三个区域的温度，之后取平均值，公式如下：

$$\overline{T} = \frac{T_1 + T_2 + T_3}{3} \tag{6-5}$$

其中，取发射率修正系数 $\xi = 1.2$，因此最后温度 $T = \overline{T} \times 1.2$。

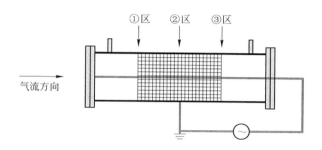

图 6-19 反应器温度测点布置图

实验所用高压高频交流电源由中国科学院等离子体物理研究所研制（升压范围 0~30kV，变频范围 0~10000Hz）。实验过程中放电参数由美国泰克 TDS2014 型示波器进行测量。

6.5.2 实验结果

由图 6-20 可见，在频率固定的情况下，DBD 反应器温度随电压升高和时间延长而上升。尤其当电压不小于 15kV 时，温度上升趋势明显；当电压为 20kV 时，温度呈明显上升趋势，在 4min 后，温度高达约 180℃，之后，随着监测时间继续延长，温度缓慢上升，并于 12min 后达到 200℃。在图 6-21 所示等温线平面图中，亦清楚显示了温度随电压和时间变化的趋势，这是一种非线性的关系。

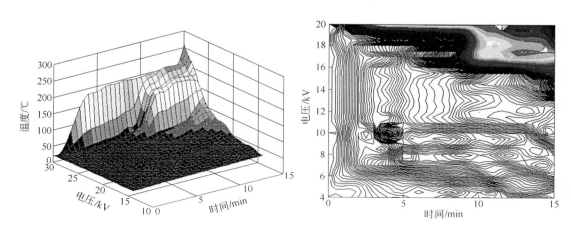

图 6-20 温度分布图（4000~5000Hz）　　　　图 6-21 等温线平面图（4000~5000Hz）

由图 6 - 22 可见，电压固定的情况下，DBD 反应器温度随频率提高和时间延长而升高。当频率不小于 4000Hz 时，随着监测时间延长，温度上升趋势明显，频率为 8000Hz，时间为 13min 时，温度达到 180℃。图 6 - 23 所示等温线平面图显示，温度变化与时间和频率呈现出一种线性关系。

由图 6 - 24 可见，在电压及频率均固定的情况下，DBD 反应器温度随气体速度的提高而呈现下降趋势。按图 6 - 23 所显示的状态分析，可知 DBD 反应器温度变化与气速呈现出明显的线性变化关系。结合图 6 - 25 可知，气速小于 50cm/s 时，温度上升趋势减缓；而气速大于 100cm/s 时，温度下降的趋势不再明显，显然提高气速是 DBD 反应器降低温升的有效方法之一，但势必对非平衡等离子体降解效率提出更高的要求。

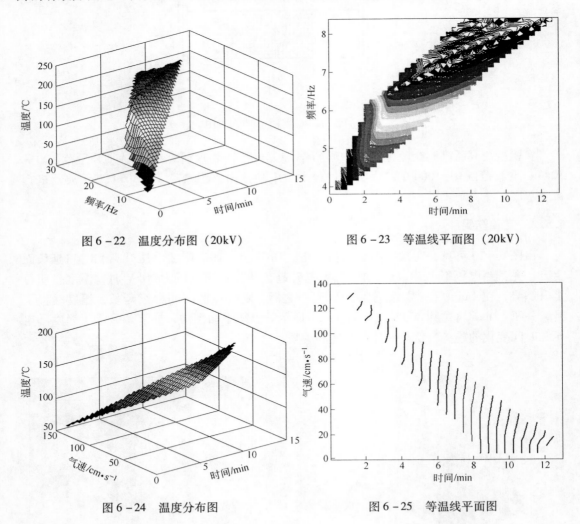

图 6 - 22   温度分布图 （20kV）   图 6 - 23   等温线平面图 （20kV）

图 6 - 24   温度分布图   图 6 - 25   等温线平面图

6.5.3 实验现象分析

在直流或中频下，偶极子有充裕的时间跟随交变场的变化，束缚电荷的建立与消除都有充裕的时间。放电的能量与存储的能量是相等的，不考虑电导损耗，介质只是一个能量存贮机构，并不在极化时额外损耗外加电源的能量，介质材料基本没有温升。随着频率的升高，偶极子的旋转会跟不上电场的变化，在场交替变化时，偶极子不能完全恢复到原始的位置，重新取向式极化开始失效，随之而来的就是介质中损耗的产生和增长，此种损耗表现为介质材料温升。温度的升高造成能量的浪费和电介质过快老化。温度上升过高还容易出现电介质的热击穿现象。所谓热击穿，就是由于介质损耗的存在，固体电介质在电场中逐渐发热升温，由于电老化引起电介质阻挡放电的能力下降，电路中电流增大，损耗发热也随之增加。在介质材料升温发热的同时，必然存在介质向外界不断散热的过程。假设在一定时间内，介质材料的发热量超过散热量，引起介质温度持续上升，最终将导致电介质击穿。

本实验过程中，就出现了高频交流电情况下的热击穿现象。一方面，工频可以有效地减少介质损耗，但是，要提高污染物的去除率，必须通过提高电压的手段来实现，电压过高易发生电击穿；另一方面，高频可以提高放电的重复率，然而，频率过高会增大介质损耗，易造成能量的浪费和电介质的热击穿。同理可以推知，高频电源势必存在同样的问题。所以，综合上述两个方面，在实际工业应用中应适当选择中频电源作为 DBD 反应器的供能来源。

6.5.4 模型建立

由上述实验结果可以得出，DBD 反应器随时间热变化表达式：

$$\frac{\partial T}{\partial t} = \lambda \left(\frac{\partial^2 T}{\partial U \partial f} + \frac{\partial^2 T}{\partial u^2} \right) \tag{6-6}$$

式中，T 为气体温度，K；t 为时间，m；U 为电压，kV；f 为频率，kV；u 为气体流速，m/s；λ 为系数。

图 6-26 中分析了 DBD 反应器中能量分配和热转移机理，根据以上情况，建立如下能量平衡关系式：

$$P_{in} = [C_2]G_g\Delta H_{C2} + C_{Pg}G_g\Delta T_{ave} + C_{Pg1}G_g\Delta T_g + C_{Pg2}G_g\Delta T_g + 辐射损失 + 结焦物放热 + Y \tag{6-7}$$

式中，C_{Pg} 为热容，J/(K·m³)；C_{Pg1}、C_{Pg2} 分别为金属、反应器介质传热热容，J/(kg·K)；G_g 为质量流量，kg/s；ΔT 为温度变化值，K；$[C_2]$ 为产物的质量分数，kg/kg。

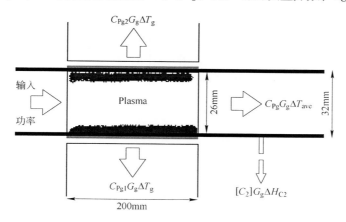

图 6-26　输入能量分配图

表6-4总结了详细的输入能量分配的数学表达式，式（6-7）中⑥辐射损失和⑦结焦物放热可忽略，同时令⑧$Y=0$，故有：

$$P_{in} = [C_2]G_g\Delta H_{C2} + C_{Pg}G_g\Delta T_{ave} + C_{Pg1}G_g\Delta T_g + C_{Pg2}G_g\Delta T_g \qquad (6-8)$$

利用表6-4中序号代表式（6-8）中各热值或功率值，求ΔT_{ave}，公式如下：

$$\Delta T_{ave} = \frac{① - (② + ④ + ⑤)}{C_{Pg}G_g} \qquad (6-9)$$

因此，ΔT_{ave}可以作为衡量在高频高压交流电源下DBD等离子体反应器发热量的重要参数之一。

表6-4   输入能量分配的数学表达式

序号	名　称	表达式	序号	名　称	表达式
①	输入功率	P_{in}（Lissajous图）	⑤	介质传热	$C_{Pg}G_g\Delta T_g$
②	反应热	$[C_2]G_g\Delta H_{C2}$	⑥	辐射损失	可忽略
③	焓增加值	$C_{Pg}G_g\Delta T_{ave}$	⑦	结焦物放热	可忽略
④	金属传热	$C_{Pg}G_g\Delta T_g$	⑧	外界环境热损失	$Y=0$ 或 $Y\neq0$

6.6   电源比较实验研究

作为等离子体产生的能量来源，本实验分别考察了直流高压电源、高频高压交流电源、工频高压交流电源及低频高压交流电源四种电源在VOCs降解过程中所起的贡献。

6.6.1   直流电与交流电的比较实验

本节采用直流高压交流电源与工频高压交流电源进行比较实验，考察直流和交流两种加电形式对甲醛降解率的影响，并提出表面电荷记忆效应理论。

6.6.1.1   加电形式对甲醛降解率的影响

由图6-27可知，气速15.7cm/s，在相同电压条件下，直流电源对甲醛的去除效率远不如交流电源的去除效果好。当外加电压为21.3kV时，交流电源对甲醛的去除效率为77%，而直流电源仅为49%。究其原因是，在介质阻挡放电中，当两极间所加电压足够高时，气体将被击穿形成放电。由于极板上覆盖着电解质，放电产生的电荷将累积在电解质表面，形成表面电荷，它将产生与外加电场方向相反的内建电场，其作用是熄灭放电。当外加电场为直流电时，由于电压的大小和方向不变，一旦气体被击穿，空间电荷建立反向电场，放电就熄灭。直到空间电荷通过介质内部电导中和，使反向电场减弱到一定程度以后，放电才能继续发生。当外加电场为交流电时，在交流电压的下一个半周来临时，上述内建电场与外加电

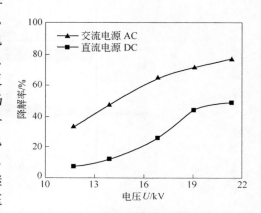

图6-27   直流与交流降解甲醛效果对比

场同向，因而对放电起促进作用。因此，直流放电应用于介质阻挡放电降解甲醛远不如交流放电。

6.6.1.2 表面电荷记忆效应

在 6.6.1.1 节实验结论的基础上我们提出了表面电荷记忆效应理论。在介质阻挡放电中，当两极间所加电压足够高时，气体将被击穿形成放电。由于极间电介质的存在，放电产生的电荷将累积在电介质表面，形成表面电荷累积，它将产生与外加电场方向相反的内建电场，其作用是熄灭放电。当外加电场为直流电时，由于电压的大小和方向不变，一旦气体被击穿，空间电荷建立反向电场，放电就熄灭。直到空间电荷通过介质内部电导中和，使反向电场减弱到一定程度以后，放电才能继续发生。当外加电场为交流电时，在交流电压的下一个半周来临时，上述内建电场与外加电场同向，因而对放电起促进作用。由于表面电荷在本半周和下半周的不同作用，一方面使得放电一旦在某处发生，便会在该处形成稳定的微放电通道，这就是表面电荷的记忆效应。另一方面，相邻两次放电时刻通过表面电荷的影响联系起来。

图 6 - 28 所示理论模型图[16]，正弦曲线为外加电场，表面电荷产生的电场（曲线 1）在放电熄灭时达到最大值，随后由于电荷扩散而衰减。假设微放电在正负半周对称，即每个半周期内的放电时刻与外加电场零值时刻的间隔相等，则相邻两次放电的时间间隔保持为常数且等于外加驱动电压的半周期。若由于涨落，某次放电的时刻发生漂移，如图 6 - 28 中虚线所示，第一次放电时刻落后，由于熄灭放电所需要的表面电荷电场增大，从而贡献于下次放电的表面电荷电场也减小，即放

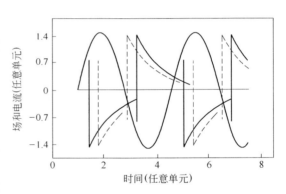

图 6 - 28 　理论模型图

电所需要的外加电场就减小，所以第二次放电的时刻就要提前。完全相同的分析表明，这使得第三次放电时刻落后，以此类推，相邻两次放电的时间间隔将出现长短交替的状态。模型很好地解释了表面电荷对两次放电的不同作用，同时也表明交流电源发生等离子体比之直流电源具有更大的优势和更为广泛的应用前景。

6.6.2 交流电源电气参数对降解率的影响

电压、频率和功率是考察电源能量输出的重要指标。在气体流量为 $0.3m^3/h$、甲苯浓度为 $1200mg/m^3$ 的固定条件下，实验考察了高频、工频、低频不同高压交流电源的电压、频率和功率等电气因素对甲苯降解率的影响。

6.6.2.1 高频交流电源电气参数的影响

从图 6 - 29 可知：（1）当频率相同时，甲苯的降解率随着电压的增加而提高；当电压升高到一定程度以后，降解率变化开始趋于平缓。这是因为随着电压的提高，输入反应

器能量增大，产生的高能电子和自由基增多，放电区域内的活性粒子的密度提高，这些活性组分在电场作用下定向迁移时增大了与污染物分子的碰撞概率，表现为甲苯降解率提高。当电压升到一定值，输入反应器能量继续增加，但大部分能量转化为热量，表现为反应器温度升高（实验中测量温度最高可达 200℃），同时放电产生的臭氧分子在高温条件下未参与降解反应即瞬时分解，此时降解率变化趋于平缓。

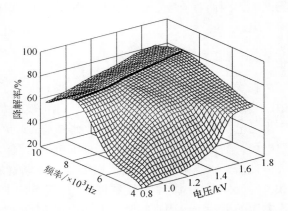

图 6-29　电压-频率-降解率关系图

（2）相同电压下，甲苯降解率随着频率的增加先升高后降低。其解释为，电场中粒子运动振幅与频率成反比，提高频率有利于增加放电的重复率，电源向反应体系中提供的能量增大，高能电子和活性粒子数量增多，这些活性粒子和高能电子与甲苯分子碰撞机会增多，增强了体系中等离子体化学反应过程，从而提高了甲苯的降解率。

在频率为 7000~9000Hz 时，降解率出现最大值，这一现象可以通过串联谐振相关理论做出解释[17]。如图 6-8 所示，整个电路等效于串联谐振，电路呈电阻性，电路阻抗最小，电流最大，反应器端电压可以比总电压大很多倍。当 $\omega L - \dfrac{1}{\omega C_b} = 0$ 时，电路处于串联谐振状态，谐振频率为：

$$f_0 = \frac{1}{2\pi \sqrt{LC_b}} \tag{6-10}$$

在 f 较低时，DBD 内只有局部空间内发生微放电，因此放电空间形成的阻抗很大。随频率增加，系统会发生谐振现象，$f < f_0$ 时，随 f 的增加，容抗 X_C 逐渐减小，感抗 X_L 逐渐增大，引起总电抗 $X_C - X_L$ 减小，从而导致阻抗减小且电流增加，此时放电空间内的放电很强烈，电离出的带电粒子改变了媒质气体的导电性能，降低了放电间隙内的阻抗；$f > f_0$ 时，随着 f 增加，X_C 持续减小，X_L 继续增大，引起总电抗 $X_C - X_L$ 增加，结果导致阻抗增加，DBD 系统的感性增强，放电电流下降很快，放电空间内形成的微放电数量明显减少直至放电消失，使放电空间形成的阻抗明显增加直至恢复绝缘状态；当电源的输出频率等于谐振频率时，电源的能量全部提供给电阻负载，总电抗为零，阻抗达到最小值，电源具有较高的电源效率，放电负载得到较大的有效功率，此时甲苯降解率最高，这一点又可由图 6-30 和图 6-31 得到验证。

图 6-30 表明，功率与频率和电压成正比关系，这再次验证了有关图 6-29 的两条结论的解释。

由图 6-31 可见，频率、功率和降解率之间关系并非单纯的线性关系，在谐振点 f_0 处，即频率为 8000Hz、功率为 300W 时，降解率最高约为 80%。

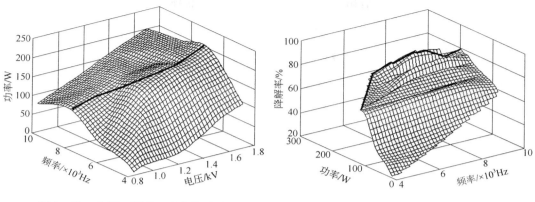

图 6 - 30　电压 - 频率 - 功率关系图　　　　图 6 - 31　频率 - 功率 - 降解率关系图

6.6.2.2　中频交流电源电气参数的影响

由图 6 - 32 可知, 随着频率的变大, 热量损失率逐渐增加。在外加电场频率较低时, 放电介质偶极子随交变场变化时间充裕, 表现为束缚电荷的建立与消除时间充裕。此时, 放电能量与贮存能量相等, 如果不考虑电导损耗, 介质作为能量存贮的机构, 在极化时并不会使外加电源的能量产生额外损耗, 表现为介质材料温升极小。伴随频率逐渐升高, 在场交替变化时, 偶极子的旋转将落后于电场的变化, 不能恢复到旋转的初始位, 导致重新取向式极化失效, 表现为介质损耗导致的温升现象。温升的结果表现为能量浪费和电介质老化严重。电介质老化容易使电介质阻挡放电能力弱化, 电路中电流增大, 损耗发热增加。若继续温升, 还会出现电介质热击穿现象。而在介质升温发热的过程中, 热量损失不可避免, 即为能量的损失。

由图 6 - 33 分析, 频率相同, 甲苯降解率随电场强度升高而增大; 当电场强度升高至大于 13kV/cm 时, 降解率变化趋于平缓。显然当电场强度逐渐增大时, 意味着输入反应器能量也是逐渐增加的, 此时反应区内产生的高能电子和自由基数目增多, 它们在电场力

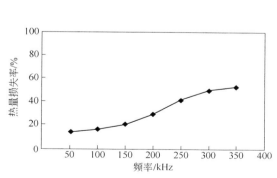

图 6 - 32　热量损失与频率之间关系

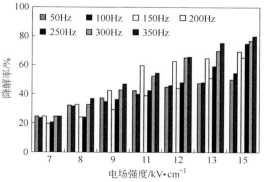

图 6 - 33　不同频率下电场强度对甲苯降解率的影响

作用下定向迁移，从而与污染物分子的碰撞概率大幅增加[18]，甲苯降解率增大。而当电场强度大于 13kV/cm 时，输入反应器能量虽然还在持续增大，然而大部分能量用于反应器发热，表现为反应器温升现象（最高达 120℃），热能损耗高达 50%，同时大量的臭氧分子伴随放电过程产生，若反应器温度过高，臭氧分子会瞬时分解，导致其还没有与甲苯分子发生反应，此时降解率无明显变化。

由图 6－33 可知，随着频率的变大，降解率逐渐增加，频率与降解率呈正相关关系。而从降解率的增长幅度来看，频率 150Hz 下，降解率增长幅度最高。结合图 6－32 可知，频率越高，热量损失最多，综合能量与降解率两个角度可知，应该存在一个最有利于甲苯降解的频率值。

由图 6－34 可见，当电场强度逐渐增强，意味着输入反应器能量密度不断增大，功率提高。功率增加幅度在电源频率大于 150Hz 时增加较快。同时实验检测反应器温度，发现在电场强度大于 12kV/cm 后，温度增幅较大，且在电场强度 15 kV/cm 左右达到 105℃以上。这说明，随着频率与电场强度的持续增高，反应器以频率 150Hz 及电场强度 12 kV/cm 为拐点，出现了更多的反应器功率损失，因为拐点之后有更多的功率用于反应器的发热。

由图 6－35 可见，甲苯降解率随着频率的上升先增大后减小再增大，似乎呈现一种周期性的类似于正弦函数的变化。这表明反应器谐振点随着整个反应电路的即时电路状况存在漂移的现象。当频率为 150Hz 时，在不同电场强度下，甲苯降解率均达到较高点。

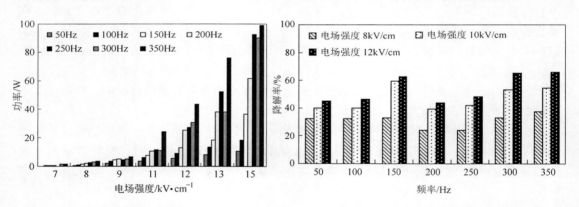

图 6－34　不同频率下电场强度与功率之间的关系　　图 6－35　频率和甲苯降解率之间的关系

这是因为电场频率增加导致反应体系能量增大，产生数量更多的高能电子和活性粒子，它们与甲苯分子碰撞并发生一系列的物理化学反应，使甲苯的降解率变大。频率为 150Hz，降解率达到了一个较大值，我们用串联谐振理论来予以解释[19]。由图 6－36 可见，整个电路相当于一个串联谐振等效电路，此时电路呈现阻性，电路阻抗达到极小值，而电流则达到极大值，此时表现为反应器端电压远大于总电压。我们假设 $\omega L - \dfrac{1}{\omega C_b} = 0$（$\omega$ 为振幅，L 为电路电感，C_b 为电容），此时电路是一种串联谐

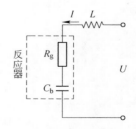

图 6－36　气体放电等效电路
I—电流；L—电路电感；U—电压；
R_g—电阻；C_b—电容

振状态，谐振频率公式见式（6-10）[3]。若频率 f 较低，DBD 内仅在局部空间发生微放电，放电空间阻抗较大。当 $f < f_0$ 时，随 f 增大，容抗 X_C 降低，感抗 X_L 升高，则总电抗 $X_C - X_L$ 降低，此时表现为阻抗减小而电流增大，放电空间放电强烈，电离离子增强了电场空间气体导电性，放电间隙阻抗减小；当 $f > f_0$ 时，随 f 增大，容抗 X_C 升高，感抗 X_L 降低，则总电抗 $X_C - X_L$ 增大，此时表现为阻抗迅速增大，DBD 放电区间感性显著增强，放电电流下降很快，而 DBD 空间微放电逐渐湮灭直至放电完全停止，即放电空间恢复绝缘状态；当 $f = f_0$ 时，电阻负载获得电源全部能量，此时总电抗 $X_C - X_L = 0$，阻抗最小，电源效率最高，有效功率最大，甲苯降解率最高。

图 6-37 显示了不同电场强度下频率与降解率及功率之间的关系。由图可见，功率随着频率的升高不断增大，但并非功率越大降解率越高。若在功率较低的情况下能够降解更多的污染物质，显然频率的影响不容忽视，而 150Hz 应该是最佳的选择，此时降解率为 60%，对应功率为 7.2W。

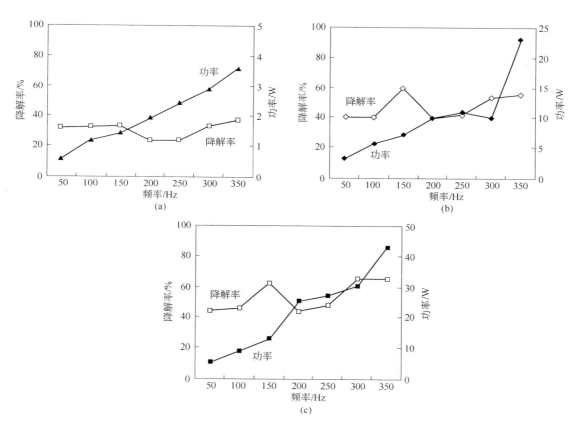

图 6-37 频率对甲苯降解率和功率的影响
（a）电场强度 8kV/cm；（b）电场强度 10kV/cm；（c）电场强度 12kV/cm

因此，此处实验结果进一步验证了谐振点的观点，即电源频率与甲苯的降解率并非简单的线性关系，而是存在一个最佳匹配点。在谐振点处（150Hz），放电负载得到较大的有效功率，且甲苯降解率较高。

6.7　结语

采用自行设计并制作的非平衡等离子体反应系统，对 VOCs 进行降解实验研究，考察了反应器结构参数对降解率的影响，对反应器结构进行了优化，比较了直流、高频交流、工频交流及低频交流四种高压电源对反应负载的影响，优化了低温等离子体反应器与电源的匹配性，并探讨了高频电源下反应器热损失模型。

（1）随着电压的升高，直径 25.2mm 的反应器中降解率趋势是先增大，随后又减小；而在直径较大（>30mm）的反应器中则一直呈上升趋势。实验条件下，选取 32mm 管径的反应器，在其他条件稳定不变的情况下，放电极和反应器介质管径变化对降解率有显著的非单调的影响，对于放电极直径和反应器介质管径应存在最佳尺寸配比 1∶34，使得降解率最高。

（2）钨丝比铜丝和不锈钢丝更适合作为反应器内部轴线放电极。其他实验条件不变的情况下，99 瓷作介质阻挡层更有利于 VOCs 的降解，普通陶瓷次之，再次为石英玻璃，有机玻璃影响最小。实验采用相对介电常数较大的 99 瓷作为阻挡层介质材料。

（3）在电源输出功率一定的条件下，考虑到能量分配问题，反应器有效反应长度并非越长越好，而是存在一最佳值。

（4）通过实验监测 DBD 温度变化情况，发现高频放电过程中，DBD 反应器温度随电压升高和时间延长而上升，它们之间呈非线性的关系；DBD 反应器温度随频率提高和时间延长而升高，温度变化与时间和频率呈现出一种线性关系；DBD 反应器温度随气体速度提高而降低，温度变化与气体速度变化呈现出一种线性关系。结果表明，高频交流高压电源并不适用于 DBD 反应器，可考虑采用中频交流高压电源来作为 DBD 反应器的能量供给。探讨了温升所引起的热转移机理，得出 DBD 热变化表达式，建立了能量模型，并推导出了 ΔT_{ave} 计算式。

（5）通过四种电源的实验比较，可知用于 VOCs 降解，交流放电的形式远优于直流放电；频率、功率和降解率之间关系并非单纯的线性关系，即在谐振点处存在较高降解率；对于高频电源，谐振点频率 $f_0 \approx 8000Hz$ 处，功率为 300W 时，降解率最高约为 80%；中频电源 $f_0 \approx 150Hz$ 处，功率为 7.2W 时，降解率为 60%。比较可知，频率为 150Hz 时，整个电路消耗的无用功率最低，用于降解的有用功率较高，为今后工业上等离子体技术的应用提供了基础参数。

参 考 文 献

[1] 竹涛，李坚，梁文俊，等．低温等离子体净化甲醛气体的实验研究［J］．北京工业大学学报，2008，34（9）：971~976．

[2] Sun J, Bai M D, Zhou J G, et al. Effect of energy density and gas velocity on transport rate of ions［J］. Plasma Science and Technology, 2006, 8 (5)：554~557.

[3] 杨津基．气体放电［M］．北京：科学出版社，1983：86~89．

[4] 赵文华，张旭东．电极尺寸对介质阻挡放电冷等离子体去除 NO 的影响［J］．环境污染治理技术与

设备, 2004, 5 (1): 51~53.

[5] 金心宇, 张昱, 姜玄珍, 等. 电极材料对脉冲等离子体降解有机废气的影响分析 [J]. 中国环境科学, 1998, 18 (3): 213~217.

[6] 竹涛, 李坚, 梁文俊, 等. 高频介质阻挡放电反应器结构研究 [J]. 高压电器, 2009, 45 (3): 1~5.

[7] 邵建设, 严萍. 高频高压交流电源应用于介质阻挡放电特性的研究 [J]. 高电压技术, 2006, 32 (3): 78~80.

[8] Kleinm, Millern, Walhoutm. Time-resolved imaging of spatiotemporal patterns in a one-dimensional dielectric-barrier discharge system [J]. Physical Review E, 2001, 64 (2): 402~405.

[9] Dong L F, Li X C, Yin Z Q. Self-organized filaments in dielectric barrier discharge in air at atmospheric pressure [J]. Chinese Physics Letter, 2001, 18 (10): 1380~1382.

[10] Yin Z Q, Dong L F, Chai Z F. The temporal behavior of micro-discharge in dielectric barrier discharges [J]. Chinese Physics Letter, 2002, 19 (10): 1476~1479.

[11] Ammelt E, Astrov Yu A, Purwins H G. Hexagon structures in a two-dimensional dc-driven gas discharge system [J]. Physical review E, 1998, 58 (6): 7109~7115.

[12] Radehaus C, Willebrand H, Dohmen R. Spatially periodic patterns in a dc gas-discharge system [J]. Physical review A, 1992, 45 (4): 2546~2553.

[13] Hur M S, Lee J K, Kang B K. New chaotic patterns in pulsed discharges [J]. Physics letters A, 2000: 276~286.

[14] 贺亚峰, 董丽芳, 尹增谦, 等. 介质阻挡放电中斑图的傅立叶分析 [J]. 河北大学学报, 2003, 23 (2): 137~140.

[15] 竹涛, 李坚, 梁文俊, 等. 高频介质阻挡放电降解甲苯的实验研究 [J]. 高电压技术, 2009, 35 (2): 395~363.

[16] 尹增谦, 董丽芳, 李雪辰, 等. 介质阻挡放电中微放电周期特性的光学测量 [J]. 光谱学与光谱分析, 2003, 23 (6): 1053~1055.

[17] Baldur E, Ulrich K. Non-quilibrium volume plasma chemical processing [J]. IEEE Transactions on Plasma Science, 1991, 19 (6): 1063~1077.

[18] 李坚, 马广大. 电晕法处理 VOCs 的机理分析与试验 [J]. 西安建筑科技大学学报, 2000, 32 (1): 24~27.

[19] Carlos M N, Geddes H R. Corona destruction: an innovative control technology for VOCs and air toxics [J]. Air waste & management Association, 1993, 43 (2): 242~247.

7 低温等离子体技术工况参数研究

本章在高频或工频高压交流电源条件下，以甲醛和甲苯为处理对象，采用第6章中所提到的实验装置和18号反应器，对反应器空塔或填充有介电材料两种不同的情况下，研究了工况参数与污染物降解效率及臭氧浓度之间的关系，并针对反应器能耗进行了相关的实验分析[1~4]。

7.1 反应器空塔实验

采用高频高压电源，研究了反应器空塔情况下，电压、甲醛入口浓度、气体流速及功率对降解率及绝对去除率的影响。

降解率 η（%）反映了处理设施分解、去除污染物的一般或最大能力，具有"单位去除能力"的意义，该指标的数学表达式为：

$$\eta = \frac{C_0 - C}{C_0} \times 100\% \qquad (7-1)$$

在环境污染物监测与评价指标中，"绝对去除量 Δm"具有定量的含义，也更能反映设施（特别是单个处理设施或单元）的实际处理能力，因此也成为实际应用较多的重要参数（漏风率为0），其数学表达式为：

$$\Delta m = \frac{m_0 - m}{t} \qquad (7-2)$$

式中，C_0 为污染物气体进口浓度，mg/m³；C 为污染物气体出口浓度，mg/m³；m_0 为污染物气体进口质量，mg；m 为污染物气体出口质量，mg；t 为处理污染物气体的时间，h。

7.1.1 电压对降解效果的影响

图7-1和图7-2所示为 U（电压）与 η（降解率）及 Δm（绝对去除量）之间的关系。由图可见，随着 U 的升高，η 和 Δm 均呈升高趋势。当空管气速 $v = 6.3\text{cm/s}$，$U = 16\text{kV}$ 时，$\eta \approx 58\%$，$\Delta m \approx 1.5\text{mg/h}$；而当 v 不变，$U = 20\text{kV}$ 时，$\eta \approx 80\%$，$\Delta m \approx 9.1\text{mg/h}$，$\eta$ 提高了22%，Δm 提高了7.6mg/h。

这是因为，在线管式反应器中的任一点场强为：

$$E(r) = \frac{U}{r\ln(b/a)} \qquad (7-3)$$

式中，r 为距电晕线中心距离；a、b 分别为电晕线及反应器半径；U 为极间电压。

可见对同一反应器，当电压增强且电场强度及输入反应器的能量增大时，电晕放电所产生的高能电子大大增加，从而使电子与甲醛分子的非弹性碰撞的概率大大增加，也就导致了分子内各化学键断裂的概率更大，形成了更多的自由基，这些自由基具有很高的活性，继续在高能电子、O_3、$O \cdot$ 等活性基团的作用下，甲醛气体分子断裂并氧化，最终矿

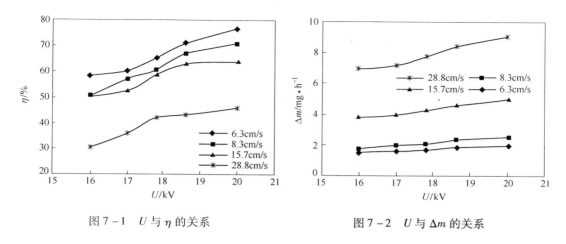

图 7-1 U 与 η 的关系   图 7-2 U 与 Δm 的关系

化成无机小分子物质[5]，从而表现出较高的降解效率。理论分析和实验结果相互吻合。

7.1.2 入口浓度对去除效果的影响

图 7-3 所示为 C_0（甲醛入口浓度）与 η 及 Δm 之间的关系。可以看出，随着 C_0 的提高，η 下降，而 Δm 增高。当 $U = 20\mathrm{kV}$，$v = 8.3\mathrm{cm/s}$，$C_0 = 10\mathrm{mg/m^3}$ 时，$\eta \approx 80\%$，$\Delta m \approx 8\mathrm{mg/h}$；而当 U 和 v 不变，$C_0 = 22\mathrm{mg/m^3}$ 时，$\eta \approx 57\%$，$\Delta m \approx 12.6\mathrm{mg/h}$，$\eta$ 降低了 23%，Δm 增高了 4.6mg/h。分析其原因，主要是当甲醛浓度较低时，每个甲醛分子受高能量电子作用发生断键解离的概率相对较大，且断键后的碎片自由基周围的氧化性粒子相对较多；而当甲醛浓度较高时，甲醛分子受高能量电子作用发生断键解离的概率相对变小，且断键后的碎片自由基周围的氧化性粒子也相对减少，因此随着空气中甲醛浓度的增加，甲醛的降解效率降低。

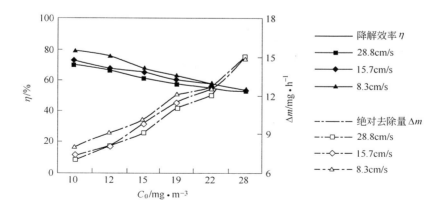

图 7-3 C_0 与 η 及 Δm 之间的关系

7.1.3 气体流速对去除效果的影响

图 7-4 所示为 v（气体流速）与 η 及 Δm 之间的关系。从图中可以看到，随着 v 的增

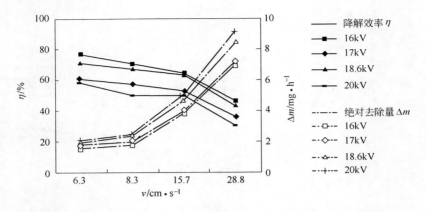

图 7-4 v 与 η 及 Δm 之间的关系

大，η 呈下降趋势，而 Δm 呈上升趋势。当 $U = 20\mathrm{kV}$，$C_0 = 20\mathrm{mg/m^3}$，$v = 6.3\mathrm{cm/s}$ 时，$\eta \approx 77\%$，$\Delta m \approx 2\mathrm{mg/h}$；而当 U 和 C_0 不变，$v = 29\mathrm{cm/s}$ 时，$\eta \approx 49\%$，$\Delta m \approx 9.1\mathrm{mg/h}$，$\eta$ 降低了 28%，Δm 增高了 7.1mg/h。究其原因，电场有效长度一定时，气体流速的大小反映了气流在反应器中停留时间的长短。空管气速越大，甲醛分子在反应器中的停留时间越短，与放电产生的高能电子、各种自由基碰撞的机会就相应减少，因此，降解效率呈下降趋势。

7.1.4 功率对去除效果的影响

图 7-5 和图 7-6 表示了 P（功率）与 η 及 Δm 之间的关系。从图中可以看到，随着 P 的增大，η 和 Δm 均不断增大。当 $C_0 = 20\mathrm{mg/m^3}$，$v = 6.3\mathrm{cm/s}$，$P = 0.32\mathrm{kW}$ 时，$\eta \approx 58\%$，$\Delta m \approx 1.5\mathrm{mg/h}$；而当 C_0 和 v 不变，$P = 0.84\mathrm{kW}$ 时，$\eta \approx 77\%$，$\Delta m \approx 2\mathrm{mg/h}$，$\eta$ 增加了 19%，Δm 增加了 0.5mg/h。

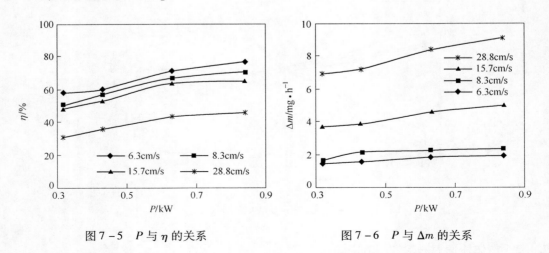

图 7-5 P 与 η 的关系　　　　　　图 7-6 P 与 Δm 的关系

由图 7-5 和图 7-6 还可看出，随着 v 的增大，处理相同质量的甲醛气体所耗 P 相应减少；而相同 P 情况下，随着 v 的增大，η 降低而 Δm 增大。当 $C_0 = 20\mathrm{mg/m^3}$，$W =$

$0.84kW$，$v=6.3cm/s$ 时，$\eta \approx 77\%$，$\Delta m \approx 2mg/h$；而当 C_0 和 P 不变，$v=28.8cm/s$ 时，$\eta \approx 46\%$，$\Delta m \approx 9.1mg/h$，η 降低了 31%，Δm 增加了 $7.1mg/h$。

当 $C_0=20mg/m^3$，$P=0.84kW$，$\eta \approx 80\%$ 时，经过计算可以得到，每处理 $1mg$ 甲醛气体需消耗电功为 $0.092kW \cdot h$。

对 η 的变化趋势及 Δm 的数值变化进行比较分析，发现 U 对甲醛去除效果的影响最大，v 的影响次之，ρ_0 的影响相对较少。

7.2 反应器内有填料的相关实验

在工频电源条件下，研究了电场强度、气体流速、甲苯入口浓度及填料等因素对甲苯降解效率的影响。

7.2.1 电场强度对降解率的影响

由图 7-7 可以看出，不管入口浓度和气体流速如何变化，甲苯降解率均随电场强度的提高而上升。这是因为，随着电场强度的提高，输入反应器的能量增加，电晕放电所产生的高能电子增加，从而使电子与甲苯分子的非弹性碰撞的概率显著增加，也就导致了分子内各化学键断裂的概率更大，形成了更多的自由基。这些自由基具有很高的活性，继续在高能电子、O_3、$O \cdot$ 等活性基团的作用下，断裂、氧化，最终形成 CO_2、CO 和 H_2O。实验结果显示，在电场强度为 $14.4kV/cm$ 时，甲苯的降解率最高可达 95%。

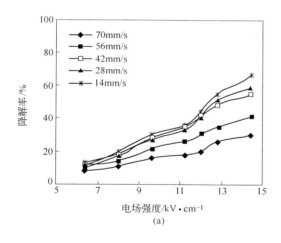
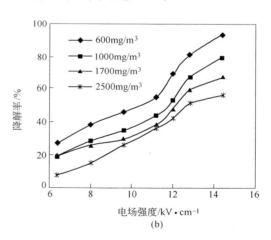

图 7-7 不同流速或不同浓度时电场强度与降解率的关系
(a) 气体流速变化；(b) 浓度变化

7.2.2 气体流速对降解率的影响

由图 7-8 可以看到，当甲苯入口浓度为 $600mg/m^3$、反应器内填有 $Ba_{0.8}Sr_{0.2}Zr_{0.1}Ti_{0.9}O_3$ 时，甲苯降解率随气体流量的增大而减小。这是因为随着流量的增大，单位时间单位面积上通过反应器的物质分子数增多，而在给定电压条件下（此时流量的变化导致的电流变化很小，可以忽略不计），等离子体放电产生的高能电子数是一定的，所以此时体系中甲苯分子被高能电子碰撞的概率下降，降解率也随着下降。

7.2.3　入口浓度对降解率的影响

在实验装置尾气气路接入 $CaCO_3$ 吸附管，可以看到有机玻璃的吸附干燥管上产生了水珠，且甲苯入口浓度较高时干燥管吸附水量明显大于浓度较低时的吸附水量。

由图 7-9 可见，当气体流速为 14mm/s、反应器内填有 $Ba_{0.8}Sr_{0.2}Zr_{0.1}Ti_{0.9}O_3$ 时，甲苯降解率随入口浓度增加而降低。

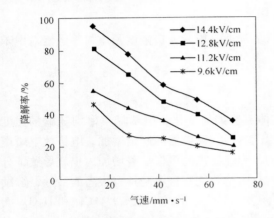

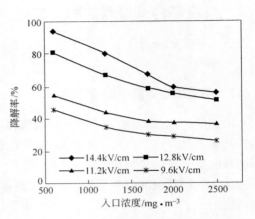

图 7-8　气体流速与降解率的关系　　　　图 7-9　入口浓度与降解率关系

这是因为电压固定，甲苯入口浓度较低时，其分子数目相对较少，虽然氧分子也占据了一部分自由电子，但由于自由电子数量过剩，因此，不会影响自由电子对甲苯分子的冲击，这有利于甲苯分子降解，从而获得较高的降解率。此外，甲苯入口浓度较低时，产物中水分子数量较少，自由电子消耗在水分子上的数量也相对减少，基本上对甲苯的降解影响不大；当入口浓度较高时，甲苯分子数量增多，在自由电子数目基本相同时，其分子平均分配的自由电子数目相对减少。而且，入口浓度升高后，产物中水分子数量增多，水分子消耗的自由电子数量也相应增多，这也会影响到甲苯的降解。当电场强度为 14kV/cm时，低浓度甲苯气体（$600mg/m^3$）的最佳降解率可以达到 95%，而高浓度甲苯气体（$2000mg/m^3$）最佳降解率仅为 65%。

7.2.4　填料对降解率的影响

图 7-10 显示了气体流速为 14mm/s、甲苯入口浓度为 $600mg/m^3$ 时，反应器中无填料（1）、无催化剂的普通填料（2）、镀有 $BaTiO_3$ 的填料（3）和镀有 $Ba_{0.8}Sr_{0.2}Zr_{0.1}Ti_{0.9}O_3$ 的填料（4）四种情况下的甲苯降解率变化趋势。其中 $Ba_{0.8}Sr_{0.2}Zr_{0.1}Ti_{0.9}O_3$ 的制备及性能参见 8.5.2 节。在相同电场强度下，甲苯降解率表现为 $\eta(4) > \eta(3) > \eta(2) > \eta(1)$。有填料比无填料的去除率要高。这是由于填料电介质在

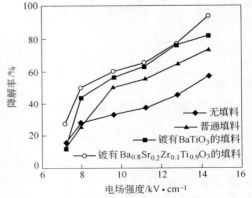

图 7-10　填料与降解率关系

不提高电压的条件下，提高了电晕放电的强度[6]及对污染物的降解效果。

式（7-4）为甲苯降解过程中可能的反应方程式。由于苯环上的一个氢被甲基所取代，导致苯环原有的稳定结构被打破，因此，甲苯并不稳定。甲苯苯环上的碳与取代基的碳之间的键能是 3.6eV，比苯环上的碳碳键和碳氢键的键能都低，从理论上讲，此处是最容易被高能电子破坏的。遭高能电子破坏的甲苯分子，在氧等离子体和臭氧的继续作用下，最终被氧化成 CO_2、CO 和 H_2O。

$$\begin{aligned}
&\bigcirc\!\!-CH_3 + e \longrightarrow \bigcirc\!\cdot + \cdot CH_3 \\
&\longrightarrow \bigcirc\!\cdot CH_3 + \cdot H \\
&\longrightarrow \bigcirc\!\cdot CH_2 + \cdot H \\
&\longrightarrow \cdot CH=CH\cdot + \cdot CH=CH-CH=CH\cdot \\
&\hspace{9.5cm} CH_3 \\
&\longrightarrow \cdot CH=CH-CH=CH\cdot + \cdot CH=CH\cdot \\
&\hspace{9.5cm} CH_3
\end{aligned} \tag{7-4}$$

由图 7-10 可知，在相同电场强度（>8kV/cm）下，加入填料的甲苯降解效果比无填料的甲苯降解效果要好。这是由于填料电介质在电场中极化，提高了电晕放电的强度及污染物的降解效果[7]。

在低电场强度下（<8kV/cm），加入填料后甲苯的降解率小于无填料的情况，而在高电场强度下（>8kV/cm），加入填料会提高甲苯的降解率。这是因为在较低的电场强度条件下，电晕放电区域仅限于电晕线附近，当没有填料时，产生的自由电子和活性基团在管内的迁移基本上不受阻碍；当有填料时，填料被极化的部分仅在电晕线附近较小的区域内，且产生的这些电子和活性基团的迁移受到填料的阻碍，所以，在较低的电场强度下无填料时甲苯的去除率要高于有填料的甲苯去除率。但是，在高电场强度条件下，电晕放电区域扩展到较大的范围，填料被极化的部分随电晕放电区域的扩展而扩大乃至扩大到整个反应管，产生的自由电子和活性基团数量多于无填料时，致使在高电场强度条件下有填料反应器的降解率高于无填料反应器[8]。

无论电场强度高低，$Ba_{0.8}Sr_{0.2}Zr_{0.1}Ti_{0.9}O_3$ 催化剂填料的加入都会得到较佳的甲苯降解率。镀有 $Ba_{0.8}Sr_{0.2}Zr_{0.1}Ti_{0.9}O_3$ 的填料不仅表现出了钛酸钡铁电体的特性，能够改善放电形式，强化电场强度；而且由于制备过程用软化学的方法在 $BaTiO_3$ 中掺入了适量的锶、锌和锆、锡，这些掺杂离子均匀进入母体晶格，引起 Curie 温度 T_c 降低[9]，室温介电常数可达 12000 以上，比 $BaTiO_3$ 纯相提高 10 倍，而介电损失却降低至 1/6。因此，催化剂填料在室温条件、很小的电场强度下就可以发生极化，在不提高电压的条件下提高了电晕放电的强度，强化了等离子体作用，提高了反应器的能量利用率，生成效率更高的氧化物，从而提高了甲苯的降解率。

7.3 工况参数与臭氧浓度的关系

反应器的放电强弱是反应器的重要指标，影响反应器中电子的能量水平、等离子化学过程和效率[10]。由于在交变电场作用下，放电的电流、电压间的相位差难以确定，尤其是在强的介质阻挡放电过程中由此引起的测量误差相当大，因此在本实验条件下，采用间接法对放电强弱进行定性测定。根据本章参考文献［11］，在介质阻挡放电反应器中放电强弱与反应器产生的臭氧量呈正相关，因此作者利用碘量法测定臭氧浓度以确定反应器放电的强弱及氧等离子体的浓度。

7.3.1 电场强度对臭氧浓度的影响

在温度为25℃时，$1.013 \times 10^5 Pa$下甲苯饱和蒸气压为$2.910 \times 10^{-3} Pa$时，体系中氧气与甲苯的摩尔比为$33.3 : 1.0$（1mol甲苯完全被氧化所需的氧量为9mol），说明此体系中氧气大大过量。

由图7-11可以看到，同样实验条件下，当电场强度小于13kV/cm时，臭氧浓度随电场强度增强而增高；当电场强度为13kV/cm时，臭氧浓度达到最高值（1.45mg/L）；之后随着电场强度继续增强，臭氧浓度呈下降趋势。这是因为随着反应器内电场强度的增强，放电区域沿电场方向随之扩散，放电的范围增大，反应器的放电增强，产生的自由电子数量增加，其能量水平也逐渐提高，从而电子与空气中氧分子碰撞的概率增大，氧等离子体的数量和能量水平得到增加，表现为臭氧浓度的增高。当电场强度大于13kV/cm时，臭氧浓度因受到过量的高能电子攻击而发生分解，表现为臭氧浓度随电场强度的继续增加而降低。所以，电场强度控制为13kV/cm较佳。

7.3.2 气体流速对臭氧浓度的影响

由图7-12可以看到，当反应器内填有$Ba_{0.8}Sr_{0.2}Zr_{0.1}Ti_{0.9}O_3$时，臭氧浓度均随气体流量的增大而减小。这是因为随着流量的增大，单位时间单位面积上通过等离子体反应器的物质分子数增多，而在给定电压条件下（此时流量的变化导致的电流变化很小，可以忽略不计），等离子体放电产生的高能电子数是一定的，故此时体系中氧气被高能电子碰撞的概率下降，因此，臭氧浓度也随之下降。

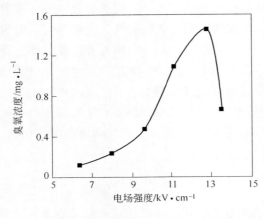

图7-11 电场强度与臭氧浓度关系

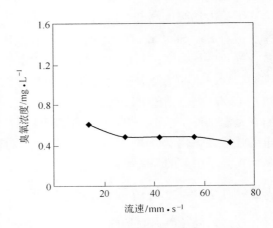

图7-12 气体流速与臭氧浓度关系

7.3.3 入口浓度对臭氧浓度的影响

在实验装置尾气气路接入 $CaCO_3$ 吸附管，可以看到有机玻璃的吸附干燥管上产生了水珠，且甲苯入口浓度较高时干燥管吸附水量明显大于浓度较低时的吸附水量。

在电晕放电中存在的氧等离子体和臭氧浓度可以从侧面反映电晕放电的强弱。在有氧气存在的情况下，气体放电反应过程中会有臭氧产生。一般认为，臭氧的形成机理如下介绍[12]，式（7-5）的特殊反应途径被认为是主要的。

$$e + O_2 \longrightarrow 2O + e \tag{7-5}$$

利用高能电子轰击氧气，将其分解成氧原子。高速电子具有足够的动能，紧接着通过三体碰撞反应形成臭氧，如式（7-6）所示。

$$O + O_2 + M \longrightarrow O_3 + M \tag{7-6}$$

式中，M 是气体中任何其他气体分子，不过与此同时，原子氧和电子也同样同臭氧反应生成氧，如式（7-7）和式（7-8）所示。

$$O + O_3 \longrightarrow 2O_2 \tag{7-7}$$

$$e + O_3 \longrightarrow O + O_2 + e \tag{7-8}$$

由图 7-13 可见，当气体流速为 14mm/s、反应器内填有 $Ba_{0.8}Sr_{0.2}Zr_{0.1}Ti_{0.9}O_3$ 时，臭氧浓度随入口浓度增加而降低。

这是因为电场强度固定，甲苯入口浓度较低时，甲苯分子数目相对较少，由于此时等离子体反应器内自由电子数量过剩，如反应式（7-2）、式（7-3）所示，体系表现出较高的臭氧浓度。当入口浓度较高时，甲苯分子数量增多，在自由电子数目基本相同时，甲苯分子与氧分子存在竞争关系，氧分子所抢占自由电子数量相对减少。而且，入口浓度升高后，产物中水分子数量增多，水分子消耗的自由电子数量也相应增多，这也会影响到臭氧的产生。

7.3.4 填料对臭氧浓度的影响

图 7-14 显示了气体流速为 14mm/s 时，反应器中填料不同时臭氧浓度的变化趋势。

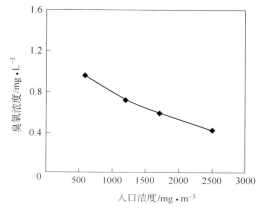

图 7-13 入口浓度与臭氧浓度关系

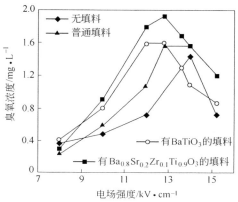

图 7-14 填料与臭氧浓度关系

由图 7-14 可见，在反应器中添加填料之后可明显提高臭氧的产生量，加入 $Ba_{0.8}Sr_{0.2}Zr_{0.1}Ti_{0.9}O_3$ 填料较之普通填料更有利于臭氧的生成。当气体流速为 14mm/s、电场强度为 13kV/cm 时，空管反应器臭氧产生量为 1mg/L，加有 $BaTiO_2$ $Ba_{0.8}Sr_{0.2}Zr_{0.1}Ti_{0.9}O_3$ 填料的反应器臭氧产生量为 1.6mg/L，加有普通填料的反应器臭氧产生量为 1.92mg/L。在产生臭氧方面（电场强度小于 13kV/cm），四种反应器能力大小依次为：有 $Ba_{0.8}Sr_{0.2}Zr_{0.1}Ti_{0.9}O_3$ 的填料 > 有 $BaTiO_3$ 的填料 > 无催化剂的普通填料 > 无填料。

因为随着反应器内电场强度的增强，放电区域沿电场方向随之扩散，放电的范围增大，反应器的放电增强，产生的自由电子数量增加，其能量水平也逐渐提高，从而使电子与空气中氧分子碰撞的概率增大，氧等离子体的数量和能量水平增加，最终导致臭氧浓度的升高。当电场强度大于 13kV/cm 时，如反应式（7-4）和式（7-5）所示，臭氧浓度因受到过量的高能电子攻击而发生分解，表现为臭氧浓度随电场强度的继续增加而降低。所以，电场强度为 13kV/cm 时，对臭氧的产生最为有利。

7.4 填料对气体放电性能的影响

7.4.1 填料对气体放电强度的影响

放电脉冲尖峰的数量直接影响到低温等离子体去除 VOCs 的效果[13]，尖峰数量越大越有利于污染物分子的去除。图 7-15 和图 7-16 所示分别为示波器所采集到的空管和有填料的管的电压-电流波形图。由图可见，有填料的放电脉冲数量明显多于无填料的反应器。分析示波器所采集到的电压-电流波形，电流是位移电流（电容电流）和微放电脉冲电流的叠加，致使电流波形发生畸变。这种微放电脉冲数量多，持续时间短，为 ns 级[14]。当电压足够高时，电子从外加交流电场获得能量，与放电间隙中的气体分子或原子发生非弹性碰撞并传递几乎全部的能量，从而激励气体产生电子雪崩，继而形成的击穿通道能非常快地通过放电间隙，形成大量细丝状的脉冲微放电，但由于介质阻挡层的存在，阻止了火花或弧光的形成，限制了电流的无限制增长，使放电均匀，稳定地充满整个放电间隙。因此，电压的升高、填料的存在都有利于增加微放电脉冲的数量，提高 VOCs 降解率。参照 7.1.1 节和 7.2.1 节实验结果，可知实验与理论分析相符。

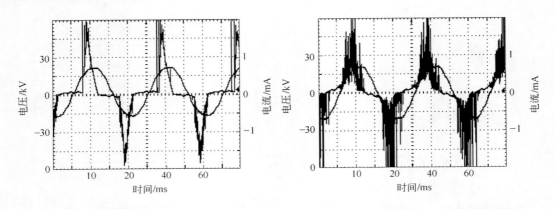

图 7-15 无填料时的电压-电流波形图　　　　图 7-16 有填料时的电压-电流波形图

图 7-17 和图 7-18 所示分别为示波器在相同实验条件下采集到的无填料和有填料反应器气体放电时的 Lissajous 图形。由图可见，在气隙周期放电过程中，填料的存在致使有放电过程 BC、AD 的放电强度明显高于无填料的反应器，对应的放电脉冲数量大。实验得到的 Lissajous 图形结果与电压-电流波形结果相吻合。

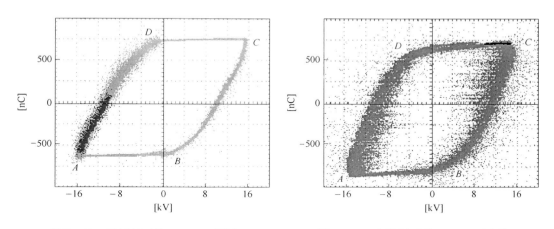

图 7-17　无填料时的 Lissajous 图形　　　图 7-18　有填料时的 Lissajous 图形

7.4.2 填料与能量分配之间的关系

能量分配率（R）表示不同反应器功率的比较，数学表达式为：

$$R = \frac{W_i}{\sum\limits_{i=1}^{n=4} W_i} \tag{7-9}$$

式中，W_i 表示反应器功率值，W。

从表 7-1 可以看出，欲达到相同降解率，功率消耗关系为填料（1）>填料（2）>填料（3）>填料（4）。这说明纳米钛酸钡基 $Ba_{0.8}Sr_{0.2}Zr_{0.1}Ti_{0.9}O_3$ 介电材料作为等离子体反应器内的填充材料，处理同量甲苯废气的消耗功率要低于填充其他填料的等离子体反应器，可以起到降低能耗的作用。

表 7-1　不同填料时功率（W）与降解率关系

编号	填　料	降解率/%				
		50	60	70	80	90
（1）	无填料	25.0	28.0	—	—	—
（2）	无催化剂的填料	13.4	22.0	25.0	28.0	—
（3）	有 $BaTiO_3$ 的填料	8.7	13.75	22.0	25.2	28.0
（4）	有 $Ba_{0.8}Sr_{0.2}Zr_{0.1}Ti_{0.9}O_3$ 的填料	7.5	10.9	14.3	25.0	26.1

由图 7-19 可知，甲苯降解率 η 较低时，填料（1）在整个能量分配率中所占份额最大，即处理相同量的甲苯时，消耗功率最高；其次依次为 $R(2) > R(3) > R(4)$。90% > $\eta \geqslant 70\%$ 时，填充填料（1）的等离子体反应器无法达到这么高的降解率；$\eta \geqslant 90\%$ 时，填

充填料（2）的反应器则无法达到90%的降解率。整体来看，反应器（4）由于纳米材料的介入，表现出较高的降解率和能量效率，这对甲苯的降解效果及今后的工业性应用是十分有益的。

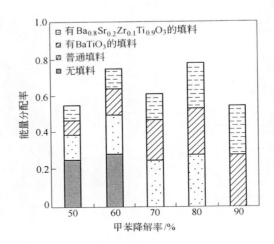

图7-19   能量分配率与甲苯降解率的关系

7.5   结语

本章在高频或工频高压交流电源条件下，以甲醛和甲苯为处理对象，对反应器内有无填料的情况下，不同工况参数与污染物降解效率及臭氧浓度的关系进行了实验研究，并对不同情况下的反应器能耗进行了相关的分析。

（1）对降解率的变化趋势及绝对去除量的数值变化进行比较分析，发现对 VOCs 去除效果的影响大小依次为：电压值＞含有污染物的气速＞污染气体入口浓度。其他条件稳定不变的情况下，随着电压的升高，降解率和绝对去除量均呈升高趋势；随着甲苯入口浓度的提高，降解率下降，而绝对去除量增高；随着污染气体流速的增大，降解率呈下降趋势，而绝对去除量呈上升趋势。

（2）随着功率的增大，降解率和绝对去除量均不断增大；同样随着污染气体流速的增大，处理相同质量的甲醛气体所耗功率相应减少；而相同功率情况下，随着污染气体流速的增大，降解率降低而绝对去除量增大。

（3）甲苯降解率随电场强度的提高而上升，随气速和入口浓度的增加而降低；不同填料状况下甲苯降解率由大到小排序为：催化剂填料、普通填料、无填料。在有 $Ba_{0.8}Sr_{0.2}Zr_{0.1}Ti_{0.9}O_3$ 催化剂存在的条件下，电场强度为 14kV/cm、流速为 14mm/s、甲苯浓度为 600mg/m^3 时，甲苯降解率最高为 95%。

（4）当电场强度小于 13kV/cm 时，臭氧浓度随电场强度的提高而上升，随气速和入口浓度的增加而降低；不同填料状况下臭氧产生浓度由大到小排序为：催化剂填料、普通填料、无填料。当电场强度为 13kV/cm 时，臭氧浓度最高，约为 1.45mg/L；之后随着电场强度的提高，臭氧浓度开始下降，所以电场强度在 13kV/cm 附近最有利于臭氧的产生。

（5）填料有助于增加放电强度，而纳米钛酸钡基 $Ba_{0.8}Sr_{0.2}Zr_{0.1}Ti_{0.9}O_3$ 介电材料作为等离子体反应器内的填充材料，表现出更高的降解率及能效，处理同量甲苯废气时起到很好的降低能耗的作用。

参 考 文 献

［1］ 竹涛，梁文俊，李坚，等. 等离子体联合纳米技术降解甲苯废气的研究［J］. 中国环境科学，2008，28（8）：699～703.

［2］ 竹涛，李坚，梁文俊，等. 非平衡等离子体联合技术降解甲苯气体［J］. 环境科学学报，2008，28（11）：2229～2234.

［3］ 竹涛，李坚，梁文俊，等. 低温等离子体净化甲醛气体的实验研究［J］. 北京工业大学学报，2008，34（9）：971～976.

［4］ Feng B，Li J，Zhu T，et al. Destruction of formaldehyde with non-thermal plasma. 2nd German/Chinese/Polish Symposium on Environmental Technology，Beijing. 2006：1～6.

［5］ West A R. Solid State Chemistry and Its Applications［M］. New Delhi：John Wiley Sons Ltd. ，1984，358：534～540.

［6］ Dou B J，Li J，Zhu T，et al. Volatile Organic Compounds Removal by Using Dielectric Barrier Discharge［C］//ICBBE 2008，Shanghai，2008：3945～3948.

［7］ 李阳，许根慧，刘昌俊，等. 等离子体技术在催化反应中的应用［J］. 化学工业与工程，2002，19（1）：65～70.

［8］ 梁文俊，李坚，金毓崟. 放电等离子体处理甲醛废气的研究［J］. 高电压技术，2005，31（11）：31～33.

［9］ 竹涛，李坚，梁文俊，等. 纳米材料在等离子体处理甲苯气体中的应用［C］//两岸三地博士生NBIC 学术论坛，浙江大学，2007，10：44～50.

［10］ 竹涛，李坚，梁文俊，等. 非平衡等离子体技术降解甲苯气体的研究［C］//第一届全国博士生学术会议论文集，清华大学，2007，10：311～319.

［11］ 竹涛，李坚，金毓崟，等. 低温等离子体-光催化降解含苯废气的实验研究［J］. 环境污染与防治，2006，28（2）：21～25.

［12］ 伯福特 J C，泰勒 G W. 极性介质及其应用［M］. 北京：科学出版社，1988：58～67.

［13］ 陈珂，梁亚红，竹涛. 粒状电介质形态对介质阻挡放电特性的影响［J］. 环境科学与管理，2008，33（8）：87～90.

［14］ Rachel F. Automated System for Power Measurement in the Silent Discharge［J］. IEEE Transactions on Industry Applications，1998，34（3）：563～570.

8 低温等离子体协同技术研究

8.1 低温等离子体协同技术研究现状与分析

放电等离子技术早在 20 世纪 70 年代就成为人们治理环境污染的一个热门技术，它是 21 世纪环境科学中四大关键技术之一，在治理污染、保护人民健康中起到了积极的作用。低温等离子体 VOCs 处理技术是集物理学、化学、生物学和环境科学于一体的全新技术，其特点是对环境污染物兼具物理作用和化学作用。目前国内外对 VOCs 放电等离子体联合处理技术的研究主要集中在放电等离子体与吸附剂、催化剂以及铁电性物质的联合处理技术上[1~29]。

气体放电过程中，电子在脉冲放电过程中获得的平均能量分布范围为 2~20eV，最大的能量分布概率在 2~12eV 之间，当自由电子与 VOCs 分子发生碰撞时所传递的能量与化学键的键能相同或相近时，就可以打破这些键，从而破坏有机分子的原有结构而改变其性状。同时，各种离子、激发态的原子和分子、自由基团、紫外线和臭氧也作用于 VOCs 分子及其碎片，起到活化或者直接降解的作用，共同促进 VOCs 朝生成 CO、CO_2 和 H_2O 的方向发展。研究表明[1~23]，多因素协同作用时，降解效果往往优于单一方法。

8.1.1 等离子体 – 吸附剂联合技术

在等离子体放电空间填充吸附剂，可在不增加反应器尺寸的前提下，延长 VOCs 废气在反应器内的停留时间，从而提高 VOCs 的降解率。吸附剂可使 VOCs 相对富集，有利于提高放电能量的有效利用率。吸附剂还可吸附等离子体放电空间内被激活的大量短寿命活性物质或在放电之前就吸附有利于产生高活性自由基的物质，当放电产生时造成局部的自由基富集，促进微孔结构表面的多相降解反应，多孔性颗粒的表面在电子撞击下也可成为反应活性中心。

Song 等[1]在放电区填充具有不同吸附能力的吸附剂（玻璃小球、微孔 γ-Al_2O_3 颗粒、分子筛和 γ-Al_2O_3 颗粒的混合物），研究了放电等离子体 – 吸附剂联合技术降解甲苯和丙烷的效果。实验结果表明，吸附作用不但增强了放电等离子体对 VOCs 的去除能力，而且当 γ-Al_2O_3 颗粒存在时，放电产生的臭氧和硝酸的量明显减少。

Urashitnal 等[2]利用等离子体 – 活性炭联合技术去除甲苯和三氯乙烯（TCE），放电能量利用率分别达到 26g/（kW·h）和 13g/（kW·h）。电晕放电对 TCE 的去除率只有 40%，而联合技术对 TCE 的去除率高达 90%。TCE 降解的主要产物是 CO_2、H_2O 和 Cl_2，没有检测到 HCl、$COCl_2$、O_3、NO_x；甲苯降解的主要产物是 CO、CO_2 和 H_2O，没有检测到 O_3 和 NO_x。

Ogata 等[3,4]研究利用介质阻挡放电降解甲苯的实验时发现，具有小孔径、大吸附量的 MS-4A 分子筛在等离子体降解甲苯的过程中有独特的作用，MS-4A 分子筛与钛酸钡混合介质填充式阻挡放电反应器对苯的降解率是单独填充钛酸钡时的 1.4 ~ 2.1 倍，而生成的 NO_x 量则是单独填充钛酸钡时的 0.6 ~ 0.8 倍。

8.1.2　等离子体 – 催化剂联合技术

国内外大量研究表明，等离子体 – 催化剂联合技术比单独等离子体作用或单独催化剂作用对 VOCs 的降解效果明显改善。

姜玄珍等[5~7]用等离子体 – 催化剂联合技术降解三氟三氯乙烷（CFC – 113）和 CCl_4，电晕反应器中加入催化剂后，污染物的转化率明显提高。

Demidiouk 等[8]发现在等离子体反应段之后加入催化剂可显著提高丁醋酸的降解率。等离子体 – 催化剂联合技术降解丁醋酸的效果优于等离子体和催化剂分别单独作用时效果的总和，245℃时提高 28%，210℃时提高 36%。

Kang 等[9]将表面负载了 TiO_2 的玻璃小球直接填充于线 – 筒放电反应器中，研究等离子体与光催化剂协同作用降解甲苯的效果时发现，在 TiO_2 – 等离子体联合作用下，甲苯降解率比仅有等离子体作用时明显提高。在等离子体中，TiO_2 负载于 γ-Al_2O_3 上时甲苯的降解率达 80%，且在低于 120℃时，两者协同作用可降解臭氧。Li 等[10,11]也发现将等离子体与 TiO_2 光催化剂结合能显著提高甲苯降解率：放电能量利用率可达 7.2g/（kW·h），甲苯降解率达 76%；而等离子体单独作用时，放电能量利用率只有 3.6g/（kW·h），降解率仅为 44%。

Futamura 等[12]研究发现，在静电等离子体反应器中臭氧的浓度很高，MnO_2 催化剂能有效降解臭氧，并促进苯的降解。

Francke 等[13]研究发现，等离子体和催化剂联合降解氯乙烯、二氯乙烯和苯的效率比单独采用等离子体或催化剂时显著提高。在 120℃、放电功率 10W/（h·m³）的条件下，两者联合对氯乙烯、二氯乙烯和苯的降解率均在 90% 以上。

竹涛等[14]采用 MnO_2/γ-Al_2O_3 催化剂耦合低温等离子体，与 TiO_2/γ-Al_2O_3 催化剂相比，更有利于提高甲苯的降解效率，发展能量效率及限制臭氧的生成。

吴玉萍等[15]采用介质阻挡放电催化降解苯，在余辉区中放入催化剂，6kV 电压下，苯降解率可达 70%，产物中 CO 与 CO_2 的体积比为 0.05；在同样电压下，不加催化剂，苯的降解率仅为 55%，CO 与 CO_2 的体积比为 0.5。由此可见，催化剂在余辉区能与等离子体协同作用，促进苯的降解。

Oda 等[16]在等离子体放电区域内填充了负载 V_2O_5 的 TiO_2 颗粒，TCE 降解率高达 99%。

晏乃强等[17]研究了 Mn 和 Fe 等金属的氧化物在放电条件下催化有机物降解的性能，两者可使甲苯去除率由 59% 分别提高到 86% 和 83%。

8.1.3　等离子体 – 铁电性物质联合技术

为了改善放电形式，可在放电区域填充铁电性颗粒，当在填充床层上施加电压时，铁电性颗粒被极化，在颗粒接触点的周围形成很强的电场，局部电场强度被加强，导致局部放电。在一定的电压下，铁电性物质能提高反应器的能量利用效率，生成氧化能力更强的铁氧化物以提高 VOCs 的去除率。但铁电性物质填充床的氧化反应选择性较低，能量利用效率有待提高，且反应伴随有副产物的生成。

Ogata 等[18]利用介质阻挡放电降解甲苯，发现 $BaTiO_3$ 在介质阻挡放电反应器中起到加强局部电场强度的作用。李坚等[19]采用交流电晕放电降解苯，在线－管式电晕反应器中，以表面附着钛酸钡粉末的陶瓷环作为反应器填充介质，在电场强度为 10.8kV/cm、空管速度为 5.7mm/s 的条件下，苯降解率为 89.4%。梁文俊等[20]采用工频交流放电等离子体处理甲醛气体，反应器内放置钛酸钡填料。实验结果表明，电场强度增加和反应器中装有填料都可提高甲醛气体降解率。

Sugasawa 等[21]研究了二氯甲烷和甲苯混合气在铁电性物质填充反应器中的降解特性。实验结果表明，随填充气体中氧含量的增加，二氯甲烷和甲苯混合气的降解率提高，二氯甲烷和甲苯的降解率最高分别为 75% 和 90%。

竹涛等[22]采用了自制的纳米钛酸钡基介电材料作为催化剂，在介质阻挡放电过程中由于纳米钛酸钡基介电填料常温下介电常数可达 10^4 以上，故较低的电场强度即可充分激发，增强了反应器放电强度，获得了较高的氧等离子体浓度，从而提高了臭氧的产量，甲苯降解率则达到了 95%。

8.1.4 联合装置

在处理 VOCs 废气的过程中，为改善排放尾气的品质，有些研究者在等离子体反应器出口串联了吸附、吸收或催化等装置。

Einaga 等[23]采用 MnO_2 催化装置作为等离子体放电反应器的后处理部分，在相同的能量密度条件下，可将苯降解率提高 60%。随气流湿度增加，苯降解率降低。

Urashima 等[24]将活性炭－沸石过滤器串联在填充了 $BaTiO_3$ 颗粒的放电反应器后，研究了联合装置对 C_7H_8、TCE、C_2F_6 的去除效果。实验结果表明，在等离子体放电装置中，1kW·h 电能只能降解 C_2F_6 约 3g，而在联合装置中可降解 C_2F_6 达 13.5g。在优化的条件下，单一放电方式和联合装置对 C_2F_6 的降解率分别为 50% 和 98%。

8.1.5 机理研究

VOCs 在有无催化剂的条件下都容易发生氧化、还原和分解等多种化学反应，在不同的反应条件下，反应进行的路径和反应产物可能完全不同。对反应产物进行定性和定量分析以及对反应动力学进行研究是研究反应机理的重要步骤。

Testuji 等[25]研究发现，在直接去除（即污染物直接被等离子体去除）TCE 时，典型的副产物为 $Cl_2CHCOCl$。在间接去除（即清洁空气产生的等离子体与污染物混合后去除）时，典型的副产物为 CCl_2CHO。

Ogata[26]采用等离子体反应器填充铁电性物质去除苯，当苯浓度很低时，苯完全转化为 CO 和 CO_2，无其他碳氢化合物。反应器中的苯无法被降解，说明长寿命的臭氧不能直接降解苯。另一方面，短寿命的 N_2 和直接的电子碰撞可破坏分子间的化学键。苯不仅被寿命短的 N_2 和直接的电子碰撞所降解，而且在初始阶段就被短寿命的氧原子降解。

Ogata 等[27]还对填充床反应器中芳香化合物共存组分的影响进行了研究。在有氧条件下，芳香化合物约 98% 转化为 CO 和 CO_2，有 CH_4 和 C_2H_2 副产物生成，降解二甲苯时产生的甲烷是降解甲苯时的两倍，而且降解甲苯和二甲苯时分别产生了苯和甲苯。与之对比，降解苯时无甲烷产生。因此，推测反应机理为 C—CH_3 键的断裂。在三种芳香族化合物的降解中，均生成 C_2H_2。可能的化学反应为：（1）强电场下分子迁移，电场强度为 2 ~ 5kV/cm；（2）固体表面反应物的物理吸附。

Holzer 等[28]证明多孔催化剂中存在大量的活性物种。等离子体催化并不只局限于催化去除臭氧的作用。放电过程中不仅产生长寿命的物质（臭氧和氮氧化物），还产生很多短寿命的物质，其中重要的氧活性物种有氧原子 $O(^1D)$ 和 $O(^3P)$、氧正离子和氧负离子及活性氧分子。

Liu 等[29]通过对电晕放电催化转化甲烷的研究，提出了等离子体促进催化和催化剂增强等离子体的非平衡性机理。

8.1.6 国内外研究现状分析

从国内外当前研究现状看来，现有的针对低温等离子体处理 VOCs 的技术研究大部分是一种或两种技术的联合使用，反应过程中可能产生 O_3、NO_x、Cl_2 及其他卤化物等二次污染物，甚至形成毒害性更强的苯酚类物质；若采用复合装置提高尾气品质，后端吸附或吸收剂存在复活的问题，甚至需要进一步处理；整体能耗偏高；缺乏较为深入的机理研究及相应的动力学模型。由于等离子体反应机理的复杂性，国内外研究学者对该方面的研究还处在不断探索阶段，而有关低温等离子体与其他处理技术配合增效的机理性研究，仅仅是浅尝辄止。今后还须进一步研究的主要方向是：开发能与催化剂进行最佳匹配的等离子体反应器，包括其放电形式、放电管结构、与催化剂的结合方式和输入电源的性能等；研制处理各类气体的合适催化剂；研究非平衡等离子体催化协同作用的机理和被处理废气间的物理、化学反应过程，以实现低能耗去除污染物；研究放电过程中副产物的形成机理，使反应具有选择性。通过对等离子体联合技术处理 VOCs 废气反应机理及应用技术的不断创新与开发，等离子体联合处理技术终将走进实用化行列。

8.2 协同效应下降解效果的评价标准

在我们的观点里，VOCs 最好的去除方式应该是低温等离子体与催化技术协同处理的方法[30,31]。但是这种协同技术仍然存在处理过程中能耗较高、反应后出现不想要的副产物等缺陷。Ogata 等[32]研究者使用低温等离子体反应器中填加 $BaTiO_3$ 小球的方法来降解芳香烃类的苯、甲苯和二甲苯。研究发现，$BaTiO_3$ 颗粒有利于 VOCs 的降解。同时，这些研究者[27]还将 $BaTiO_3$ 与 Al_2O_3 颗粒混合填充入等离子体反应器，研究发现由于苯在 Al_2O_3 表面的吸附浓集，从而加强了苯的氧化降解效率。我们在之前的 VOCs 降解实验中也发现，铁电体能够有效地发展 VOCs 降解过程中的能量效率。但同时我们也发现，由于铁电体的存在，臭氧浓度在等离子体反应过程中及反应后均表现出较高的浓度。

臭氧是气体放电过程中所产生的代表性物质，由于其对人体及环境的危害性，愈来愈受到人们的重视，而等离子体的研究者也已注意到这一问题。众所周知，MnO_2 催化剂是一种很好的臭氧消除剂[33,34]。Futamura[35]等考察了 TiO_2 和 MnO_2 催化剂与低温等离子体的协同效应。结果发现，臭氧浓度在 MnO_2 催化剂存在的情况下得到了很好的控制，而 TiO_2 催化剂对于臭氧的消解作用较差。这说明 MnO_2 作为催化剂对臭氧的消解具有极佳的能力，这一点值得我们借鉴。

因此，我们采用低温等离子体协同不同形式催化剂的方法展开了在常温常压下降解气相流中的甲苯的一系列实验，目的在于提高甲苯的降解效率，发展能量效率，控制臭氧的形成及相关的反应副产物。实验采用第 7 章中所提到的实验装置和 18 号反应器及中频交流电源，频率为 150Hz。

本系列实验中，采用静态配气法进行甲苯标准气体的配制，再由气相色谱仪测定甲苯浓度，其标准曲线方程为 $y = 38.419x + 6.4975(\,\mathrm{mg/m^3}\,)$，线性回归系数 $R^2 = 0.9997$。对甲苯降解效果的评价标准从甲苯的降解率、反应器输入能量密度及能量利用率等角度进行评估，其计算公式如下：

甲苯降解率 $\eta(\%)$：

$$\eta = \frac{[\,toluene\,]_{inlet} - [\,toluene\,]_{outlet}}{[\,toluene\,]_{inlet}} \times 100\% \tag{8-1}$$

等离子体反应器输入能量密度 RED（kJ/L）：

$$RED = \frac{input \cdot power(\mathrm{W})}{gas \cdot flow \cdot rate(\mathrm{L/min})} \times 60 \times 10^{-3} \tag{8-2}$$

能量效率 $\zeta(\,\mathrm{g/(kW \cdot h)}\,)$：

$$\zeta = \frac{[\,toluene\,]_{inlet} \times \eta_t}{RED} \times 10^{-3} \tag{8-3}$$

8.3 吸附增效等离子体降解实验

在放电等离子体空间填充 $\gamma\text{-Al}_2\text{O}_3$ 吸附剂，最直接的优势是可以在不增大反应器尺寸的前提下，增加 VOCs 在反应区的停留时间，从而提高降解率；吸附作用能够造成 VOCs 的相对富集，有利于提高放电能量的有效利用率。吸附剂还可吸附放电等离子体空间被激活的大量短寿命活性物质或者在放电之前就吸附有利于产生高活性自由基的物质，当放电产生时造成局部自由基的富集，强化微孔结构表面的多相降解反应；多孔性颗粒的表面在电子的撞击下也可能成为反应活性中心。我们课题组选用的吸附剂为典型的微孔 $\gamma\text{-Al}_2\text{O}_3$ 球形颗粒，粒径范围为 5~7 mm。

8.3.1 吸附和脱附降解实验

图 8-1 显示了在等离子体反应器施加电压之前，甲苯浓度在 $\gamma\text{-Al}_2\text{O}_3$ 小球上随着时间的变化趋势。此时甲苯浓度为 $800\mathrm{mg/m^3}$，气体流速为 $2\mathrm{mL/min}$，载气为干燥空气。可以看到，甲苯在 $\gamma\text{-Al}_2\text{O}_3$ 小球表面存在明显的吸附现象，且其浓度随着时间的进行逐渐达到吸附平衡的状态。在吸附 150min 后，甲苯浓度在 $\gamma\text{-Al}_2\text{O}_3$ 存在的条件下达到吸附平衡状态，即达到饱和浓度。因此，试验中一般在 150min 中以后开展等离子体试验，并随时在线检测甲苯的浓度。

图 8-2 所示为甲苯在 $\gamma\text{-Al}_2\text{O}_3$ 小球表面达到吸附平衡后，不再继续施加高压交流电，而采用纯净空气进行吹扫时甲苯浓度的变化曲线，其吸附公式为：

$$y = 864.31\mathrm{e}^{-0.0253x} \tag{8-4}$$

式中，y 为甲苯浓度值，$\mathrm{mg/m^3}$；x 为时间，min。

图 8-3 所示为甲苯在 $\gamma\text{-Al}_2\text{O}_3$ 小球表面达到吸附平衡后，继续施加高压交流电时，甲

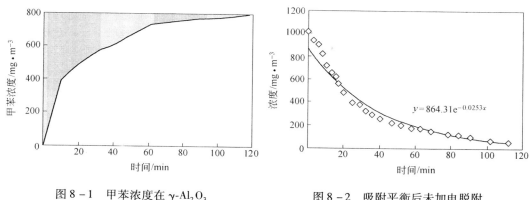

图 8 - 1 甲苯浓度在 $\gamma\text{-Al}_2\text{O}_3$
小球表面的吸附变化

图 8 - 2 吸附平衡后未加电脱附
（纯净空气吹扫）

苯浓度的变化曲线。在吸附与等离子体共同作用的情况下，使用纯净空气作为载气，甲苯的吸附曲线为：

$$y = 577.4e^{-0.036x} \tag{8-5}$$

图 8 - 3（b）中，其他条件相同，持续向反应器输入含有甲苯的污染空气（甲苯浓度为 1200mg/m^3），在吸附与等离子体共同作用的情况下，计算可知，当达到吸附平衡时，通过吸附去除掉的甲苯可占到其入口总量的 25% 左右。

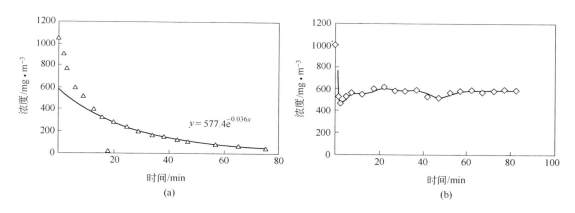

图 8 - 3 吸附平衡后加电脱附
（a）纯净空气吹扫；（b）甲苯废气吹扫

结果表明，甲苯降解反应主要发生在吸附基材表面，并在一定浓度范围内与其表面吸附量成正比关系。

8.3.2 吸附增效机理研究

由图 8 - 4 和图 8 - 5 可见，$\gamma\text{-Al}_2\text{O}_3$ 有利于甲苯降解率及能量效率的提高。随着输入反应器能量密度（RED）的提高，甲苯降解率升高，能量效率降低，具体表现为：$\gamma\text{-Al}_2\text{O}_3$ > 普通填料（电工陶瓷环，5mm 直径 × 3mm 长度） > 无填料。当 $RED = 0.1\text{kJ/L}$

时，填充有 γ-Al₂O₃ 的反应器比无填料的反应器，对甲苯的降解率提高了 6%，能量效率高出 $0.5g/(kW \cdot h)$。

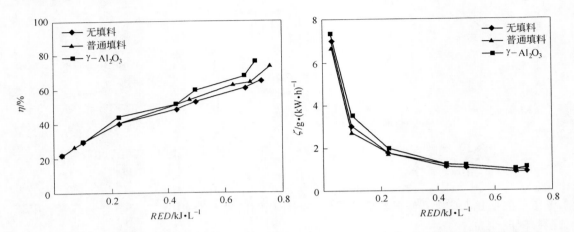

图 8-4　γ-Al₂O₃ 对甲苯降解率的影响　　　图 8-5　γ-Al₂O₃ 对甲苯降解能量效率的影响

由图 8-6 可见，γ-Al₂O₃ 对臭氧表现出一定的消解作用，臭氧浓度大小依次为图 8-6（c）、图 8-6（a）、图 8-6（b）所示情况。随着输入反应器能量密度由 0.5kJ/L 增加至 0.8kJ/L，臭氧浓度在 0.7kJ/L 处出现极值点。

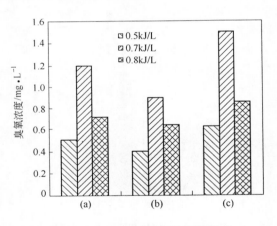

图 8-6　γ-Al₂O₃ 对臭氧浓度的影响
（a）无填料；（b）γ-Al₂O₃；（c）普通填料

8.3.2.1　Al₂O₃ 对等离子体降解的增效

Al₂O₃ 在低温等离子体环境下的功能是吸收自由基和它们的目标分子，提供一些表面以使反应在其上发生以及最后释放出产物。等离子体环境通过解离周围气体分子和提供催化反应所需的自由基来辅助这些催化剂起作用。

8.3.2.2　等离子体鞘层在 Al₂O₃ 增效中的作用

当等离子体与容器壁接触时，表现出与普通气体截然不同的性能。等离子体不是直接接触器壁的，而是在与器壁表面的交界处，形成一个电中性被破坏了的薄层。这个偏离电中性的薄层就叫做等离子体鞘层。不仅器壁处会形成鞘层，在插入等离子体的电极近旁，或放置于等离子体中的绝缘体表面也都会形成鞘层，它们都会保持一定的浮置电位。浮置电位相对于等离子体总是负的，等离子体电位相对于任何与之接触的绝缘体总是正的。鞘层是等离子体受到某种扰动时，由德拜屏蔽产生的空间电荷层。进入鞘层的离子将会受到鞘层电场的加速，这将直接影响离子的能量。进入鞘层的电子受鞘层电场的排斥，其能量也会大受影响。等离子体中绝缘体表面形成等离子体鞘层时，该绝缘体称为浮置极板。同样，当 Al_2O_3 填料颗粒处于等离子体环境中时，其表面也会出现被等离子体鞘层包围的情形。一开始在单个绝缘的 Al_2O_3 颗粒表面，热运动使电子和离子随机地飞向颗粒。等离子体中电子和离子浓度近似相等，但由于电子平均速率远比离子大，因此电子电流远大于离子电流，这使颗粒表面出现静负电荷积累，产生相对于等离子体的负电位。这一负电位会排斥后续电子运动，阻止其飞向颗粒表面，电子电流减弱；相反，负电荷积累产生了对离子的吸引力，离子电流加强。直到颗粒表面的负电位达到某值时，颗粒表面与等离子体之间的电位差正好使电子电流等于离子电流，颗粒表面负电位趋于稳定，此稳定电位称为浮置电位。在相当于浮置极板的颗粒表面与等离子体之间形成稳定电位差时，电子受到排斥，而在颗粒周围附近就形成正电荷占优势的空间电荷区，即鞘层。一颗置于等离子体中的 Al_2O_3 颗粒相当于一块与外界没有电连接的浮置极板，而大量堆在一起的 Al_2O_3 颗粒跟单独一块极板不同，关键在于每一颗可按球形对其进行研究的 Al_2O_3 颗粒周围形成的鞘层会发生重叠或叠加；在它们紧挨着的交界面处鞘层无法存在，而只能挤在颗粒之间的空隙中存在，如图 8 - 7 所示。

图 8 - 7 氧化铝颗粒间的鞘层示意图

鞘层电位差将直接影响轰击颗粒表面的离子能量，离子进入鞘层后受到鞘层电场的加速，离子从鞘层电场获得的势能大部分将变为轰击颗粒表面的动能，因此，Al_2O_3 颗粒表面附近形成的鞘层有利于活性离子的加速，使得离子的轰击能量更高，促进吸附在催化剂颗粒表面或位于颗粒附近的 VOCs 分子的活化或分解，从而提高甲苯的总体转化率。鞘层电位差还将使层中电子加速离开（受斥力），层中的电子浓度减少；电子向正常等离子体区中运动的速率和能量增加，加剧了与等离子体中诸粒子的碰撞反应，从而增加了等离子体环境中活性带电粒子和各种自由基团的数量和能量，有利于它们参与降解反应过程，促进转化率的提高。

8.3.2.3 等离子体与固体表面相互作用

等离子体经常与不同的固体接触，被容器壁包围着或在它里面放置了电极等。在等离子体粒子平衡中，这些固体表面起着重要作用。等离子体中的离子、电子、激发态中性分子和亚稳态自由基团与反应器中的固体表面（主要是氧化铝填料颗粒表面，还包括放电管壁）的相互作用对催化剂增效的机理分析如下：离子与放电管壁作用产生次级电子发射，轰击氧化铝颗粒也会产生少量的次级电子发射。等离子体中的活性离子轰击氧化铝表面引起动量传递，使得亚稳态氧化铝分子从表面弹射出来参与同 VOCs 分子的碰撞反应；或从氧化铝表面反射回来；或被氧化铝表面捕获，吸附在表面上，增强颗粒间的局部电场强度，提高局部空间中其他带电粒子的速率和动能；或与表面上的 VOCs 和其他激发态分子发生复合反应，使其活化。另外离子轰击固体氧化铝颗粒表面会诱导一些化学反应，使表面层改性，更易吸附其他微粒；而且离子轰击时固体表面还会产生一定量的化学活性原子或自由基，它们可以与周围的 VOCs 分子或其他带电粒子再发生化学反应。

（1）电子：轰击放电管壁和氧化铝固体表面都会产生次级电子发射。电子轰击使氧化铝固体表面吸附的基态中性分子、原子、离子和亚稳态物种等脱附，并使吸附的激发态分子离解。电子也会诱导表面化学反应，产生一些活性原子、分子和自由基，进一步参与整个降解过程。

（2）中性物种：等离子体中反应气体的亚稳态自由基团和激发态中性分子与氧化铝固体表面相互作用，也会导致某些化学反应和脱附效应，使得 Al_2O_3 固体表面吸附的或其附近的 VOCs 分子活化甚至分解。等离子体中反应气体的离子、电子、激发态分子和亚稳态基团与氧化铝填料颗粒等反应室内的固体表面之间发生各种类型的相互作用，会促使更多活性物种参与降解反应，促进化学反应更彻底更有效地经由更多的反应途径进行，从而加快整个降解过程的进展，提高甲苯的转化率。

8.3.2.4 放电等离子体中局部电晕放电

D. B. O'Hara[36] 系统地研究了脉冲放电中粉尘粒子的电子荷电机理。粒子荷电以电子荷电为主。在脉冲放电中，由于瞬间电位较高，电子从电场中获得的能量很大，产生高能电子，这些高能电子与中性气体分子碰撞裂解或激发中性分子进而产生更多的电。因此，在脉冲期间电子的能量很高，为 520eV，电子的扩散率和迁移率比值也很大，电子处于"热态"。此时，电场空间内带电粒子主要是电子，电晕电流是电子传输形成的。在粒子荷电中，电场荷电和扩散荷电是同时进行的。只有当那些具有动能大于或足以克服荷电粒子表面势垒能的电子与粒子碰撞才能引起荷电的发生。在脉冲放电电晕场中，由于电子的能量和密度都很高，粒子的荷电量有增加的趋势，特别是小粒子的荷电量增加很多。荷电粒子的荷电量增加到一定量时，粒子就会对极板发生电晕放电，使粒子的荷电量始终维持在粒子起晕放电时的荷电水平。粒子的荷电量随着脉冲放电的持续进行，随时间增加而增大。随着电子密度与时间的乘积增加，粒子的荷电量随之增加；粒子粒径越大，增加幅度越大[37]。这说明粒径大的粒子在同等时间条件下达到饱和荷电量需要更高的电子密度。上述按照球状研究的粉尘粒子，由于大小和形状上的相似，可与 Al_2O_3 颗粒表面的众多呈球状内凹的孔隙进行类比。对于这些孔隙，相对于无电晕场及直流电晕场的情况，在脉冲电晕场中其荷电量也会大大增加。粉尘粒子是带上负电荷，排斥电子；孔隙也可基于同样的过程机理而带上负电荷，建立起孔隙附近的局部电场，从而吸引等离子体中的活性离子，增加离子在局部区域内的动能，增强离子反应活性；电子被排斥，向远离孔隙方向运动的动能增强。由于局部电场造成电荷局部重新分配，增强了电子和离子活性，有利于它们与 VOCs 分子的碰撞分解反应。粉尘粒子可以相对极板产生电晕放电，荷电量达到一定程度的孔隙也会产生局部电晕放电。颗粒孔隙相对之产生电晕放电的对象包括：未被电子充分碰撞从而未荷电的其他邻近孔隙；由于脉冲电晕场的不均匀性尚未荷电的 Al_2O_3 颗粒表面；Al_2O_3 颗粒表面没有孔隙的地方；邻近的金属器壁等。由于 Al_2O_3 介电常数较高（约为 11），所以荷电量也较高，产生的局部电晕放电较多，从而可增强电晕电流，促进整个降解反应的进行。因此有 Al_2O_3 颗粒时的甲苯转化率比无 Al_2O_3 时要高得多。

8.3.2.5　Al_2O_3 的吸附性能

Al_2O_3 作为一种常用的吸附剂，其表面会吸附 VOCs，提高表面浓度，延长处理时间，同时也会吸附化学活性物种如自由基等，增长待降解物与化学活性物种的反应接触时间，从而提高反应效率，最终有利于提高转化率。

8.3.2.6　Al_2O_3 引发的化学过程

电晕放电产生的高能电子会使吸附在氧化铝表面的气体分子电离，产生更多的正离子，如 N^+、N_2^+、O_2^+ 和 H_3O^+，尤其是 O_2^+ 通过电荷转移反应能活化 VOCs 分子，促进降解。在等离子体放电反应器中，VOCs 主要是由 $O^\bullet$、$OH^\bullet$、$N^\bullet$ 等的反应基团所降解。$O^\bullet$ 被认为在电晕放电反应器中的 VOCs 降解中起了决定性的作用[38]。$O^\bullet$ 产生臭氧，而臭氧是一种很强的氧化剂。臭氧和 $O^\bullet$ 在 VOCs 氧化中被耗用。

8.4　催化协同等离子体降解实验

8.4.1　纳米 $TiO_2/\gamma\text{-}Al_2O_3$ 催化协同等离子体降解实验

纳米 TiO_2 薄膜既有固定催化剂的优点，又由于其尺寸细化而具有纳米材料的量子尺寸效应、小尺寸效应、表面与界面效应、量子限域效应等特征，有可能提高活性，因而有着理论研究和实际应用价值。正是由于其具有较好的化学稳定性，高折射率和高介电常数等优良性能，因此被广泛应用于光电子学、电致变色开关、电致变色显示器、智能窗、光催化材料、陶瓷膜以及光电太阳能电池等领域。薄膜的制备方法有液相沉积法（LPD）、溶胶－凝胶法（Sol-Gel）、化学气相沉积法（CVD）、热分解法、TiO_2 悬浮料浆法、磁控溅射法等。在诸多制备方法中，溶胶－凝胶方法是制备 TiO_2 薄膜比较普遍和简单的方法之一。[39,40]

8.4.1.1　催化剂制备

溶胶－凝胶（Sol-Gel）法是 20 世纪 60 年代发展起来的制备玻璃、陶瓷等无机材料的新工艺[41~43]，近年来亦是制备氧化物薄膜广泛采用的方法，此技术一致被认为是目前重要而且具有前途的薄膜制备方法之一。Sol-Gel 技术与传统的制备薄膜的方法相比，主要特点在于易操作和能批量生产，制备方法简单，原料价廉易得，所制得的薄膜纯度较高，低温制备。本实验通过改进原料配比及工艺控制条件，利用 Sol-Gel 法制备纳米级 TiO_2 薄膜，应用于光催化实验并取得了很好的催化效果。

A　实验所用试剂和仪器

钛酸四丁酯 $[Ti(OBu)_4]$ AR，无水乙醇 CR，乙酰丙酮（AcAc）CR 作为抑制剂以延缓钛酸丁酯的强烈水解，HNO_3，去离子水（蒸馏两次以上的蒸馏水）；超声波振荡器，马弗炉，烘箱。

B 实验步骤

(1) 配置原驱液：钛酸四丁酯 + 溶剂（无水乙醇）+ 螯合剂（三乙醇胺或乙酰丙酮），摩尔比为 $1:12:1.2$。

(2) 配置滴加液：溶剂（无水乙醇 Eth）+ 去离子水 + 催化剂（HNO_3）；摩尔比为 $6:2.5:0.2$。

(3) 控制温度在 $25 \sim 35℃$ 左右的条件下向原驱液中缓慢滴加滴加液并充分搅拌。

(4) 溶胶在室温下静置 24h 以备镀膜。

(5) 光催化剂载体为 γ-Al_2O_3 球状颗粒（已清洗），将制得的溶胶以提拉法镀膜，提拉速度控制为 1.5mm/s。

(6) 在 $70 \sim 80℃$ 下干燥 1h，之后放入马弗炉中以 1.5℃/min 升温至 600℃ 热处理 2h，然后使之逐渐冷却至室温。

8.4.1.2 纳米 TiO_2 溶胶凝胶性能研究

A 去离子水加入量对凝胶时间的影响

控制实验条件，$n[\text{Eth}]:n[\text{Ti}(\text{OBu})_4] = 21$，抑制剂 $n[\text{AcAc}]:n[\text{Ti}(\text{OBu})_4] = 1$，试验在室温下进行。设 $n[\text{H}_2\text{O}]:n[\text{Ti}(\text{OBu})_4] = X$（摩尔比），凝胶时间为 T。实验结果如图 8-8 所示。

由图 8-8 可以看出，去离子水量对钛酸四丁酯的水解过程影响很大。在 $X=4$ 左右，凝胶时间最短，反应生成的溶胶最不稳定。在 $X<4$ 以前，随着去离子水量的增加，凝胶时间迅速变短，可能是因为加水改变了溶胶的黏度，而随着水量的增多，溶胶黏度增大，缩聚物的交联度和聚合度也随之增大，从而使凝胶时间缩短。在 $X>4$ 以后，随着加水量的增多，胶凝时间呈微上升的趋势。这是因为加入的水量过大，冲淡了缩聚产物的浓度，使溶胶黏度下降，从而延长了凝胶时间。实验发现，当加入水量太小，即当 $X<1$ 时，钛酸四丁酯得不到充分的水解，凝胶时间延长，甚至无法形成凝胶。

B 溶剂加入量对凝胶时间的影响

控制实验条件，溶剂用无水乙醇，$n[\text{H}_2\text{O}]:n[\text{Ti}(\text{OBu})_4] = 3$，抑制剂 $n[\text{AcAc}]:n[\text{Ti}(\text{OBu})_4] = 1$，实验在室温下进行。设 $n[\text{Eth}]:n[\text{Ti}(\text{OBu})_4] = Y$（摩尔比），凝胶时间为 T。实验结果如图 8-9 所示。

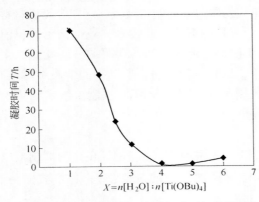

图 8-8 去离子水加入量对凝胶时间的影响

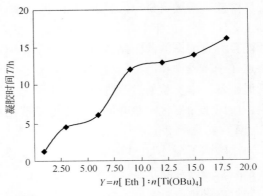

图 8-9 溶剂加入量对凝胶时间的影响

从图 8 - 9 可以看出，随着无水乙醇加入量的增加，凝胶时间逐渐延长。作为溶剂，乙醇起着溶解和分散钛酸四丁酯的作用，使钛酸四丁酯均匀分散，具有较好的流动性，并缓解了水解的速度。乙醇在抑制水解速度的同时还会发生醇酯反应，过多的乙醇会使钛酸四丁酯浓度下降，使聚合反应很难进行，并减缓其速度，形成凝胶的时间变长。李春燕[44]等人也做过类似的实验，其结果与本实验结果基本一致。

C pH 值对凝胶时间的影响

控制实验条件，溶剂用无水乙醇，$n[H_2O]:n[Ti(OBu)_4]=2.5$，抑制剂 $n[NH(C_2H_5OH)_3]:n[Ti(OBu)_4]=1, n[Eth]:n[Ti(OBu)_4]=21$，试验在室温下进行。通过滴加 HNO_3 来改变溶液中的 pH 值，并测定不同 pH 值下的胶凝时间。实验结果如图 8 - 10 所示。

实验中观察到，在不加催化剂时，钛醇盐溶液本身呈现酸性，然而三乙醇胺本身却显弱碱性，此时混合液 pH 值在 5 左右。当加入硝酸使 pH 值由 4 减小到 2 的过程中，胶凝时间明显减少；当 pH 值在 2~4 之间变化时，凝胶时间呈现延长的趋势，且当 pH 值在 4 附近时，胶凝时间出现一个峰值；在 pH > 4 以后，减少硝酸的加入量，胶凝时间呈减少的趋势。在 pH <4 以前，随着 pH 值的增大，胶凝时间延长，是因为水解反应出现下列的平衡关系：

$$[M-(OH)_2]^{x+} \longrightarrow [M-(OH)_2]^{x-} \longrightarrow [M+O]^{x-2}+2H^+$$

式中，$[M-(OH)_2]^{x+}$ 和 $[M-(OH)_2]^{x-}$ 都是发生水解缩聚反应所必需的。故 pH 值将直接影响到酸碱平衡度。pH 值越小，酸性越强，H^+ 浓度越大，使得上述平衡向左移动。$[M-(OH)_2]^{x+}$ 和 $[M-(OH)_2]^{x-}$ 浓度较大，缩聚反应较易进行，从而极大地缩短了凝胶时间。pH 值在 4 附近时，TiO_2 超微粒子的电性迁移为零，故而溶胶体系稳定。而当 7 > pH > 4 时，溶胶电性迁移不为零，此时聚合速率正比于 OH^- 浓度。

D 水解温度对凝胶时间的影响

控制实验条件，溶剂用无水乙醇，$n[H_2O]:n[Ti(OBu)_4]=2.5$，抑制剂 $n[NH(C_2H_5OH)_3]:n[Ti(OBu)_4]=1, n[Eth]:n[Ti(OBu)_4]=21$，pH = 3.5。在不同的水解温度下进行实验，实验结果如图 8 - 11 所示。

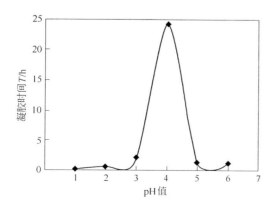

图 8 - 10 pH 值对凝胶时间的影响

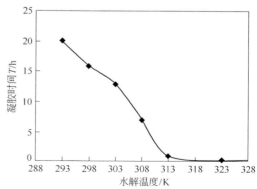

图 8 - 11 水解温度对凝胶时间的影响

从图 8-11 可以看出，水解温度越高，凝胶时间越短，溶胶就越不稳定。当水解温度在 293～313K 之间变化时，胶凝时间随着温度的增高迅速变短；当水解温度在 313～323K 之间变化时，胶凝时间基本保持不变。分析其原因，可能是因为水解温度越高，溶液分子运动越剧烈，因此接触几率越大，反应越不易控制，进而大大缩短了胶凝时间。此外，温度越高，乙醇溶剂和水都会有不同程度的挥发，使水解缩聚反应物的浓度增大，聚合物浓度增大，从而加速了缩聚反应的进程，使凝胶时间缩短。

E　螯合剂对凝胶时间的影响

实验中采用三乙醇胺和乙酰丙酮（AcAc）作催化剂。在实际中制作纳米 TiO_2 凝胶时可采用的螯合剂有许多种，如冰醋酸（也称冰乙酸）、二乙醇胺、异丙醇等。它们在反应中可生成含二位配位基团的大聚合物，这些聚合物再发生水解缩聚反应，可形成三维空间的网状结构，从而起到延缓水解和缩聚反应的作用。在制备 TiO_2 溶胶实验中，螯合剂与钛醇盐的摩尔比取 1.2。

F　加水方式对凝胶时间的影响

实验中发现，滴加液直接倒入或采用滴加的方式，滴加的速度均会直接影响到凝胶的时间。分析其原因可能是，采用滴加的方式可以使水解反应进行得较为平缓，使水解的聚合物基团有时间融于溶剂之中，缓冲了粒子基团和缩聚产物的生长速度，从而使形成的溶胶较为稳定。相反，如果把水一次性直接倒入钛酸四丁酯原驱液中，由于水解的速度过快，水解产生的聚合物来不及溶解而直接发生缩聚反应，使反应中的聚合物迅速碰撞并交联在一起形成沉淀，此时则无法得到稳定的溶胶。采用滴加的方式则需配置滴加液，滴加液的配置遵守 8.4.1.1 节实验步骤来进行。

G　搅拌对凝胶时间的影响

在 Sol-Gel 法制备纳米 TiO_2 凝胶的过程中，搅拌力度、强度及搅拌速率对胶凝时间有极大的影响。本实验开始阶段曾使用电磁搅拌器来进行搅拌，由于搅拌强度不够，无法制得凝胶；而后使用超声波震荡器，才达到预期的效果。在本章参考文献［45］中，从胶体流体特性的角度对此做了解释，认为 Sol-Gel 转变过程是一个二级反应过程，其流变特征可分为四个阶段：开始为膨胀性流体阶段，此间增强搅拌力度会促进水解和缩聚反应，缩短胶凝时间；接着转变为牛顿流体阶段，此间流体黏度变化和剪切速率无关，即增强搅拌力度对凝胶时间无意义；之后进入假塑性流体阶段，此间胶体粒子与粒子之间发生交联，形成一定的网络结构，这时增强搅拌力度，对网络的破坏较厉害，从而延缓了溶胶向凝胶的转变，且搅拌强度越大，其延缓作用越明显；最后是凝胶形成阶段。

H　热处理温度的影响及 TiO_2 粒径分布

对 TiO_2 光催化剂样品分别在 450℃、600℃、700℃、800℃下热处理，并保温 2h 后进行 XRD 物相与粒径分析，结果如图 8-12 所示。

由图 8-12 的 XRD 谱线可知，在 450℃

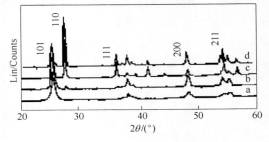

图 8-12　不同温度热处理后
TiO_2 薄膜的 XRD 图

a—450℃；b—600℃；c—700℃；d—800℃

下热处理的 TiO_2 样品均为锐钛矿相；600℃热处理的样品开始有金红石相出现；700℃热处理样品金红石相占主要成分；800℃热处理锐钛矿相接近消失，基本表现为金红石相。由 Sherrer 公式扣除仪器宽化计算出样品粒径分布，见表 8-1。

由表 8-1 可以看出，随着热处理温度的升高，晶粒尺寸较小；高于600℃时，晶粒尺寸较大。由尺寸量子效应理论可知，当纳米材料的粒径越小，其带隙越宽，尺寸量子效应越明显，这与热处理温度低于600℃时 TiO_2 纳米粒子吸收带边红移，高于600℃时，变化比较平缓的现象相一致，表明热处理温度较低的晶粒具有显著的尺寸量子效应。

表 8-2 给出了不同温度对应的禁带宽度值，可以看出随着热处理温度的升高，禁带宽度减小。比较400℃（纯锐钛矿）和800℃（纯金红石）热处理的 TiO_2 薄膜可知，锐钛矿相比金红石相的禁带宽度高出 0.15eV；同时，非晶态（200℃）比晶态（锐钛矿）的禁带宽度高出 0.07eV[46]。

表 8-1 不同热处理温度样品的粒度分布

热处理温度/℃	450	600	700	800
晶粒尺寸/nm	10	19	35	38

表 8-2 不同温度热处理的 TiO_2 薄膜的禁带宽度

T/℃	200	400	600	800
E_g/eV	3.52	3.45	3.40	3.30

8.4.1.3 纳米 TiO_2 的表征

将制备的 TiO_2 样品进行 XRD 物相分析，谱图如图 8-13 所示，物相中出现了锐钛矿和金红石两种晶型共存的现象，分析原因，应该与制备的 TiO_2 光催化剂薄膜热处理温度为600℃有关。而两种晶型含量之比为 17∶3，锐钛矿型 TiO_2 为催化剂的主要成分。同时，XRD 检测结果表明，锐钛矿型 TiO_2 晶体平均粒径为 28.7nm，金红石型 TiO_2 晶体平均粒径为 35.1 nm。

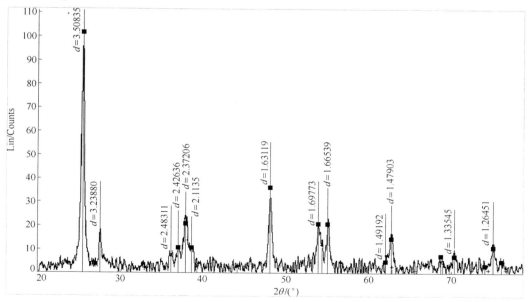

图 8-13 纳米 TiO_2 的 XRD 谱图

◆锐钛矿型；▲金红石型

图 8-14 所示为纳米 $TiO_2/\gamma\text{-}Al_2O_3$ 的 SEM 谱图,其中图 8-14(a)所示为直接购买的纳米 TiO_2 粉体(德国 Degussa25,锐钛矿晶型)直接镀膜,并经过 600℃ 热处理;图 8-14(b)所示为自制纳米 TiO_2 薄膜。可以明显看到,购买的纳米 TiO_2 经过镀膜处理后,出现团聚现象,以较大颗粒的形式存在,且较易脱落,无法为实验的持续进行提供保证;而我们自制的纳米 TiO_2 薄膜与载体附着坚固,不易脱落,且表面生长较好,TiO_2 晶体粒径范围为 30~50nm 左右。

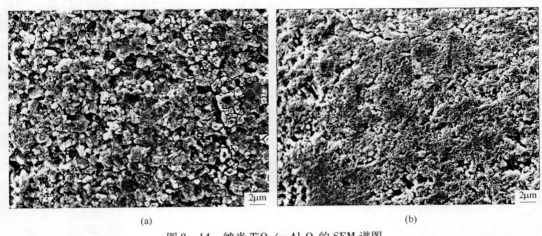

(a)   (b)

图 8-14   纳米 $TiO_2/\gamma\text{-}Al_2O_3$ 的 SEM 谱图

8.4.1.4 TiO_2 光催化的基本机理

A   半导体光激发

半导体粒子具有能带结构,一般由填满电子的低能价带(VB)和空的高能导带(CB)构成,价带和导带之间存在禁带。当用能量等于或大于带隙能(E_g)的光照射半导体时,半导体微粒吸收光子的能量,价带上的电子被激发跃迁至导带,在价带上产生相应的空穴,从而产生电子-空穴对,其存活寿命一般为 ns 级,在其存活期间,它们会尽力向半导体的表面迁移。在迁移的过程中,一些发生复合而失去活性。所以要提高半导体光催化反应的量子产率,不仅要满足受体电势比半导体导带电势要低,给体电势比半导体价带电势要高的热力学限制,还要有效地抑制光生电子和空穴的直接复合。

B TiO_2 光催化原理

TiO_2 是一种 N 型半导体,锐钛矿型 TiO_2 带隙能为 3.2eV,相当于波长为 387.5nm 的光子能量,当以波长小于或等于 387.5nm 的光线照射,光生电子空穴对被激发,激发态的导带电子和价带空穴又能重新复合,反应如下:

$$TiO_2 + h\nu \longrightarrow TiO_2(e^- + h^+) \tag{8-6}$$

$$h^+ + e^- \longrightarrow 复合 + 能量 \tag{8-7}$$

当催化剂存在合适的俘获剂或表面缺陷态时,电子和空穴的重新复合得到抑制,在它们复合前,就会在催化剂表面发生氧化还原反应。价带空穴是良好的氧化剂,可以夺取半导体颗粒表面被吸附物质或溶剂中的电子,使原本不吸收光的物质被活化并被氧化,大多数光催化氧化反应都是直接或间接利用空穴的氧化性能,一般与吸附在 TiO_2 表面的 OH^-

和 H_2O 反应，形成具有强氧化性的羟基自由基（·OH）：

$$H_2O + h^+ \longrightarrow \cdot OH + H^+ \tag{8-8}$$

$$OH^- + h^+ \longrightarrow \cdot OH \tag{8-9}$$

电子与表面吸附的氧分子反应，分子氧不仅参加还原反应，还是表面羟基自由基的另外一个来源，具体反应式如下：

$$O_2 + e^- \longrightarrow \cdot O^{2-} \tag{8-10}$$

$$H_2O + \cdot O^{2-} \longrightarrow \cdot OOH + OH^- \tag{8-11}$$

$$2 \cdot OOH \longrightarrow O_2 + H_2O_2 \tag{8-12}$$

$$\cdot OOH + H_2O + e^- \longrightarrow H_2O_2 + OH^- \tag{8-13}$$

$$H_2O_2 + e^- \longrightarrow \cdot OH + OH^- \tag{8-14}$$

$$H_2O_2 + \cdot O^{2-} \longrightarrow \cdot OH + OH^- \tag{8-15}$$

由反应式可以看出，反应中产生了非常活泼的羟基自由基·OH、超氧离子自由基·O^{2-} 和·HO_2 自由基，这些都是氧化性很强的自由基，能够将各种有机物逐步氧化为 CO_2、H_2O 等无机小分子。

8.4.1.5 有无光催化剂的实验比较

选用放电电极直径 1.5mm，外绕线圈 80 匝，空管气速为 1.4cm/s，陶瓷反应器内置有光催化剂涂层的电工瓷环，改变入口浓度，分别比较有催化剂和无催化剂两种情况下的降解率，如图 8-15 所示。

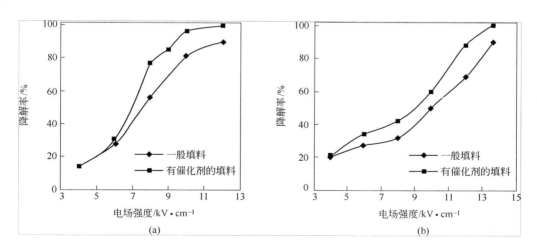

图 8-15 有无光催化剂时降解率与电场强度的关系

（a）低浓度时（600mg/m³）；（b）高浓度时（1500mg/m³）

由图 8-15 可以看出，在相同外加电场的情况下，有催化剂时降解率有明显的提高。图 8-15（a）所示低浓度时，电场强度达到 9kV/cm，降解率即提高到 80% 以上；图 8-15（b）所示高浓度时，电场强度 12kV/cm，有催化剂时的降解率比无催化剂时的降解率提高了 19%。说明无论入口浓度的高低，光催化效果十分明显。这是因为，在一定的极间电压下，苯分子不仅断键形成 C_6H_5·，而且还形成了短碳链的自由基或分子，介质阻挡放电中产生的·OH、·O 等氧化性自由基能氧化 C_6H_5· 和短碳链的碎片及 CO。但有些自由基在经过反应区后发生复合，因此苯的氧化就不完全。在反应区加入催化剂，使这些活性粒子在未复合失活前在催化剂上表面与氧自由基进一步发生氧化反应，比单纯的介质阻挡放电处理提高了降解率。当电压较低时，催化剂所发挥的作用较小，反应器内有、无催化剂时降解率很接近；而当电压逐渐升高时降解率差值逐渐增大，催化剂的作用逐步增加。可解释为：在电压较低时，反应器内电晕放电弱，电晕区只集中在电晕线附近，活性粒子不能有效地激活填料表面上的催化剂参与反应，因而催化剂作用不明显；当电压逐渐升高时，电晕区扩大，催化活性逐渐上升，当电压达到一定值时催化剂已被充分激活；此后继续提高电压，催化剂效果增强不明显。

8.4.1.6 不同烧结温度下光催化剂性能比较

在湿度、电极、空塔气速和入口浓度均相同的实验条件下，选用 450℃、600 ℃、700 ℃ 三种不同温度烧结而成的光催化剂进行试验，得图 8 - 16 所示结果。

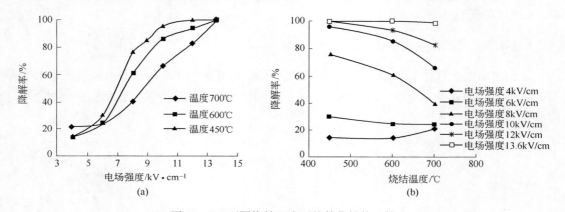

图 8 - 16 不同烧结温度下的催化性能比较
（a）烧结温度不同时电场强度与降解率的关系；（b）电场强度不同时烧结温度与降解率的关系

由图 8 - 16（b）可以看出，从 6kV/cm 电场强度开始，随着烧结温度的升高，降解率呈下降趋势。这是因为烧结温度不同会对 TiO_2 的表面产生影响。随着烧结温度的提高，比表面积减少，表面吸附量有明显减少趋势，并且烧结温度升高到一定程度会引起晶型由锐钛矿型向金红石型的转变。

当催化剂表面的活性中心密度一定时，表面积越大则活性越高，但光催化反应是由光生电子与空穴引起的氧化还原反应，在催化剂表面不存在固定的活性中心。因此，表面积是决定反应吸附量的重要因素，在晶格缺陷等其他因素相同时，表面积大则吸附量大，活性就高。

450℃处理的 TiO_2 光催化剂均为锐钛矿型，600℃处理的催化剂开始有金红石型出现，700℃处理的催化剂基本表现为金红石型。由图 8 - 16（a）可以看出，锐钛矿型对苯的降解效率最高，处理效果最好；其次为金红石与锐钛矿的混合型（具体比例不明）；金红石型的 TiO_2 催化剂处理效果最差。这是因为：（1）由于锐钛矿与金红石型 TiO_2 结构上的差异导致了两种晶型有不同的质量密度及电子能带结构。锐钛矿型的质量密度（3.894g/cm³）略小于金红石型（4.250g/cm³），带隙能（3.2eV）略大于金红石型（3.1eV）。而对于半导体的光活性来说，带隙能越大，反应活性越大。（2）锐钛矿晶面与一些被降解的有机物具有对称结构，能有效地吸附有机物。（3）金红石型是锐钛矿型高温转型形成的，在锐钛矿向金红石型转化过程中，TiO_2 表面发生了急剧的不可逆的脱羟基反应，使金红石型的表面羟基化程度低于锐钛矿型，而表面的羟基团是用来俘获空穴，产生 $\cdot OH$，同时吸收氧气（去捕获电子）和有机分子的。（4）金红石型在高温处理过程中粒子大量烧结引起表面积急剧下降，且金红石型 TiO_2 对 O_2 的吸附能力较差，因而光生电子和空穴容易复合，催化活性相应较低。

8.4.2 $MnO_2/\gamma\text{-}Al_2O_3$ 催化协同等离子体降解实验

8.4.2.1 $MnO_2/\gamma\text{-}Al_2O_3$ 催化剂制备

氧化铝是催化剂制备中大量使用的一种典型氧化物载体，它由铝的氢氧化物加热脱水制得。常见的氧化铝有 α-、β-、γ-、η- 等晶型，但只有 γ- 和 η- 晶型氧化铝具有催化活性[47,48]。$\gamma\text{-}Al_2O_3$ 和 $\eta\text{-}Al_2O_3$ 分别由 Al-O 四面体和 Al-O 八面体构成，Al^{3+} 配位数分别为 4 和 6。氧化铝表面由于局部电荷不平衡而具有酸碱性，分别为 L 酸中心和 B 酸中心，同时还有碱中心。活性中心的酸碱性质，除和制备条件有关外，还和焙烧过程中形成氧化铝的脱水温度与晶型有关：在 500℃ 左右脱水，氧化铝上酸中心数量达到一个极大值；600℃ 时，氧化铝上酸量下降，X 射线衍射分析的结果表明氧化铝已由 500℃ 时的 γ- 晶型转化为 600℃ 时高结晶度的 η- 晶型，比表面积也将为原来的一半左右。

Mn、Ti、Co 等氧化物是典型的金属氧化物催化剂。这类催化剂价格也相对便宜，其中 Co 氧化物活性相对较高，但是燃烧有机污染物气体时容易中毒，而其他的非贵金属氧化物则不容易中毒，只是其催化活性的提高有待开发，氧化有机污染物气体的起燃温度常在 250℃ 以上，因而提高其活性成为当前研究的热点。

A 载体处理

分别用 80℃ 的恒温水浴、1mol/L HNO_3 溶液和 1mol/L NaOH 溶液浸泡 12h，以除去其中的灰分，用去离子水反复清洗，直至冲洗水呈中性。将洗净的 Al_2O_3 小球于干燥箱中 110℃ 下干燥 12h，置于干燥器中备用。

B $MnO_2/\gamma\text{-}Al_2O_3$ 制备步骤

固体催化剂的制备方法很多，常用的制备方法有浸渍法、机械混合法、共沉淀法和固相法等。浸渍法是将载体浸渍于活性组分的盐溶液中，浸渍完成后，通过干燥、焙烧等一系列制备手段，将活性组分负载在载体上的方法。

本实验以有机污染物气体为主要去除对象，属气固相的多相催化反应，因浸渍法制备催化剂具有成本经济、活性组分利用率高、用量少的优点，所以选用浸渍法为主要制备方法。简要制备流程如图 8-17 所示。

图 8-17 催化剂制备流程

具体操作步骤如下：

（1）前驱体制备。过渡金属元素的盐溶液根据设计的活性组分负载量，计算出前驱体金属盐的理论添加量。用电子天平分别精确称取不同质量的醋酸锰，与去离子水配制成盐溶液。

（2）浸渍。精确称取一定量催化剂载体，将其置于相应质量浓度的盐溶液中浸渍30min，然后放置于旋转蒸发器上，对溶液保持50℃加热，并不断旋转搅拌，至溶液中水分完全挥发，此过程大约需要 3～4h。

（3）干燥。将蒸干的固体颗粒放入电热恒温干燥箱内，设定温度在110℃，干燥2h后自然冷却制成催化剂中间体。

（4）焙烧。将制得的催化剂中间体放入程序升温炉内焙烧，升温速度为 10℃/min，焙烧温度为300℃，在300℃下的恒温时间为3h，然后自然冷却至室温。

以上为以 γ-Al$_2$O$_3$ 为载体，负载过渡金属元素催化剂的制备过程。

催化剂中活性组分的含量无疑是影响其催化性能的关键因素。本实验通过不同质量 MnO$_2$/γ-Al$_2$O$_3$ 掺杂量（MnO$_2$ 质量分数分别为 5%、10%、15%），比较所得催化剂的活性，以确定活性组分的最佳添加量。

8.4.2.2　MnO$_2$/γ-Al$_2$O$_3$ 催化剂表征

图 8-18 所示为在 300℃ 下热处理 3h 后 MnO$_x$/γ-Al$_2$O$_3$ 表面性状 SEM 电镜扫描结果（日本电子株式会社生产的 JEOL-JSM-6500F 型扫描电子显微镜）。由图 8-18 可见，在催化剂 MnO$_x$/γ-Al$_2$O$_3$ 表面，存在大量的微小空穴，这将导致较大的比表面积，从而为甲苯的降解提供更多的反应活性位。

图 8-18　MnO$_x$/γ-Al$_2$O$_3$ 的 SEM 扫描电镜图

图 8-19 所示为反应前 MnO$_x$/γ-Al$_2$O$_3$ 典型的 XRD 扫描光谱图（德国 BRUKER 公司制造的 D8-ADVANCE 型 X 射线衍射仪）。由图 8-19 可见，通过 XRD 检测到三种特征含量，即 γ-Al$_2$O$_3$、Mn$_2$O$_3$、MnO$_2$。XRD 光谱暗示，此时催化剂的性状主要表现为 MnO$_x$ 的形式，而不是简单的金属形式，且催化剂主要以 MnO$_2$/γ-Al$_2$O$_3$ 的形式存在（以下实验均写作 MnO$_2$/γ-Al$_2$O$_3$）。

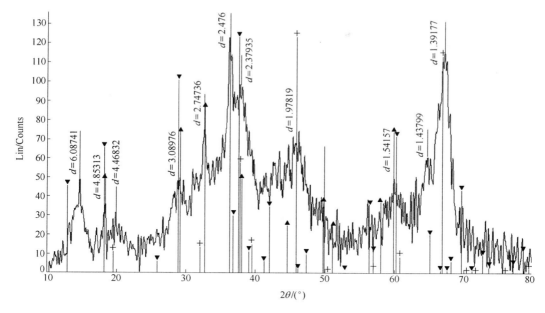

图 8 – 19　MnO$_x$/γ-Al$_2$O$_3$ 的 XRD 谱图

◆γ-Al$_2$O$_3$；　▲Mn$_2$O$_3$；　▼MnO$_2$

催化剂比表面积表征由美国 QUANTACHROME 公司生产的 NOVA1000 型 Micromeritics 比表面分析仪测定，采用真空法测定，吸附标准气体为高纯 N（≥99.999%），脱气温度 300℃，样品分析温度 77.35K，四点法测量。表 8 – 3 中给出了不同催化剂的比表面积测定值。由表 8 – 3 可以观察到当 γ-Al$_2$O$_3$ 表面负载有催化剂时，BET 比表面积及孔容前后差异并不大，并不影响其吸附性能。

表 8 – 3　BET 比表面积

催 化 剂 种 类	BET 比表面积/m^2 · g^{-1}	孔容/m^2 · g^{-1}
γ-Al$_2$O$_3$	246	0.378
TiO$_2$/γ-Al$_2$O$_3$	223	0.320
MnO$_2$/γ-Al$_2$O$_3$（MnO$_2$ 质量分数 5%）	265	0.345
MnO$_2$/γ-Al$_2$O$_3$（MnO$_2$ 质量分数 10%）	233	0.334
MnO$_2$/γ-Al$_2$O$_3$（MnO$_2$ 质量分数 15%）	218	0.316

8.4.2.3　MnO$_2$ 在 γ-Al$_2$O$_3$ 表面负载量的变化对降解率的影响

图 8 – 20 所示为不同负载量的 MnO$_2$/γ-Al$_2$O$_3$ 催化剂对甲苯降解率的影响。由图可见，在反应器能量输入密度（RED）相同时，甲苯的降解率随着 MnO$_2$ 负载量的变化依次表现为：MnO$_2$ 质量分数 15% ≈ MnO$_2$ 质量分数 10% > MnO$_2$ 质量分数 5% > MnO$_2$ 质量分数 0。MnO$_2$ 在 γ-Al$_2$O$_3$ 表面负载量为 10%（质量分数）时，其表现出的甲苯降解率，与 MnO$_2$ 在 γ-Al$_2$O$_3$ 表面负载量为 15%（质量分数）所表现出的降解率基本相当。

8.4.2.4 MnO$_2$在γ-Al$_2$O$_3$表面负载量的变化对降解能量效率的影响

图 8 - 21 所示为 MnO$_2$在γ-Al$_2$O$_3$表面负载量的变化对甲苯降解的能量效率的影响。由图可见，在输入反应器能量密度相同的情况下，能量效率随着 MnO$_2$负载量的增加而增大，依次表现为：MnO$_2$/γ-Al$_2$O$_3$（MnO$_2$ 负载量 10%）> MnO$_2$/γ-Al$_2$O$_3$（MnO$_2$ 负载量 15%）> MnO$_2$/γ-Al$_2$O$_3$（MnO$_2$ 负载量 5%）> MnO$_2$/γ-Al$_2$O$_3$（MnO$_2$ 负载量 0）。

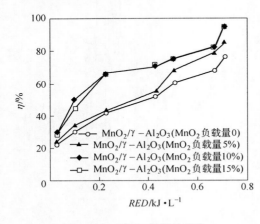

图 8 - 20 MnO$_2$负载量变化
对甲苯降解率的影响

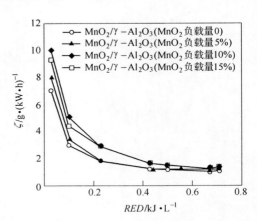

图 8 - 21 MnO$_2$负载量与
能量效率之间的关系

8.4.2.5 MnO$_2$在γ-Al$_2$O$_3$表面负载量的变化对臭氧浓度的影响

图 8 - 22 所示为 MnO$_2$在γ-Al$_2$O$_3$表面负载量的变化对甲苯及臭氧浓度的影响（RED = 0.5kJ/L）。由图可见，随着 MnO$_2$负载量的增加，甲苯及臭氧浓度呈减小趋势，尤其是当 MnO$_2$负载量10%（质量分数）时，臭氧浓度最小。实验表明，MnO$_2$/γ-Al$_2$O$_3$催化剂在很大程度上对臭氧具有消解作用。臭氧作为放电过程中产生的主要的存在周期较长的活性基团，被γ-Al$_2$O$_3$附着于催化剂表面，并参与其表面的氧化反应，其反应过程如下[49]：

$$O_3 + MnO_2 \longrightarrow O(^3P) + {}^1\Delta O_2 \longrightarrow O(^1D) + {}^3\sum O_2 \qquad (8-16)$$

由式（8 - 16）可知，MnO$_2$/γ-Al$_2$O$_3$促进了 O$_3$向 O$_2$的转化过程，同时在转化过程中所产生的氧的活性基团又将有助于吸附于 MnO$_2$/γ-Al$_2$O$_3$催化剂表面的甲苯的降解。

综合以上实验结果，选取 MnO$_2$/γ-Al$_2$O$_3$（MnO$_2$ 负载量 10%）作为今后实验中甲苯降解反应的催化剂之一。考虑到如等离子体技术在实际中的应用情况，需保证甲苯降解率在60%以上，此时对应的反应器输入能量密度需达到 0.5 kJ/L 以上。

8.4.3 纳米 TiO$_2$/γ-Al$_2$O$_3$与 MnO$_2$/γ-Al$_2$O$_3$催化剂对比试验

在本节中，我们针对纳米 TiO$_2$/γ-Al$_2$O$_3$与 MnO$_2$/γ-Al$_2$O$_3$两种催化剂进行对比实验，目的是选出较好的配合型催化剂来提高甲苯的降解率及增强能量利用率，有效地控制反应过程中副产物的产量，副产物的控制以放电过程中所产生的代表性的产物——臭氧为控制目标。

8.4.3.1 不同种类催化剂对降解效率的影响

图 8-23 所示为分别填充有三种不同催化材料 $\gamma\text{-Al}_2\text{O}_3$、纳米 $\text{TiO}_2/\gamma\text{-Al}_2\text{O}_3$ 与 $\text{MnO}_2/\gamma\text{-Al}_2\text{O}_3$ 的等离子体反应器对甲苯降解率的影响。由图可见，甲苯降解率大小依次为 $\text{MnO}_2/\gamma\text{-Al}_2\text{O}_3$ > 纳米 $\text{TiO}_2/\gamma\text{-Al}_2\text{O}_3$ > $\gamma\text{-Al}_2\text{O}_3$。这一结果表明，$\text{TiO}_2$ 和 MnO_2 在一定程度上促进了甲苯的氧化分解。在不同的能量密度下，使用 MnO_2 后的甲苯降解率都明显高于其他催化剂时的降解率。这说明甲苯在 MnO_2 上被氧化。

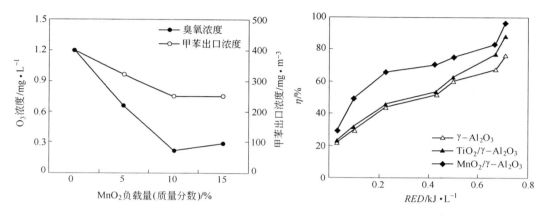

图 8-22　MnO_2 负载量的变化对　　　　图 8-23　催化剂种类对甲苯降解率的影响
甲苯及臭氧浓度的影响

$\gamma\text{-Al}_2\text{O}_3$ 是良好的吸附剂，它具有各种不同强度的捕获电子的酸性中心，能够提高甲苯在催化剂表面的浓度，增加反应时间。MnO_2 表面裸露的 Mn^{n+} 离子、O^{2-}、不同氧化态的缺陷位、不饱和配位价及酸性活性中心，这些都使得 MnO_2 与 O_3 反应，并促使其向 O_2 转化，如以下反应式：

$$O_3 + Mn^{n+} \longrightarrow O_2^{2-} + Mn^{(n+2)+} + O_2 \tag{8-17}$$

$$O_3 + O^{2-} + Mn^{(n+2)+} \longrightarrow O_2^{2-} + Mn^{(n+2)+} + O_2 \tag{8-18}$$

$$O_2^{2-} + Mn^{(n+2)+} \longrightarrow Mn^{n+} + O_2 \tag{8-19}$$

此外，在配位锰电子的不同氧化态 $[Mn^{n+} - O - Mn^{(n+1)+}]$ 之间，d-d 电子相互交换，为表面氧化反应所需的移动电子提供环境。这些因素都将有助于甲苯的降解。Oyama 等[50] 报告臭氧在 MnO_2 上会形成 O^{2-} 和 O_2^{2-}（参见反应式（8-8）、式（8-9））。Naydenov 和 Mehandjiev[51] 根据苯在 MnO_2 上氧化结果推测在 MnO_2 上有 O^- 存在。

8.4.3.2 不同种类催化剂对降解能量效率的影响

图 8-24 所示为相同的实验条件下，不同催化剂对甲苯降解过程中能量效率的影响。由图可见，在输入反应器的能量密度相同时，能量效率依次表现为 $\text{MnO}_2/\gamma\text{-Al}_2\text{O}_3$ > 纳米 $\text{TiO}_2/\gamma\text{-Al}_2\text{O}_3$ > $\gamma\text{-Al}_2\text{O}_3$。结果表明，$\text{MnO}_2/\gamma\text{-Al}_2\text{O}_3$ 催化剂协同低温等离子体降解相同质量的甲苯时所耗费的能量最小，节约能量最多。

8.4.3.3 不同种类催化剂对臭氧浓度的影响

由图 8-25 可见，反应器内填充不同的催化剂，反应器输入能量密度 0.5 kJ/L 时，出口处臭氧浓度表现为：无填料 < γ-Al$_2$O$_3$ < TiO$_2$/γ-Al$_2$O$_3$ < MnO$_2$/γ-Al$_2$O$_3$。显然，MnO$_2$/γ-Al$_2$O$_3$ 催化剂表现出最好的臭氧消解效果。

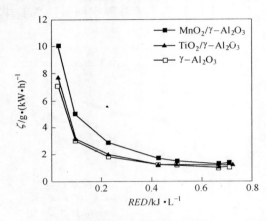

图 8-24 催化剂种类对能量效率的影响

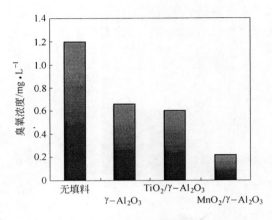

图 8-25 催化剂种类对臭氧浓度的影响

综合以上的实验结果，MnO$_2$/γ-Al$_2$O$_3$ 催化剂无疑是低温等离子体降解 VOCs 的更佳选择。

8.5 铁电体协同等离子体降解实验

8.5.1 典型铁电体协同等离子体降解实验

电介质在电场作用下会产生感应电荷的现象称为电介质的极化。其极化程度用极化强度 P 来衡量。根据电介质在电场中的性质，可分为两类，即线性和非线性电介质。没有外加电场时，电介质的极化强度等于零。有外加电场时，电介质的极化强度与宏观电场 E 成正比，此类电介质称为线性介质；另有一类介质，其极化强度和外施电压的关系是非线性的，称为非线性介质。铁电体就是一种典型的非线性介质。铁电体介质在一定温度范围内具有自发极化，而且极化强度可以因外电场而反向[52]。电滞回线是铁电体的宏观反映，是铁电体的一个特征，它是铁电体的极化强度 P 随外加电场强度 E 的变化轨迹。

图 8-26 所示为铁电体的电滞回线，设该铁电体中自发极化强度的取向只有两种可能（即沿某轴的正向和负向），在没有外电场存在时，设铁电体的总的极化强度为零，即铁电体中的两类电畴极化强度成反平行取向，在电场施加于铁电体时，沿电场方向的电畴变大，而反之反平行的电畴变小。随着电场强度的增加，铁电体的极化强度 P 开始时慢慢增大，其后则随着电场强度的增加而迅速增大，如图 8-26 中 OAB 曲线所示。当电场强度 E 继续增大到使晶体内只存在与 E 同向的电畴时，铁电体的极化强度达到饱和，这相当于图中 C 附近的部分，若再继续增大 E，则极化强度 P 随 E 线性的增长（此时与一般线性电介质相同）。将这线性部分（BC）外推至外电场强度为零时，在纵轴 P 上所得的截距成为饱和极化强度 P_s，对应于 C 点的外加电场强度称为饱和电场强度 E_{sat}。饱和极化强度 P_s 实际上是原来每个电畴已经存在的极化强度，因此它是对每个电畴来说的。如果

电场强度自图中 C 处开始降低，晶体的极化强度亦随之下降。但是电场强度降至零时，晶体的极化强度并不等于零，还存在一个剩余极化强度 P_r。当电场反向时，剩余极化全部消失，晶体的极化强度为零，此时的电场强度称为矫顽电场强度 E_c。如果反向电场强度继续增大，晶体的极化强度也反向，并随着反向电场强度的升高，反向极化强度也迅速增大，当到达 D 处时，反向极化达到饱和。此后电场由负饱和值 $-E_{sat}$ 连续变到正饱和值 E_{sat} 时，极化强度则沿回线的另一部分 DHC 曲线回到 C 点，构成一闭合曲线，此曲线称为电滞回线。在交变电场作用下，外加电场每变化一周，上述过程就重复一次。

图 8-27 所示为铁电体的介电常数与电场强度的关系曲线，在此研究中发现，在居里温度（通常自发极化强度随温度升高而减小，并在某一温度 T_c 时变为零，这个转变温度 T_c 称为居里点，大多数铁电体在居里点附近具有较大的介电常数[53]）以下随着电场强度的增加，介电常数开始时增大，最后又有较小的趋势。当电场强度很小（低于矫顽电场）时，介电常数几乎是不变的；当电场强度高于矫顽电场时，介电常数迅速增大，这是因为在外电场的作用下，铁电体中的电畴沿外电场取向的结果。这时，即使电场强度稍有增大，就能使介质的极化强度增加得相当多，所以介电常数增大得很快。当电场强度增大到某一值即铁电体内全部电畴的方向已和外电场方向一致时，自发极化达到最大值，此时介电常数也达到最大值。此后如果继续增大电场强度，介电常数就有减少的趋势。

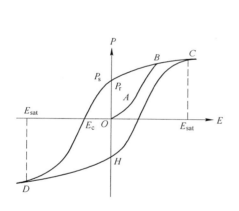

图 8-26 铁电体的电滞回线

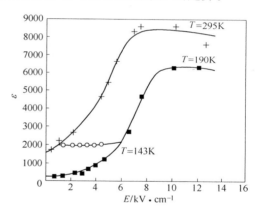

图 8-27 钛酸钡的介电常数 ε 和有效场强的关系

8.5.1.1 典型铁电体材料的选择

铁电晶体可以分为有序-无序型铁电体和位移型铁电体两类。前者的自发极化同个别离子的有序化相联系，后者的自发极化同一类离子的亚点阵相对于另一类离子的亚点阵的整体位移相联系[54]。典型的有序-无序型铁电体是含有氢键的晶体，如磷酸二氢钾和亚硝酸钠；位移型铁电体的结构大多同钙钛矿结构紧密相连，以钛酸钡为代表。

实验研究选用钛酸钡和亚硝酸钠两类铁电体进行。钛酸钡是典型的钙钛矿型的铁电体，在添加有钛酸钡填料的反应器中产生高能电子的温度可高达 40000K，而反应体系温度可以保持室温。图 8-28 所示为钛酸钡的晶体结构[55]。钛酸钡晶体体内的钛离子与不同方向上的氧离子，既有削弱外电场的作用（所引起的内电场与外电场方向相反），又有加强外电场的作用（内电场与外电场相同）。这些作用会引起两个结果，一个是氧离子的电子壳层变形更加加剧，另一个是氧离子向钛离子移动。因氧离子是低电荷、大体积的离子，所以前一结果十分显著，而后一结果可以忽略。氧离子极化加强的结果，又反过来对钛离子起作用，即对钛离子也有附加内电场。同样，钛离子也会有电子壳层变形加剧和向氧离子进一步靠拢两种作用，但由于钛离子是高电荷、小体积的离子，因而前一作用微小，后一作用很强烈。这种异性离子间相互作用产生的电矩使极化程度大大加强，远超过了同种离子削弱外电场的作用，这就使得晶体的介电常数有很大的数值[56]。

亚硝酸钠是一种结构相对简单的有序 – 无序型铁电体。NaNO₂在166℃以上为顺电体，在163℃以下为铁电体。图 8 – 29 所示为 NaNO₂ 在铁电相时的晶体结构。

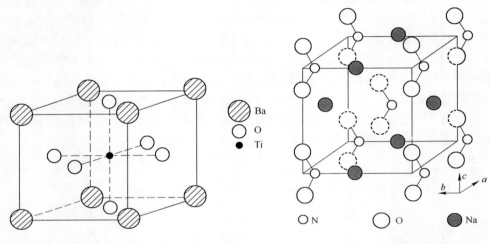

图 8 – 28　钛酸钡的晶体结构　　　　图 8 – 29　NaNO₂晶体结构[57]

如图 8 – 29 所示，$(NO_2)^-$ 和 Na^+ 分别位于 b 平面的一侧，此时 b 平面不是镜面，沿 b 轴只有二重旋转对称性，$(NO_2)^-$ 和 Na^+ 的有序分布造成了沿 b 轴的自发极化，因而 NaNO₂是有序 – 无序型铁电体[55]。在铁电相中 N 的 p 电子与 O 的 p 电子之间存在强烈的轨道杂化，这种轨道杂化削弱了短程排斥力使铁电性趋于稳定；铁电相中亚硝酸钠的氮与氧之间有强烈的共价作用，而钠与二氧化氮基团之间为离子相互作用[58]。

实验选用陶瓷拉西环作为填料载体，其尺寸是内径为 5.6mm，外径为 9.2mm，长度为 10.5mm，在拉西环载体上涂覆有钛酸钡或亚硝酸钠作为放电填充填料，涂覆厚度大约为 0.5mm。涂敷所使用的钛酸钡材料为核工业北京化工研究院研制生产的 GWBT 型钛酸钡，其纯度不小于 99.65%，晶体形状为立方晶体，粒径不大于 1μm；使用的亚硝酸钠材料是北京益利精细化学品有限公司生产的分析纯药品。

在反应器中加有填料后会增大体系中的压降，从而造成能耗的提高，增加运行成本，不利于工业化。在等离子体反应器中添加填料从而增强放电，这种方法在 20 世纪 90 年代初就已开始研究[59]，许多文献都对此方法进行了报道[60~63]，这些研究中普遍采用球状填料，导致反应器存在阻力大、气流速度低、铁电体材料用量大等不足之处。本实验研究中采用拉西环以弥补球形填料的不足，探求在此条件下对污染物的去除规律，为工业化应用提供理论依据。本章参考文献[64]对球形、圆柱形和中空圆柱形填料进行了对比实验研究，结果显示球形填料处理 C_2F_6 的能量效率为 2.5g/（kW·h）；中空圆柱形填料处理

C_2F_6 的能量效率为 3.7g/(kW·h)，是球形填料的 1.5 倍，此外使用中空圆柱形填料的起晕电压低。这同样说明了拉西环填料优于球形填料[65]。

8.5.1.2 钛酸钡填料对污染物去除影响的研究

图 8-30 所示为气体流量为 $0.4m^3/h$，苯气体流量为 $0.05m^3/h$，施加电压为 9~13kV 时空管反应器和加有钛酸钡填料的反应器与苯去除率的关系曲线对比。图 8-31 所示为气体流量为 $0.4m^3/h$，甲苯气体流量为 $0.05m^3/h$，施加频率为 10~35kHz 时空管反应器和加有钛酸钡填料的反应器与甲苯去除率的关系曲线对比。图 8-32 所示为气体流量为 $0.5m^3/h$，甲醛气体流量为 $0.05m^3/h$，施加电压为 9~13kV 时空管反应器和加有钛酸钡填料的反应器与甲醛去除率的关系曲线对比。

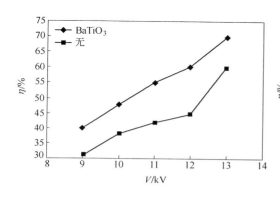

图 8-30 钛酸钡填料与苯去除率的关系

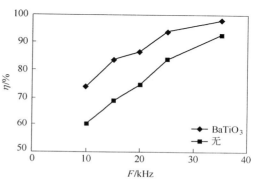

图 8-31 钛酸钡填料与甲苯去除率的关系

从图 8-30~图 8-32 所示实验结果可以看出，在反应器中添加钛酸钡填料可以提高对污染物的去除效率，这与前面的理论分析以及工频电源下的实验结果相一致。但与工频电源下的实验结果不同的是，在高频电源条件下，加有钛酸钡填料的反应器对污染物的去除率均高于空管反应器，没有在低电压条件下空管反应器对污染物的去除率小于有填料反应器的现象。这主要是由于在高频电源条件下，反应体系中的电子和各种活性基团运动的振幅随着频率的增大而减小，这些粒子的运动更加频繁，

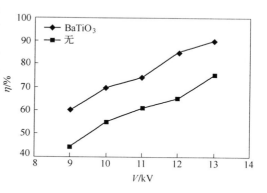

图 8-32 钛酸钡填料与甲醛去除率的关系

与污染物分子的碰撞机会越多，这由图 8-30 可以看出，由于电源施加的频率为 10~35kHz，远远大于工频电源施加频率（50Hz），因此，高频电源条件下，加有填料的反应器更有利于污染物的去除。因此，在施加电压不高的条件下，依然能保持较高的去除率。

8.5.1.3 亚硝酸钠填料对污染物去除影响的研究

图 8-33 所示为气体流量为 $0.4m^3/h$，甲苯气体流量为 $0.1m^3/h$，施加频率为 10~

35kHz 时空管反应器和加有亚硝酸钠填料的反应器与甲苯去除率的关系曲线对比。图 8-34 所示为气体流量为 0.5m³/h，甲醛气体流量为 0.05m³/h，施加电压为 9~13kV 时空管反应器和加有亚硝酸钠填料的反应器与甲醛去除率的关系曲线对比。

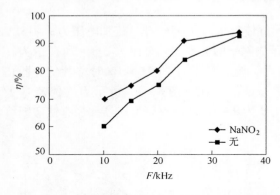 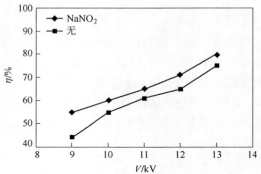

图 8-33　亚硝酸钠填料与甲苯去除率的关系　　图 8-34　亚硝酸钠填料与甲醛去除率的关系

由图 8-33 和图 8-34 可以看出，加有亚硝酸钠填料的反应器对于污染物的去除率较之空管反应器有所提高，但提高的能力不如钛酸钡填料明显。对于甲苯的去除，最高提高 10%；对于甲醛的去除，最高提高 11%。

8.5.1.4　两种填料对污染物去除影响的比较

为了对两种填料对污染物去除的影响有更直观的比较，对两种填料对于污染物去除的影响进行了对比[66]。图 8-35 和图 8-36 所示分别为使用两种填料对甲苯和甲醛去除的对比曲线图。

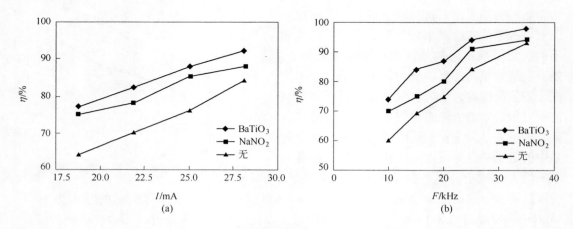

图 8-35　两种填料与甲苯去除率的关系
（a）总流量 0.4m³/h，甲苯流量 0.05m³/h；（b）总流量 0.4m³/h，甲苯流量 0.1m³/h

从实验结果来看，在不同施加电压、放电电流和施加电源频率的条件下，钛酸钡填料对于甲苯和甲醛的去除率都要大于亚硝酸钠填料。亚硝酸钠填料对于污染物的去除率不如

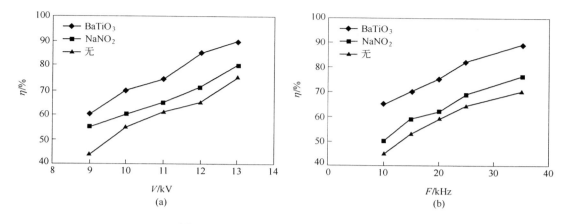

图 8－36　两种填料与甲醛去除率的关系

（a）总流量 0.5m³/h，甲醛流量 0.05m³/h；（b）总流量 0.6m³/h，甲醛流量 0.05m³/h

钛酸钡填料高，可能的原因有：其一从两者的结构来看，钛酸钡晶体体内的钛离子和氧离子间相互作用产生的电矩使钛酸钡的极化程度大大加强，使得晶体的介电常数有很大的数值，其自发极化强度 P_s 为 $25\mu C/cm^2$；亚硝酸钠在铁电相中 N 的 p 电子与 O 的 p 电子之间是共价作用，钠与二氧化氮基团之间为离子相互作用，其自发极化强度 P_s 为 $5\mu C/cm^2$。钛酸钡比亚硝酸钠的极化程度剧烈，在电场中钛酸钡填料对增强放电作用明显，从而更有利于污染物的去除。其二是亚硝酸钠中含有结晶水，在放电过程中这些结晶水可能同时也参与了等离子体化学反应，但在反应体系中产生的高能电子被气体中的水分子所吸附，因而导致了污染物去除率的降低。增加反应体系中水蒸气含量会增加体系中活性基团的数量，从而提高污染物去除率，但同时过高的水蒸气含量不利于污染物的去除，如本章参考文献 ［67］ 曾报道相对湿度为 50% 条件下与干空气条件下相比，苯的去除率降低了 1/3。在钛酸钡填料中不含结晶水，因此无此现象，从此角度看，亚硝酸钠填料对于污染物的去除不如钛酸钡。

综上所述，在反应体系中添加填料有利于增强放电，有利于污染物的去除。所选用的钛酸钡填料在污染物去除方面优于亚硝酸钠填料。

8.5.2　改性铁电体协同等离子体降解实验

在均匀静电场中的电介质，当电压较高时，极化强度较大，将产生较高的局部的不均匀电场，其强度见如下公式：

$$E = \frac{3\varepsilon}{\varepsilon + 2} E_0 \cos\theta \tag{8－20}$$

式中，E_0 为初始电场强度；ε 为介质的相对介电常数；θ 为电位角。

式（8－20）给出了电场中介质极化后产生的局部电场强度（E），可以看出 E 的大小与 E_0 成正比，与其本身的介电常数有关，ε（相对介电常数）越大，E 越接近 E_0 的 3 倍（$\theta = 0$），因此随着电压的提高，阻挡放电的介质相对介电常数越高，产生的微放电数量越多，电场强度越高，放电所产生的高能电子加大了对污染物分子的碰撞概率，从而更有利于甲苯的去除。因此，如果采用介电常数较高的介电材料将有利于增强电场强度，增强放电。

本课题组采用软化学的方法在 $BaTiO_3$ 中掺入了适量的锶、锌和锆、锡，制备了纳米 $Ba_{0.8}Sr_{0.2}Zr_{0.1}Ti_{0.9}O_3$ 改性铁电体材料，这些掺杂离子均匀进入母体晶格，引起 Curie 温度 T_c 降低，即在常温下材料介电常数就可以达到 12000 以上，比 $BaTiO_3$ 纯相提高 10 倍，而介电损失（0.005）却降低至普通纯相 $BaTiO_3$ 介电损失（0.028）的 1/6。那就意味着在室温条件，纳米 $Ba_{0.8}Sr_{0.2}Zr_{0.1}Ti_{0.9}O_3$ 填料在相对较小的电场强度下就可以发生极化，在不提高电压的条件下就可以提高电晕放电的强度，从而强化等离子体作用，提高反应器的能量利用率，生成效率更高的氧化物，相比 $BaTiO_3$ 铁电体而言，进一步提高了甲苯的降解率。

已知甲苯浓度控制为 $1000mg/m^3$，气体流速为 2L/min，高压中频交流电源频率为 150Hz，选用 18 号反应器进行实验。

8.5.2.1 改性铁电体材料制备

根据实验室现有实验条件，采用常温常压水热技术[68]，通过对不同掺杂体的比较，制备 $Ba_{0.8}Sr_{0.2}Zr_{0.1}Ti_{0.9}O_3$，掺杂项为 Sr、Zr。

实验试剂为 $TiCl_4$、$ZrOCl_2$、$Ba(OH)_2 \cdot 8H_2O$、$Sr(OH)_2 \cdot 8H_2O$、氨水、HCl、二次蒸馏水。

实验仪器及材料为胶体磨、烘箱、马弗炉、电工陶瓷拉西环（5 mm 直径×3 mm 长度）。

A 实验步骤

化学计算量 $TiCl_4$ 滴入 100mL 水中，加氨水调 pH = 7，严格控制反应条件，在通风橱中水解得到 α-H_2TiO_3；用热水洗净 Cl^-，减压抽滤，之后在 100℃ 下煮沸 4h，$Ba(OH)_2 \cdot 8H_2O$、$Sr(OH)_2 \cdot 8H_2O$ 按一定比例与水混合均匀搅拌，迅速滴加至先前制备的 H_2TiO_3 中，加氨水调 pH = 6~6.5，混合液移入三口瓶，密封并搅拌，瓶口需加冷凝管回流水汽以保证液量平衡；得到固体，室温研磨，入坩埚 100℃ 烘干，得到纳米 $Ba_{0.8}Sr_{0.2}Zr_{0.1}Ti_{0.9}O_3$ 粉体[69~75]。

B 镀膜实验

由于 γ-Al_2O_3 温度超过 600℃，其性状即发生很大变化，而本实验中需升温至 1200℃ 的高温来煅烧制造实验所需的纳米 $Ba_{0.8}Sr_{0.2}Zr_{0.1}Ti_{0.9}O_3$ 催化剂，故采用能够耐高温的电工陶瓷拉西环来作为催化剂载体。

参照本章参考文献 [76] 的方法，以去离子水或乙醇作为溶剂，采用胶体磨，使纳米 $Ba_{0.8}Sr_{0.2}Zr_{0.1}Ti_{0.9}O_3$ 粉体充分悬浮在溶剂中，拉西环提拉法镀膜。之后，在 60℃ 下干燥，如此重复 3 次，放入马弗炉中升温至 1200℃ 煅烧 2h 后降温，当温度降至室温后填料即可使用。

8.5.2.2 改性铁电体材料表征

由图 8-28 所示的 $BaTiO_3$ 的晶体结构可知，纯相 $BaTiO_3$ 中，Ti^{4+} 处于 $(TiO_6)^{8-}$ 八面

体中心，Ba^{2+} 处于八面体的空隙中，在120℃以上，$BaTiO_3$ 的结构稳定，电荷呈对称分布，没有净的偶极矩，因而没有铁电性；低于120℃时，$BaTiO_3$ 晶相内部发生畸变，Ti^{4+} 偏离其中心位置而移向一个顶角氧，$(TiO_6)^{8-}$ 八面体不再规则，产生一种自发极化，并且相邻 $(TiO_6)^{8-}$ 偶极矩倾向于彼此平行排列而形成畴结构，因而使 $BaTiO_3$ 具有铁电性。物质在铁电性与顺电性变化的转折点为居里点，此点具有最高的介电常数。纯相 $BaTiO_3$ 的居里点为120℃，因此在120℃有最高的介电常数。当用部分不活泼的 Sr 和 Zr 取代 Ti 后，部分晶胞处于中心对称，使晶胞中的变化变得不规则，整体畴结构遭到破坏，从而使居里点前移，室温介电常数显著增加。此外，由于 Sr 和 Zr 取代 Ti 后，晶胞的自发极化程度降低，因此在电场作用下偶极子转向所需要的总能量减少，故介电损耗降低。

将制备的样品进行 XRD 物相分析，如图8-37所示，结果与 JCPDS 卡片（$BaTiO_3$ 纯相）一致，表明产品为立方晶系的钙钛矿结构。XRD 检测过程中发现，$BaTiO_3$ 纯相晶胞直径为4.0177Å，而 $Ba_{0.8}Sr_{0.2}Zr_{0.1}Ti_{0.9}O_3$ 晶胞直径为4.0166Å。说明 Sr^{2+} 离子和 Zr^{4+} 离子等掺杂离子均匀进入母体晶格，较小的 Sr^{2+} 离子（半径0.113nm）取代了较大的 Ba^{2+}（半径0.135nm）离子，而较大的 Zr^{4+} 离子（半径0.080nm）取代了较小的 Ti^{4+} 离子（半径0.068nm），晶体晶胞直径相应变小。由 XRD 检测结果可知，$Ba_{0.8}Sr_{0.2}Zr_{0.1}Ti_{0.9}O_3$ 平均粒径围为59nm 左右。参照图8-38，可以看出 $Ba_{0.8}Sr_{0.2}Zr_{0.1}Ti_{0.9}O_3$ 晶体基本呈现球状。

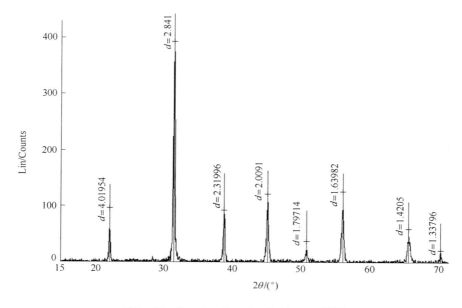

图8-37 $Ba_{0.8}Sr_{0.2}Zr_{0.1}Ti_{0.9}O_3$ 的 XRD 谱图

比表面积表征由美国 QUANTACHROME 公司生产的 NOVA1000 型 Micromeritics 分析仪测定，采用真空法测定，吸附标准气体为高纯 N_2（≥99.999%），脱气温度300℃，样品分析温度77.35K，五点法测量。实验测定纳米材料 BET 表面积为8.7943m^2/g，Langmuir表面积为12.3145m^2/g。

通过4210型 LCR 自动测试仪测定 $Ba_{0.8}Sr_{0.2}Zr_{0.1}Ti_{0.9}O_3$ 的介电常数，其介电常数可高达10^4，比 $BaTiO_3$ 纯相的介电常数高出10倍左右。

图 8 – 38 $Ba_{0.8}Sr_{0.2}Zr_{0.1}Ti_{0.9}O_3$ 的 SEM 谱图

8.5.2.3 改性铁电体对降解率的影响

图 8 – 39 显示了等离子体反应器中添加不同填料的情况下，甲苯的降解率变化趋势。在输入反应器能量密度相同的情况下，四种反应器降解甲苯的能力大小依次为：有 $Ba_{0.8}Sr_{0.2}Zr_{0.1}Ti_{0.9}O_3$ 的填料 > 有 $BaTiO_3$ 的填料 > 无催化剂的填料 > 无填料。

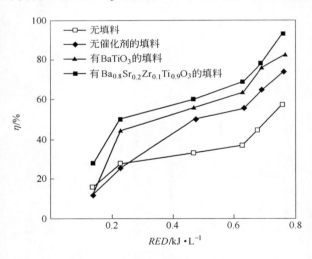

图 8 – 39 纳米材料对甲苯降解率的影响

显然，有填料比无填料的降解率要高。这是由于填料电介质在高电压的条件下发生极化，提高了电晕放电的强度及对污染物的降解效果。而当等离子体反应器中有 $Ba_{0.8}Sr_{0.2}Zr_{0.1}Ti_{0.9}O_3$ 的填料存在时，均得到较高的甲苯降解率，这与 $Ba_{0.8}Sr_{0.2}Zr_{0.1}Ti_{0.9}O_3$ 较高的介电常数密不可分。实验结果进一步说明，纳米 $Ba_{0.8}Sr_{0.2}Zr_{0.1}Ti_{0.9}O_3$ 填料在相对较小的电场强度下就可以发生极化，在不提高电压的条件下就可以提高电晕放电的强度，从而强化等离子体作用，提高反应器的能量利用率，生成效率更高的氧化物，进一步提高了甲苯的降解率。

8.5.2.4 改性铁电体对臭氧浓度的影响

图 8-40 所示为在低温等离子体反应器中添加不同填料的情况下臭氧浓度的变化趋势。显然，在反应器中添加填料之后可明显提高臭氧的产生量，加入 $Ba_{0.8}Sr_{0.2}Zr_{0.1}Ti_{0.9}O_3$ 填料比加入其他填料更有利于臭氧的生成。在产生臭氧方面，在输入反应器能量密度相同的情况下，四种反应器能力大小依次为：有 $Ba_{0.8}Sr_{0.2}Zr_{0.1}Ti_{0.9}O_3$ 的填料 > 有 $BaTiO_3$ 的填料 > 无催化剂的填料 > 无填料。

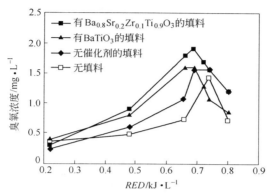

图 8-40 纳米材料对臭氧浓度的影响

臭氧是主要的长周期基团，它转移到纳米 $Ba_{0.8}Sr_{0.2}Zr_{0.1}Ti_{0.9}O_3$ 表面，并参与其表面的氧化反应历程。其反应途径如下[77]：

$$e + O_2 \longrightarrow 2O + e \tag{8-21}$$
$$O + O_2 + M \longrightarrow O_3 + M \tag{8-22}$$
$$O + O_3 \longrightarrow 2O_2 \tag{8-23}$$
$$e + O_3 \longrightarrow O + O_2 + e \tag{8-24}$$

由图 8-40 可见，随着输入反应器能量密度的增加，甲苯浓度先增大后减小，存在一个极值点。由于反应器内填料的加入，反应器内电场强度得以增强，放电区域沿电场方向随之扩散，放电的范围增大，反应器的放电增强，产生的自由电子数量增加，其能量水平也逐渐提高，从而使电子与空气中氧分子碰撞的几率增大，氧等离子体的数量和能量水平得到增加，导致臭氧浓度的增高。输入反应器的能量密度 RED 持续增加，达到某一限值时，放电产生的自由电子与空气分子达到最佳的摩尔比，此时得到最高的臭氧浓度。之后，RED 继续增加，自由电子与空气分子的摩尔比大于最佳值，过剩的高能电子及放电产生的自由基与臭氧分子作用，使其分解，从而出现臭氧浓度降低的情况。同时产生的氧的自由基也将有助于甲苯的进一步降解。

8.5.2.5 改性铁电体对等离子体能量效率的影响

图 8-41 所示为等离子体反应器中添加不同填料的情况下降解甲苯过程中能量效率的变化趋势。由图可见，在输入反应器能量密度相同的情况下，能量效率依次表现为：有 $Ba_{0.8}Sr_{0.2}Zr_{0.1}Ti_{0.9}O_3$ 的填料 > 有 $BaTiO_3$ 的填料 > 无催化剂的填料 > 无填料。结果表明，$Ba_{0.8}Sr_{0.2}Zr_{0.1}Ti_{0.9}O_3$ 对于发展能量效率，提高能量利用率，降低能耗，具有明显的优势。

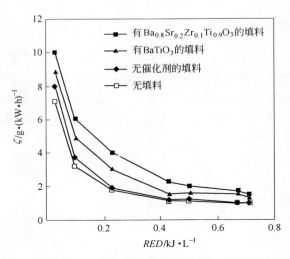

图 8 - 41   纳米材料对能量效率的影响

因此，综合本节实验可以得出如下结论：$Ba_{0.8}Sr_{0.2}Zr_{0.1}Ti_{0.9}O_3$ 由于其特殊的材料性能，具有提高能量效率、降低能耗的优点，为解决现今等离子体降解技术能耗较高的问题提供了较好的思路；同时它的缺点在于，由于其极大增强了放电的强度，放电过程中产生的臭氧浓度较高，而臭氧则是我们不想要的副产物。据此，需要有其他的催化剂与其配合作用，共同辅助等离子体技术的进一步发展，解决阻碍等离子体技术发展的两大瓶颈——能耗及副产物问题。

8.6   吸附－铁电体－纳米催化协同降解实验

复合型催化剂由 $MnO_2/\gamma\text{-}Al_2O_3$（质量分数 10%）及纳米 $Ba_{0.8}Sr_{0.2}Zr_{0.1}Ti_{0.9}O_3$ 催化剂等比例混合后，置于等离子体反应器内。由前面实验可知，$\gamma\text{-}Al_2O_3$ 可以浓集废气中的污染物，增长污染物的停留时间，同时由于其金属氧化物特性，具有一定的污染物降解能力；$MnO_2/\gamma\text{-}Al_2O_3$ 催化剂对放电产生的臭氧具有很好的消解作用，尤其当 MnO_2 在 $\gamma\text{-}Al_2O_3$ 上的负载量为 10%（质量分数）时；纳米 $Ba_{0.8}Sr_{0.2}Zr_{0.1}Ti_{0.9}O_3$ 是在典型的铁电体 $BaTiO_3$ 的基础上得以优化的介电材料，由于其超强的铁电特性及纳米特性，能够有效强化放电产生的电场强度，增加能量利用率。本节实验欲综合三者的优点，即采用吸附－等离子体强化－纳米催化技术，以期解决等离子体技术能耗较高及易产生放电副产物两大问题，使低温等离子体净化技术进一步走向实用化。

8.6.1   复合催化剂对降解率的影响

图 8 - 42 所示为不同催化剂对甲苯降解率的影响。由图可见，当催化剂存在时，甲苯降解率随着输入反应器的能量密度 RED 的增加急剧增大，其大小依次为：复合催化剂 > $Ba_{0.8}Sr_{0.2}Zr_{0.1}Ti_{0.9}O_3$ > $MnO_2/\gamma\text{-}Al_2O_3$ > 无填料。

单独由本图来看，似乎三种催化剂对甲苯的降解效果相差不多，尤其是复合催化剂与 $Ba_{0.8}Sr_{0.2}Zr_{0.1}Ti_{0.9}O_3$ 比较而言，它们对甲苯的降解效果较为接近，但是评价一种催化剂以及一种技术不能简单地从降解率的角度来衡量考虑，还需从综合能量效率及副产物等角度来加以考虑。

由图 8-42 可知，当复合催化剂存在时，在等离子体反应器中甲苯的最佳降解率达到了 98.7%，这暗示复合催化剂具有极佳的甲苯降解性能。

8.6.2 复合催化剂对臭氧浓度的影响

图 8-43 所示为不同催化剂对臭氧浓度的影响。由图可见，$MnO_2/\gamma\text{-}Al_2O_3$ 及复合催化剂对臭氧有明显的消解效果，在不同催化剂存在的条件下，输入反应器能量密度 $RED = 0.5kJ/L$ 时，臭氧浓度大小依次为：$Ba_{0.8}Sr_{0.2}Zr_{0.1}Ti_{0.9}O_3 >$ 无填料 $> MnO_2/\gamma\text{-}Al_2O_3 >$ 复合催化剂。这一结果暗示，对于臭氧的消减，$MnO_2/\gamma\text{-}Al_2O_3$ 在催化剂中扮演着主要的作用，而且复合作用时竟然有效地抵消了 $Ba_{0.8}Sr_{0.2}Zr_{0.1}Ti_{0.9}O_3$ 所产生的较高的臭氧浓度，这表明复合催化剂的协同性能要好于任何单一的催化剂单独作用的结果。

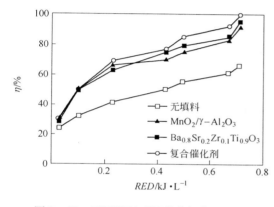

图 8-42　不同填料时甲苯降解率的变化　　图 8-43　不同填料时臭氧浓度的变化

8.6.3 复合催化剂对等离子体能量效率的影响

图 8-44 所示为不同催化剂对等离子体技术能量效率的影响。由图可见，在输入反应器能量密度相同时，能量效率依次表现为：复合催化剂 $> Ba_{0.8}Sr_{0.2}Zr_{0.1}Ti_{0.9}O_3 > MnO_2/\gamma\text{-}Al_2O_3 >$ 无填料。结果表明，在发展能量效率方面，$Ba_{0.8}Sr_{0.2}Zr_{0.1}Ti_{0.9}O_3$ 在复合催化剂中扮演了极为重要的角色。

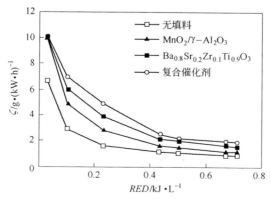

图 8-44　不同填料时能量效率的变化

综上所述，复合催化剂同时体现出较好的甲苯降解效果、较强的臭氧消解效果及最佳的等离子体能量效率。

8.7   结语

采用吸附－铁电体－催化协同低温等离子体技术展开了在常温常压下降解气相流中的甲苯的一系列实验，从甲苯降解效果、臭氧消解性能及能量效率的角度评估了 γ-Al_2O_3、MnO_2/γ-Al_2O_3（质量分数分别为 5%、10%、15%）、纳米 TiO_2/γ-Al_2O_3、纳米 $Ba_{0.8}Sr_{0.2}Zr_{0.1}Ti_{0.9}O_3$ 及复合催化剂（纳米 $Ba_{0.8}Sr_{0.2}Zr_{0.1}Ti_{0.9}O_3$ 联合质量分数为 10% MnO_2/γ-Al_2O_3）的催化性能。

（1）在放电等离子体空间填充 γ-Al_2O_3 吸附剂，最直接的优势是可以在不增大反应器尺寸的前提下，增加 VOCs 在反应区的停留时间，从而提高降解率；吸附作用能够造成 VOCs 的相对富集，有利于提高放电能量的有效利用率。吸附剂还可吸附放电等离子体空间被激活的大量短寿命活性物质或者在放电之前就吸附有利于产生高活性自由基的物质，当放电产生时造成局部自由基的富集，强化微孔结构表面的多相降解反应；多孔性颗粒的表面在电子的撞击下也可能成为反应活性中心。实验发现，γ-Al_2O_3 有利于甲苯降解率及能量效率的提高。当 $RED = 0.1$ kJ/L 时，填充有 γ-Al_2O_3 的反应器比无填料的反应器对甲苯的降解率提高了 6%，能量效率提高了 0.5g/(kW·h)；且 γ-Al_2O_3 对臭氧表现出一定的消解作用。

（2）考察了 0%、5%、10%、15%（质量分数）不同负载量的 MnO_2/γ-Al_2O_3 催化剂催化性能。在反应器能量输入密度相同时，甲苯的降解率随着 MnO_2 负载量的变化依次为：15%（质量分数）负载量≈10%（质量分数）负载量＞5%（质量分数）负载量＞0（质量分数）负载量。能量效率随着 MnO_2 负载量的变化依次为：10%（质量分数）负载量 MnO_2/γ-Al_2O_3 ＞15%（质量分数）负载量 MnO_2/γ-Al_2O_3 ＞5%（质量分数）负载量 MnO_2/γ-Al_2O_3 ＞0%（质量分数）负载量 MnO_2/γ-Al_2O_3。负载量为 10%（质量分数）时，臭氧浓度最小。

（3）针对 γ-Al_2O_3、纳米 TiO_2/γ-Al_2O_3 与 MnO_2/γ-Al_2O_3 三种催化剂进行对比实验，目的是选出较好的配合型催化剂来提高甲苯的降解率及增强能量利用率，有效地控制反应过程中副产物的产量，副产物的控制以放电过程中所产生的代表性的产物——臭氧为控制目标。结果表明，甲苯降解率大小依次为 MnO_2/γ-Al_2O_3、纳米 TiO_2/γ-Al_2O_3、γ-Al_2O_3；能量效率大小依次为 MnO_2/γ-Al_2O_3、纳米 TiO_2/γ-Al_2O_3、γ-Al_2O_3；MnO_2/γ-Al_2O_3 催化剂表现出最好的臭氧消解效果。

（4）在输入反应器能量密度相同的情况下，降解甲苯的能力大小依次为：有 $Ba_{0.8}Sr_{0.2}Zr_{0.1}Ti_{0.9}O_3$ 的填料、有 $BaTiO_3$ 的填料、无催化剂的填料、无填料。在臭氧产生方面，能力大小依次为：有 $Ba_{0.8}Sr_{0.2}Zr_{0.1}Ti_{0.9}O_3$ 的填料、有 $BaTiO_3$ 的填料、无催化剂的填料、无填料。能量效率大小依次为：有 $Ba_{0.8}Sr_{0.2}Zr_{0.1}Ti_{0.9}O_3$ 的填料、有 $BaTiO_3$ 的填料、无催化剂的填料、无填料。

（5）复合型催化剂由 MnO_2/γ-Al_2O_3（10% 质量分数）及纳米 $Ba_{0.8}Sr_{0.2}Zr_{0.1}Ti_{0.9}O_3$ 催化剂等比例混合放置于等离子体反应器中。甲苯降解率随着输入反应器的能量密度的增加急剧增大，其大小依次为：复合催化剂、$Ba_{0.8}Sr_{0.2}Zr_{0.1}Ti_{0.9}O_3$、$MnO_2/\gamma$-$Al_2O_3$、无填料。

能量密度一定时，臭氧浓度大小依次为：$Ba_{0.8}Sr_{0.2}Zr_{0.1}Ti_{0.9}O_3$、无填料、$MnO_2/\gamma\text{-}Al_2O_3$、复合催化剂。能量效率大小依次为：复合催化剂、$Ba_{0.8}Sr_{0.2}Zr_{0.1}Ti_{0.9}O_3$、$MnO_2/\gamma\text{-}Al_2O_3$、无填料。结果表明，采用复合型催化剂明显优于单独催化剂作用结果，极大地提高了甲苯降解率，增加了能量效率，有效地加强了对等离子体反应副产物（臭氧）的控制效果。

参 考 文 献

[1] Song Y H, Kim S J, Choi K I, et al. Effects of adsorption and temperature on a nonthermal plasma process for removing VOCs [J]. J Electrostatic, 2002, 55 (2): 189～201.

[2] Urashitnal K, Chang J S, Ito T. Destruction of volatile organic compounds in air by a superimposed barrier discharge plasma reactor and activated carbon filter hybrid system [C] // 1997 IEEE industry applications society annual meeting, USA: New Orleans, 1997: 1969～1974.

[3] Ogata A, Yamanouchi K, Mizuno K, et al. Decomposition of benzene using alumina-hybrid and catalyst-hybrid plasma reactors [J]. IEEE Trans. Ind. Appl., 1999, 35 (6): 1289～1295.

[4] Ogata A, Ito D, Mizuno K, et al. Removal of dilute benzene using a zeolite-hybrid plasma reactor [J]. IEEE Trans. Ind. Appl., 2001, 37 (4): 959～964.

[5] 姜玄珍, 郑雷. 电晕 – 催化相结合降解二氯甲烷 [J]. 催化学报, 1997, 18 (4): 348～350.

[6] 郑雷, 姜玄珍. 脉冲电晕放电降解 CH_2Cl_2 的初步研究 [J]. 环境科学, 1997, 18 (5): 62～64.

[7] 季金美, ArifMalik M, 姜玄珍. 脉冲电晕放电降解 CFC-113 和 CCl_4 [J]. 环境科学, 1999, 9 (5): 52～54.

[8] Demidiouk V, Moon S I, Chae J O, et al. Toluene and butyl acetate removal from air by plasma-catalytic system [J]. Catal. Commun., 2003 (4): 51～56.

[9] Kang M, Kim B J, Cho S M, et al. Decomposition of toluene using an atmospheric pressure plasma/TiO_2 catalytic system [J]. J. Mol. Catal. A: Chem., 2002, 180: 125～132.

[10] Li D, Yakushiji D, Kanazawa S, et al. Decomposition of toluene by streamer corona discharge with catalyst [J]. J. Electrostatic, 2002, 55: 311～319.

[11] Li D, Yakushiji D, Kanazawa S, et al. Decomposition of toluene by using a streamer discharge reactor combined with catalysts [C] // IEEE Industry Applications Annual Meeting, USA, 2001, 2 (30): 1077～1081.

[12] Futamura S, Zhang Aihua, Hisahiro E, et al. Involvement of catalyst materials in nonthermal plasma chemical processing of hazardous air pollutants [J]. Catal. Today, 2002, 72 (3～4): 259～265.

[13] Francke K P, Miessner H, Rudolph R. Cleaning of air streams from organic pollutants by plasma-catalytic oxidation [J]. Plasma Chem. Plasma Process, 2000, 20 (3): 393～403.

[14] Zhu T, Li J, Liang W J, et al. Synergistic effect of catalyst for oxidation removal of toluene [J]. Journal of Hazardous Materials, 2009, 165: 1258～1260.

[15] 吴玉萍, 郑光云, 蒋洁敏, 等. 介质阻挡放电 – 催化降解苯的研究 [J]. 环境化学, 2003, 22 (4): 329～333.

[16] Oda T, Takahashi T, Kohzuma S, et al. Decomposition of dilute trichloroethylene by using non-thermal plasma processing—frequency and catalyst effect [J]. IEEE Trans. Ind. Appl., 2001, 37 (4): 706～713.

[17] 晏乃强, 吴祖成, 施耀, 等. 催化剂强化脉冲放电治理有机废气 [J]. 中国环境科学, 2000, 20 (2): 136～140.

［18］ Ogata Atsushi, Noboru Shintani, Koichi Mizuno, et al. Decomposition of benzene using a nonthermal plasma reactor packed with ferroelectric pellets ［J］. IEEE Trans. Ind. Appl., 1999, 35 (4): 753~759.

［19］ 李坚, 马广大. 电晕法处理易挥发性有机物（VOCs）的实验研究 ［J］. 环境工程, 1999, 17 (3): 30~32.

［20］ 梁文俊, 李坚, 金毓崟, 等. 低温等离子体法去除甲醛气体 ［J］. 环境污染治理技术与设备, 2005, 6 (4): 50~52.

［21］ Sugasawa M, Annadurai G, Futamura S. Nonthermal plasma chemical processing of mixed VOCs ［J］. Ind. Appl. Conf., 2005, 4 (8): 2918~2923.

［22］ 竹涛, 梁文俊, 李坚, 等. 等离子体联合纳米技术降解甲苯废气的研究 ［J］. 中国环境科学, 2008, 28 (8): 699~703.

［23］ Einaga H, Ibusuki T, Futamura S, et al. Performance evaluation of hybrid systems comprising silent discharge plasma and catalysts for VOC control ［J］. IEEE Trans. Ind. Appl., 2001, 37 (5): 1476~1482.

［24］ Urashima K, Kostov K G, Chang J S, et al. Removal of C_2F_6 from a semiconductor process flue gas by a ferroelectric packed-bed barrier discharge reactor with an absorber ［J］. IEEE Trans. Ind. Appl., 2001, 37 (5): 1456~1463.

［25］ Testuji O D A, Tadashi Takahashi, Kei Yamaji. TCE decomposition by the nonthermal plasma process concerning ozone effect ［J］. IEEE Trans. Ind. Appl., 2004, 40 (5): 1249~1256.

［26］ Ogata A, Shintani N, Mizuno K, et al. Decomposition of benzene using nonthermal plasma reactor packed with ferroelectric pellet ［J］. IEEE Trans. Ind. Appl., 1999, 35 (4): 753~759.

［27］ Ogata A, Ito D, Mizuno K, et al. Effect of coexisting components on aromatic decomposition in a packed-bed plasma reactor ［J］. Appl. Catal. A, 2002, 236 (1~2): 9~15.

［28］ Holzer F, Roland U, Kopinke F D. Combination of nonthermal plasma and heterogeneous catalysis for oxidation of volatile organic compounds part 1: Accessibility of the intraparticle volume. Appl. Catal. B, 2002, 38 (3): 163~181.

［29］ Liu C J, Lance L. Experimental investigations on the interaction between plasma and catalyst for plasma catalytic methane conversion (PCMC) over zeolites ［J］. Sur. Sci. Catal., 1998, 119: 361~366.

［30］ Guo Y F, Ye D Q, Chen K F, He J C. Toluene removal by a DBD-type plasma combined with metal oxides catalysts supported by nickel foam ［J］. Catal. Today, 2007, 126 (3~4): 328~337.

［31］ Van Durme J, Dewulf J, Leys C, Van Langenhove H. Combining non-thermal plasma with heterogeneous catalysis in waste gas treatment: A review ［J］. Appl. Catal. B: Environ, 2008, 78 (3~4): 324~333.

［32］ Ogata A, Einaga H, Kabashima H, et al. Effective combination of nonthermal plasma and catalysts for decomposition of benzene in air ［J］. Appl. Catal. B: Environ. 2003, 46 (1): 87~95.

［33］ Imamura S, Ikebata M, Ito T, Ogita T. Decomposition of ozone on a silver catalyst ［J］. Ind. Eng. Chem. Res. 1991, 30: 217~221.

［34］ Radhakrishnan R, Oyama S T. Electron transfer effect in ozone decomposition on supported manganese oxide ［J］. J. Phys. Chem. B. 2001, 105: 4245~4253.

［35］ Futamura S, Einaga H, Kabashima H, Lee Y H. Synergistic effect of silent discharge plasma and catalysts on benzene decomposition ［J］. Catal. Today, 2004, 89 (1~2): 89~95.

［36］ O'Hara D B, Clements J S, Finney W C, et al. Aerosol particle charging by free electrons ［J］. J Aerosol Science, 1989, 20 (3): 313~330.

［37］ 赵志斌, 刘建民, 吴彦, 等. 脉冲放电粒子荷电机理的研究 ［J］. 环境科学学报, 1999, 19

（2）：113～119.

［38］ Evans D , Rosocha L A , Anderson G K, et al. Plasma remediation of trichloroethylene in silent discharge plasmas ［J］. J Appl Phys, 1993, 74 (9)：5378～5386.

［39］ 高濂，郑珊，张青红. 纳米氧化钛光催化材料及应用［M］. 北京：化学工业出版社，2002.

［40］ 施周，张文辉. 环境纳米技术［M］. 北京：化学工业出版社，2003.

［41］ 于向阳，梁文，程继健. 提高二氧化钛光催化性能的途径［J］. 硅酸盐学报，2000（1）：53～57.

［42］ Harizanov O , Harizanova A. Development and investigation of sol-gel solutions for the formation of TiO$_2$ coatings ［J］. Solar Energy Materials and Solar Cells , 2000 , 63 (2)：185～195.

［43］ Negishi N , Takeuchi K. Preparation of TiO$_2$ thin film photocatalysis by dip coating using a highly viscous solvent ［J］. J. Sol2Gel Sci. Tech. , 2001 , 22 (1/2)：23～31

［44］ 李春燕，李懋强. TiO$_2$ 的溶胶－凝胶过程研究［J］. 硅酸盐学报，1996，66：338～341.

［45］ Sullivan W F, Cole S S. J Am Ceram Soc ［J］. 1959, 42 (3)：127～135.

［46］ Attia S M，王钰，吴广明，等. 溶胶－凝胶法制备 TiO$_2$ 薄膜及其光学特性［J］. 同济大学学报，2001，29（10）：1209～1212.

［47］ 张淑娟，关乃佳，等. Ni-Al$_2$O$_3$ 催化剂上丙烷选择性还原 NO ［J］. 催化学报，2005，26（10）：929～936.

［48］ 严菁，马建新，周伟，等. 钴和钾对 Pt/γ-Al$_2$O$_3$ 上 CO 选择性氧化的助催化作用［J］. 催化学报，2005，26（6）：489～496.

［49］ Delagrange S, Pinard L, Tatibouët J M. Combination of a non-thermal plasma and a catalyst for toluene removal from air: Manganese based oxide catalysts ［J］. Appl. Catal. B：Environ. 2006, 68 (3～4)：92～98.

［50］ Radhakrishnan R, Oyama S T, Chen J G, et al. Electron transfer effects in ozone decomposition on supported manganese oxide ［J］. J. Phys. Chem. B, 2001, 105 (19)：4245～4253.

［51］ Naydenov A., Mehandjiev D, Complete oxidation of benzene on manganese dioxide by ozone ［J］. Appl. Catal. A：Gen, 1993, 97：17～22.

［52］ 华南工学院，南京化工学院，清华大学. 陶瓷材料物理性能［M］. 北京：中国建筑工业出版社，1980.

［53］ 三井利夫，达奇达，中村英二. 铁电物理学导论［M］. 倪冠军，等译. 北京：科学出版社，1983.

［54］ 关振铎. 无机材料物理性能［M］. 北京：清华大学出版社，1992.

［55］ 钟维烈. 铁电体物理学［M］. 北京：科学出版社，2000.

［56］ 李坚. 电晕法处理挥发性有机物（VOCs）的实验研究［D］. 西安：西安建筑科技大学，1999.

［57］ M. E. 莱因斯，A. M. 格拉斯. 铁电体及有关材料的原理和应用［M］. 钟维烈译. 北京：科学出版社，1989：350.

［58］ 王渊旭，钟维烈. 亚硝酸钠的铁电性起源与电子结构［J］. 山东大学学报，2001，36（3）：301～305.

［59］ Toshiaki Yamamoto, Kumar Pamanathan, Phil A Lawless, et al. Control of Volatile Organic Compounds by an ac Energized Ferroelectric Pellet Reactor and a Pulsed Corona Reactor ［J］. IEEE Trans. Ind. Applicat, 1992, 28 (3)：528～534.

［60］ Atsushi Ogata, Noboru Shintami, Koichi Mizuno, et al. Decomposition of Benzene Using a Nonthermal Plasma Reactor Packed with Ferroelectric Pellets ［J］. IEEE Trans. Ind. Applicat, 1999, 35 (4)：753～759.

［61］ Atsushi Ogata, Kazushi Yamanouchi, Koichi Mizuno, et al. Decomposition of Benzene Using Alumina-Hybrid and Catalyst-Hybrid Plasma Reactors ［J］. IEEE Trans. Ind. Applicat, 1999, 35 (6): 1289 ~ 1295.

［62］ Atsushi Ogata, Daisuke Ito, Koichi Mizuno, et al. Removal of Dilute Benzene Using a Zeolite-Hybrid Plasma Reactor ［J］. IEEE Trans. Ind. Applicat, 2001, 37 (4): 959 ~ 964.

［63］ Jae-Duk Moon, Sang-Taek Geum. Discharge and Ozone Generation Characteristics of a Ferroelectric-Ball/Mica-Sheet Barrier ［J］. IEEE Trans. Ind. Applicat, 1998, 34 (6): 1206 ~ 1211.

［64］ Koichi Takaki, Kuniko Urashima, Jen-Shih Chang. Ferro-Electric Pellet Shape Effect on C_2F_6 Removal by a Packed-Bed-Type Nonthermal Plasma Reactor ［J］. IEEE Transactions on plasma science, 2004, 32 (6): 2175 ~ 2183.

［65］ 梁文俊. 低温等离子体技术去除挥发性有机物（VOCs）的研究 ［D］. 北京：北京工业大学, 2006.

［66］ Liang W J, Li J, Zhu T, et al. Formaldehyde removal from gas streams by means of $NaNO_2$ dielectric barrier discharge plasma ［J］. Journal of Hazardous Materials, 2010, 175: 1090 ~ 1095.

［67］ Hisahiro Einaga, Takashi Ibusuki, Shigeru Futamura. Performance Evaluation of a Hybrid System Comprising Silent Discharge Plasma and Manganese Oxide Catalysts for benzene Decomposition ［J］. IEEE Trans. Ind. Applicat, 2001, 37 (5): 1476 ~ 1482.

［68］ 丁士文, 王静, 秦江雷, 等. 纳米钛酸钡基介电材料的水热合成结构与性能 ［J］. 中国科学（B 辑）, 2001, 31 (6): 525 ~ 529.

［69］ 张立德, 牟季美. 纳米材料和纳米结构 ［M］. 北京：科学出版社, 2001: 59 ~ 88.

［70］ 范志新, 高红. 电子陶瓷材料最佳掺杂含量的理论研究 ［J］. 中国陶瓷, 2002, 38 (1): 1 ~ 3, 23.

［71］ Costa M E V, Mantas P Q. Dielectric Properties of Porous $Ba_{0.997}La_{0.003}Ti_{1.0045}O_3$ Ceramics ［J］. Journal of the European Ceramic Society, 1999 (19): 1077 ~ 1080.

［72］ 苏毅, 杨亚玲, 胡亮. 溶胶－凝胶法制备钛酸钡超细粉体的研究 ［J］. 化学研究与应用, 2002, 14 (2): 201 ~ 204.

［73］ Li Baorang, Wang Xiaohui, Li Longtu, et al. Dielectric properties of fine-grained $BaTiO_3$ prepared by spark-plasma-sintering ［J］. Materials Chemistry and Physics, 2004, 83: 23 ~ 28.

［74］ Sugimoto, Yasutaka. Manufacture of barium titanate-based ceramics electronic parts, Jpn. Kokai Tokkyo JP, 2001, 64, 077.

［75］ Komatsu Kazuhiro, Kuramitsu Hideki. Barium titanate-based dielectric ceramic compositions for laminated capacitors, Jpn. Kokai Tokkyo koho Jp, 2000, 34, 166.

［76］ 梁亚红, 竹涛, 马广大. 溶胶－凝胶法制备纳米 TiO_2 薄膜的研究 ［J］. 西安建筑科技大学学报, 2006, 38 (6): 799 ~ 803.

［77］ 竹涛, 李坚, 梁文俊, 等. 非平衡等离子体联合技术降解甲苯气体 ［J］. 环境科学学报, 2008, 28 (11): 2299 ~ 2304.

9 反应机理和反应动力学分析

本章重点对反应过程中及反应后的产物进行分析，主要针对放电反应中间产物、最终产物及结焦产物进行分析，并由此探讨等离子体技术降解 VOCs 废气的机理。

9.1 检测分析方法

9.1.1 净化尾气监测方法

采用气相色谱法对污染物浓度进行测定，使用仪器为 Aglient Technologies 的 HP6890N 型气相色谱仪，其气相色谱仪参数为：FID 检测器，色谱柱为 HP-5 型毛细柱（柱长 30m，内径 0.32mm，柱内涂膜厚 0.25μm）。色谱检测条件为：炉温 60℃，检测器温度 300℃，进样口温度 100℃。为了检测反应后尾气成分，采用美国 Thermo Finnigan 生产的 TRACE-MS 型气相色谱 – 质谱联用仪器（GC-MS）和德国 Bruker 公司生产的 VERTEX70 型傅立叶红外光谱仪进行测定，两者检测结果再进行比较分析。GC-MS 参数为：质谱检测器（EI）100eV；检测碎片范围为 33 ~ 450amu（$1amu = 1.66 \times 10^{-27}kg$）；接口温度为 250℃；离子源温度为 250℃；载气为氦气（ > 99.999% ）。

9.1.2 产物臭氧测定方法

反应器的放电强弱是反应器的重要指标，影响反应器中电子的能量水平、等离子化学过程和效率。由于在交变电场作用下，放电的电流、电压间的相位差难以确定，尤其是在强的介质阻挡放电过程中由此引起的测量误差相当大，因此在本实验条件下，采用间接法对放电强弱进行定性测定。根据本章参考文献 [1]，在介质阻挡放电反应器中放电强弱与反应器产生的臭氧量呈正相关，因此实验中利用碘量法测定臭氧浓度以确定反应器放电的强弱及氧等离子体的浓度。

臭氧（O_3）是一种强氧化剂，与碘化钾（20% KI）水溶液反应可游离出碘，在取样结束并对溶液酸化后，用 0.1000mol/L 硫代硫酸钠（$Na_2S_2O_3$）标准溶液并以淀粉溶液为指示剂对游离碘进行滴定，根据硫代硫酸钠标准溶液的消耗量计算出臭氧量。其反应式为：

$$O_3 + 2KI + H_2O \longrightarrow O_2 + I_2 + 2KOH \tag{9-1}$$

$$I_2 + 2Na_2S_2O_3 \longrightarrow 2NaI + Na_2S_4O_6 \tag{9-2}$$

臭氧浓度的计算公式如下：

$$C_{O_3} = \frac{A_{Na} \times B \times 24000}{V_0} \tag{9-3}$$

式中　C_{O_3}——臭氧浓度，mg/L；

A_{Na}——硫代硫酸钠标准溶液用量（因为 $Na_2S_2O_3$ 不稳定，每次使用前需重新用

0. 1000mol/L $K_2Cr_2O_7$ 标准溶液标定），mL；

　　B——硫代硫酸钠标准溶液浓度，mol/L；

　　V_0——臭氧化气体取样体积，mL。

9.1.3　表面结焦产物测定方法

　　对于电极、反应器管壁和填料表面结焦产物采用红外光谱法进行测定，实验选用德国 VERTEX70 型红外测试仪对物质进行测试，实验测试条件选用波数为 $400\sim4000cm^{-1}$。

9.2　反应产物分析

　　实验净化效果以降解率 η 作为评价指标，数学表达式为：

$$\eta = \frac{\overline{C_0} - \overline{C_i}}{\overline{C_0}} \times 100\% \qquad (9-4)$$

式中，$\overline{C_0}$ 为污染物平均进口浓度，mg/m^3；$\overline{C_i}$ 为污染物平均出口浓度，mg/m^3。

　　下面以甲苯为例来说明放电反应产物情况。

9.2.1　色谱检测结果分析

　　图 9-1 所示甲苯色谱图中除了甲苯色谱峰（保留时间 1.15s）外并未发现其他色谱峰，即无任何有机中间产物生成。由于甲苯分子被高能电子撞击分解后，生成的自由基团可能重新结合成新的物质，其在色谱中的保留时间可能比苯分子长很多，为此，实验将色谱分析时间延长 30min 进行验证，结果发现在 30min 之内仍未有其他色谱峰出现，这说明降解产物中无其他有机副产物生成，即产物中除一定量甲苯之外不能确定其他物质的存在。这可能是由于产物生成量极少，仪器未能检出，也可能是部分产物以非气态的形式存在，附着于反应器、电晕极或填料表面所致。

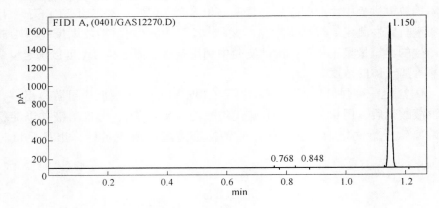

图 9-1　甲苯色谱图

9.2.2　质谱检测结果分析

　　由图 9-2 可见，电压越高，出峰的相对丰度越大，说明该有机物的含量越多；电压越高，出峰杂峰相对丰度越小，说明其余污染物含量相应减少[2]。对总离子流图出峰处对应的质谱图在 NIST2000 谱库检索分析的结果表明，经过联合反应器净化处理后，尾气中还存在少量的醛类、酰胺类及带有苯环的衍生物，当然还检测到羰基类的存在。以上这些检测结果，在一定程度上说明了甲苯的降解途径。

酰胺类的存在说明，在等离子体降解甲苯的过程中，尽管氮气 N_2 的键能很大（9.8eV），但仍有少数电子能达到这个能级，从而使该键发生断裂反应，生成一系列的含氮化合物。为了进一步分析氮的存在，对尾气进行了盐酸萘乙二胺比色法实验。在 14.3kV/cm 电场强度下降解甲苯，降解后的尾气以 100L/h 气量通过二次蒸馏水，吸收时间为 10min，取吸收后的溶液体积 10mL 进行检测。其产物中的氨氮被水溶液吸收，经氨基苯磺酸重氮化后，与 N - 盐酸萘乙二胺偶合反应生成偶氮化合物，溶液颜色微呈浅黄色，证明降解产物中确有含氮产物生成。

图 9 - 2（b）所示电场强度为 14.3kV/cm，除甲苯（$t=1.26$）外，其他中间产物检测含量极低。这说明当电场强度足够强，反应器输入能量足够高时，遭高能电子破坏的甲苯分子，在氧等离子体和臭氧的继续作用下，最终将被氧化成 CO_2 和 H_2O。

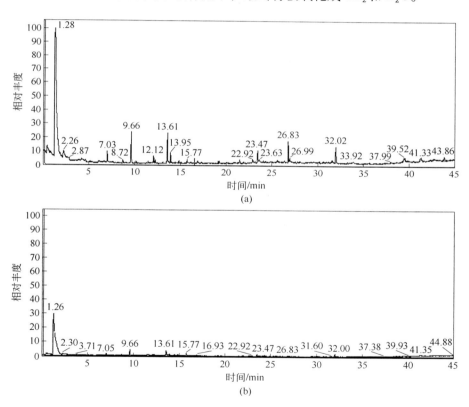

图 9 - 2　甲苯降解质谱图

（a）电场强度为 10kV/cm 时的总离子流图；（b）电场强度为 14.3kV/cm 时的总离子流图

9.2.3　尾气的红外吸收图谱分析

为了进一步确定反应器尾气中的成分构成，对尾气进行了红外吸收光谱的测试[3,4]，测试结果如图 9 - 3 所示。图中，a 为电场强度为 10kV/cm 时甲苯降解产物 FT-IR 谱图；b 为电场强度为 14.3kV/cm 时甲苯降解产物 FT-IR 谱图。

分析图 9 - 3 可以看到，在 $3350cm^{-1}$ 红外吸收峰，表明产物中存在—NH—和—NH_2 基团。然而由于在 $2730cm^{-1}$ 处峰的缺失，暗示 N＝C—N 基团不存在。而在 $3450cm^{-1}$ 处延伸宽化的峰表明可能存在带苯环的—NH—。因此，意味着产物中存在少量的酰胺类物质。在 $3400cm^{-1}$ 处宽化的峰是典型的水峰，表明产物中存在大量的—OH 基团。在 $2900cm^{-1}$ 的吸收峰附近，配合出现的应该是—CH_3 或—CH_2 基团，而在 $1700 \sim 1100cm^{-1}$ 范围内出现的吸收峰均说明产物中可能存在着带有苯环的衍生物。$2300 \sim 2100cm^{-1}$ 出现的吸收峰由高到低依次代表产物中含有 CO_2 和 CO。$700 \sim 500cm^{-1}$ 出现的吸收峰也代表产物极有可能为 CO_2[5]。图 9 - 3 表明，尾气中的主要成分除了 CO_2、CO 和 H_2O 外，中间产物还有大量的 O_3（$1000cm^{-1}$ 左右，强峰）[6]、少量的酰胺、羟基及带有苯环的衍生物等，这与色质联机 GC-MS 的实验结果基本相同。另外，从 FT-IR 谱图中还证实，当电场强度增高时，在甲苯降解的中间产物中，苯类衍生物逐渐减少，O_3 也开始逐渐减少，较多的是 CO_2、H_2O 等。

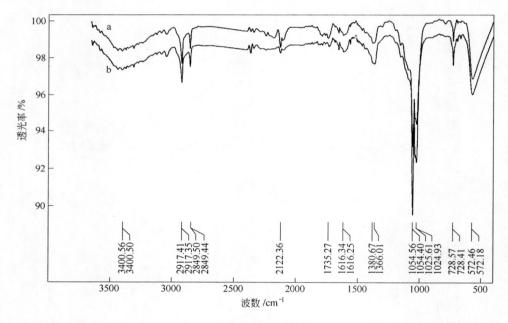

图 9 - 3　甲苯降解产物 FT-IR 谱图

9.3　结焦产物分析

实验中发现，无论反应条件如何变化，反应结束后都可以观察到与相似研究有相同的现象，即在反应器内壁上和填料表面上均会生成一种黄棕色黏稠的结焦物质。

采用空管反应器产生等离子体降解甲苯，经采样后对放电后的结焦物质进行 FT-IR 谱图分析，如图 9 - 4 所示。在 $1700cm^{-1}$ 左右，出现了强峰，代表产物中含有较大量的苯环类衍生物。

选用复合催化剂作为反应器填充材料构成等离子体 - 催化反应器，对甲苯气体进行处理。

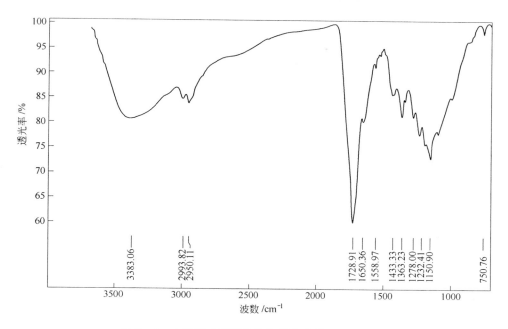

图 9 - 4　空管反应器甲苯降解结焦产物 FT-IR 谱图

采样后对放电后反应器内填料表面的结焦物质进行 FT-IR 谱图分析,如图 9 - 5 所示。结果发现,中间产物大大减少,尤其是苯环类聚合产物减少较快。这充分说明,吸附 - 等离子体强化 - 纳米催化技术可以有效地提高等离子体能量效率,充分脱附 γ-Al$_2$O$_3$ 所吸附的苯类衍生物,增强催化剂的表面反应,对降低反应副产物及中间产物,具有广阔的应用前景。

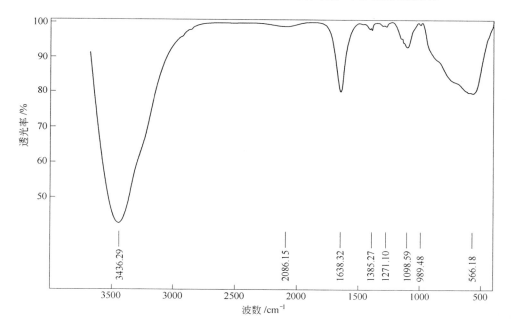

图 9 - 5　有催化剂填料的反应器甲苯降解结焦产物 FT-IR 谱图

9.4 反应机理分析

低温等离子体反应过程中，高能电子与含甲苯废气中氧气反应[7~11]：

$$e + O_2 \longrightarrow e + O_2^{\bullet}(A^3\textstyle\sum_u^+) \longrightarrow e + O(^3P) + O(^3P) \qquad (9-5)$$

$$e + O_2 \longrightarrow e + O_2^{\bullet}(B^3\textstyle\sum_u^-) \longrightarrow e + O(^1D) + O(^3P) \qquad (9-6)$$

氧原子自由基参与三体反应合成臭氧：

$$O + O_2 + M \longrightarrow O_3^{\bullet} + M \longrightarrow O_3 + M \qquad (9-7)$$

式中，M 为参与碰撞的第三者；$O_3^{\bullet}$ 为瞬间存在的激发态臭氧分子，它是三体复合反应的初期产物。

同时，高能电子与含污染物气体中的 H_2O 和 N_2 反应：

$$e + H_2O \longrightarrow OH^{\bullet} + H^{\bullet} \qquad (9-8)$$

$$e + H_2O \longrightarrow 2H^{\bullet} + O^{\bullet} \qquad (9-9)$$

$$H_2O + O(^1D) \longrightarrow 2OH \qquad (9-10)$$

$$e + N_2 \longrightarrow 2N^{\bullet} \qquad (9-11)$$

以上自由基与反应碎片相结合,生成酰胺、羰基类化合物及带有苯环的衍生物等有机物, 这些有机物均为反应中间产物,其中由质谱分析得到的典型的中间产物可能为以下几种物质:

以上自由基与反应碎片相结合，生成酰胺、羰基类化合物及带有苯环的衍生物等有机物，这些有机物均为反应中间产物，其中由质谱分析得到的典型的中间产物可能为以下几种物质：

由表 9-1 可知,氧化能力依次表现为:羟基自由基 > 氧原子 > 臭氧 > 双氧自由基。低温等离子体降解甲苯废气的反应机理可以确定为多种反应共存,相互协同、互相影响,而其中氧自由基和羟基自由基是甲苯氧化过程中的引发剂,也是出现多种苯环衍生物的诱导物质。综合以上的 GC-MS 及 FT-IR 谱图检测结果分析,推测低温等离子体降解甲苯的反应途径。

表 9-1 各种氧化剂的氧化电位

氧 化 剂	氧化电位/V	相对氧化电位（对数值）
羟基自由基	2.80	2.05
氧原子	2.42	1.78
臭氧	2.07	1.52
双氧水	1.77	1.30
双氧自由基	1.70	1.25
次氯酸	1.49	1.10
氯气	1.36	1.00

通过对甲苯分子中各种化学键的键能比较可知，甲基上的 C—H 键的键能很低（3.5eV），容易发生反应式（9-12）所示的离解反应；甲基与苯环之间的 C—C 键的键能也较低（3.8eV），也易发生反应式（9-13）所示的离解反应；较之前两者，苯环上的 C—H 键的键能较高（4.6eV），反应式（9-14）所示的离解反应应该比反应式（9-12）、式（9-13）难。苯环上的 C—C 键的键能大约为 5.4eV，理论上说也可以直接打

断，但由于苯环的结构较稳定（碳原子间以大 Π 键结合，相邻碳原子间存在着复杂的共轭关系），直接靠电子的作用不易使其开环。而主要是靠形成的自由基之间再进行反应，以达到开环，直至最后降解。因此反应式（9-15）发生的概率很小。电子与有机物的碰撞是有机物形成自由基的重要途径之一，其降解过程中也可能发生如下反应[12]：

$$C_6H_5-CH_3+e \longrightarrow C_6H_5-\overset{\bullet}{C}H_2+\bullet H \tag{9-12}$$

$$C_6H_5-CH_3+e \longrightarrow C_6H_5\bullet+\bullet CH_3 \tag{9-13}$$

$$C_6H_5-CH_3+e \longrightarrow \overset{\bullet}{C_6H_4}-CH_3+\bullet H \tag{9-14}$$

$$\bullet CH=CH-CH=CH\bullet+\bullet CH=\overset{\bullet}{C}-CH_3 \tag{9-15}$$

$$\bullet CH=CH\bullet+\bullet CH=CH-\overset{|}{C}H=CH\bullet \quad (9-16)$$

$$C_6H_5-CH_3+e \xrightarrow{e\geqslant 5.5eV} \bullet CH-CH=CH-CH=CH-CH\bullet \tag{9-17}$$

除了高能自由电子的撞击，羟基自由基氧化结合能力高于氧原子，甚至可以与甲苯直接反应，也可与活性分子发生反应，发生链式反应，当然某些活性分子具有极强的结合性能，易在反应过程中结合产生聚合物：

$$(9-18)$$

$$(9-19)$$

$$\longrightarrow 聚合物 \tag{9-20}$$

其次，由于氧自由基的存在，氧自由基也会参与之后的氧化反应历程，但它更易于与激发态的分子发生反应：

$$(9-21)$$

$$(9-22)$$

由式（9-13）甲苯苯环发生外部断键，之后受到高能电子作用的能量传递，发生内部断键，同时受到氧自由基攻击，发生持续氧化过程。由于氧自由基较强的结合能，使苯环发生脱碳反应，生成酸类及醛类物质。

$$(9-23)$$

$$(9-24)$$

$$(9-25)$$

随着能量的持续提高及催化剂作用，所有产物最终氧化为 CO_2。

$$\text{—} CO + O^\bullet \longrightarrow CO_2 \qquad (9-26)$$

$$\longrightarrow CO_2 \qquad (9-27)$$

$$\longrightarrow CO_2 \qquad (9-28)$$

由以上反应途径可以看出，甲苯与等离子体的反应途径无非是开环反应或者闭环反应，其反应控制步骤 I ～ XII 如图 9-6 所示。

低温等离子体处理甲苯工艺流程中，入口空气经过蓝色硅胶干燥剂，故可以认为空气载气干燥，相对湿度为 0。但在低温等离子体反应过程中，实验观察到大量的水珠凝结在反应器反应末区的管壁上，如图 9-7 所示，这充分说明反应产物中 H_2O 应该是低温等离子体反应的终端产物之一。

在等离子体反应过程中，含有如此大量的水同时也意味着会有如下反应发生：

$$OH^\bullet + O^\bullet \longrightarrow HO_2^\bullet \qquad (9-29)$$

$$OH^\bullet + H^\bullet \longrightarrow H_2O \qquad (9-30)$$

$$HO_2^\bullet + H^\bullet \longrightarrow H_2O_2 + 2H^\bullet \longrightarrow 2H_2O \qquad (9-31)$$

在强电场的作用下，离子与 H_2O 分子形成水的离子团簇，它再与 H_2O 分子反应形成羟基，这是产生羟基最主要的渠道。等离子体反应过程为：

$$O_2^+ + H_2O + M \longrightarrow O_2^+(H_2O) + M \qquad (9-32)$$

$$O_2^+(H_2O) + H_2O \longrightarrow H_3O^+ + O_2 + OH^+ \qquad (9-33)$$

$$O_2^+(H_2O) + H_2O \longrightarrow H_3O^+(OH) + O_2 \qquad (9-34)$$

$$H_3O^+(H_2O) + H_2 \longrightarrow H_3O^+ + H_2O + OH^+ \qquad (9-35)$$

因此，反应产物中水量的增多意味着反应过程中生成的羟基数量较多，这有利于对污

图 9−6　低温等离子体降解甲苯的反应路径

图 9−7　反应末区管壁水珠照片

染物的去除。

综合第 8 章及第 9 章内容，我们可以推测复合催化在等离子体降解甲苯过程中所起到的作用如图9-8所示。

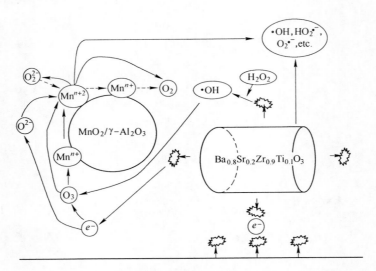

图9-8 复合催化剂在气体放电过程中催化作用示意图

9.5 等离子体反应动力学分析

低温等离子体协同复合催化剂降解甲苯的过程主要为高能电子撞击、气相阶段自由基反应、离子与污染物分子反应三个途径。有文献报道，高能电子撞击在气体放电阶段是最重要的反应途径，是反应的控制步骤，它们触发了甲苯降解的反应。自由基所引发的反应则是另一个重要的控制步骤，它导致了甲苯的断链及分解。甲苯与离子的直接反应则对苯的最终降解影响较小。

9.5.1 高能电子撞击反应速率常数

一个反应的计量式如下：

$$aA + bB \longrightarrow cC + dD \tag{9-36}$$

式中，左侧为反应物，右侧为生成物，a、b、c、d 为反应式中相应的化学计量系数。

式（9-34）仅说明各物质的转变情况和化学计量关系，在一般情况下并不代表反应历程。

根据反应进度的定义，反应速率为[13]：

$$r = -\frac{1}{a}\frac{dn_A}{dt} = -\frac{1}{b}\frac{dn_B}{dt} = \frac{1}{c}\frac{dn_C}{dt} = \frac{1}{d}\frac{dn_D}{dt} \tag{9-37}$$

式中，n_A、n_B、n_C、n_D 分别为各物质参加反应或反应生成的浓度；t 为反应时间。在任一反应瞬间，反应速率有唯一确定的值。

当式（9-34）为基元反应，则根据质量作用定律，其反应速率可表示为：

$$r = -\frac{dn_A}{dt} = kn_A^a n_B^b \tag{9-38}$$

式中，k 为比例常数，不随浓度变化，即反应速率常数。k 值大小取决于参加反应的物质特性和温度等反应条件。

反应速率常数是高能电子撞击气体反应的一个重要参量，可用下式计算：

$$k = \int_{\varepsilon_0}^{\infty} \sigma(\varepsilon) \sqrt{\frac{2\varepsilon}{m_e}} f(\varepsilon) \, d\varepsilon \qquad (9-39)$$

式中，ε 为电子动力学能量；ε_0 为气体分子活化能；$\sigma(\varepsilon)$ 为电子与气体分子碰撞截面；$\sqrt{\dfrac{2\varepsilon}{m_e}}$ 为电子速度；m_e 为电子质量；$f(\varepsilon)$ 为 Boltzmann 电子能量分布函数。

由式（9-39）可知，$f(\varepsilon)$ 对于 k 非常重要。实验条件下，介质阻挡放电在常温常压下进行，放电区电子达到平衡的时间小于 10^{-11} s，放电区域空间电荷形成时间约为 10^{-9} s，所以在电子能量达到平衡时间内，电场可视为一个稳态场，电子分布可以看做是处于平衡状态的，因此电子能量符合 Boltzmann 分布规律：

$$\frac{dn_e}{n_e} = \frac{2}{\sqrt{\pi}} \left(\frac{1}{k_B T_e} \right)^{\frac{3}{2}} \exp\left(-\frac{\varepsilon}{k_B T_e} \right) \varepsilon^{\frac{1}{2}} \, d\varepsilon = f(\varepsilon) \, d\varepsilon \qquad (9-40)$$

式中，T_e 为电子温度，K；$k_B T_e$ 为该电子系平均能量。

$$f(\varepsilon > \varepsilon_0) = \frac{2}{\sqrt{\pi}} \left(\frac{1}{k_B T_e} \right)^{\frac{3}{2}} \exp\left(-\frac{\varepsilon}{k_B T_e} \right) \varepsilon^{\frac{1}{2}} \qquad (9-41)$$

把式（9-41）代入式（9-39）可得：

$$k = \left(\frac{1}{m_e \pi} \right)^{\frac{1}{2}} \left(\frac{2}{k_B T_e} \right)^{\frac{3}{2}} \int_{\varepsilon_0}^{\infty} \varepsilon \delta(\varepsilon) \exp\left(-\frac{\varepsilon}{k_B T_e} \right) d\varepsilon \qquad (9-42)$$

式中，m_e 为电子质量；ε_0 为活化能。因为活化能和电子能量单位为 eV，所以电子质量 $m_e = 9.11 \times 10^{-28}$ g，要通过 $1\text{g} = 5.60956 \times 10^{32}$ eV/c^2，c 为光速，进行换算。

式（9-42）积分可得反应速率常数计算式如下：

$$k = \left(\frac{8}{m_e \pi} \right)^{\frac{1}{2}} \delta(\varepsilon) \frac{(1 + \varepsilon_0/k_B T_e) \sqrt{k_B T_e}}{\exp(\varepsilon_0/k_B T_e)} \qquad (9-43)$$

在多数条件下，甲苯降解符合拟一级降解动力学，具有较好的相关系数（R^2），在 $0.96 \sim 1.00$ 之间。

$$\ln(C_0/C_t) = k_{CP} t \qquad (9-44)$$

式中，C_0 为甲苯入口浓度，mg/m^3；C_t 为反应时间 t 时的甲苯浓度，mg/m^3；k_{CP} 为反应速度常数，min^{-1}；t 为反应时间，min。

9.5.2 吸附和脱附反应速率

由于吸附增效的影响，本实验同时对吸附和脱附反应速率加以考虑。

吸附速率 R_a 与吸附质分子对吸附剂表面的碰撞频率以及吸附剂表面空白活性点的分率 $(1-\theta)$ 成正比，即

$$R_a = k_{a0} T^{-\frac{1}{2}} (1-\theta) y^0 \qquad (9-45)$$

式中，$k_{a0} = \dfrac{\alpha}{\sqrt{R/2\pi M}}$。

实际上吸附速率 R_a 为脱附的吸附质分子被重新吸附的速率。脱附速率 R_d 与吸附剂表面活性点覆盖率 θ 成正比，即

$$R_d = k_{a0}\theta\exp\left(-\frac{E_d}{RT}\right) \qquad (9-46)$$

吸附质宏观脱附速率应为脱附速率与吸附速率之差：

$$-\frac{\mathrm{d}\theta}{\mathrm{d}t} = R_d - R_a = k_d\theta - k_a(1-\theta)y^0 \qquad (9-47)$$

式中，$k_a = k_{a0}T^{-0.5}$，$k_d = k_{d0}\exp\left(-\dfrac{E_d}{RT}\right)$。

对于等离子体反应器内催化剂表面快速的反应状态，可知吸附质分子在吸附剂孔道内扩散速度较慢，吸附剂表面分子与气相主体建立平衡需要时间，这一点可由9.2节实验证明。此种情况下，吸附质分子宏观吸附速率可表示为：

$$-\frac{\mathrm{d}\theta}{\mathrm{d}t} = k(y^0 - y) \qquad (9-48)$$

式中，k 为吸附速率常数；y^0 和 y 分别表示吸、脱附速率的变化情况。

在某一段时间 $\mathrm{d}t$ 内，对气相和固相中吸附质做吸附过程质量衡算为：

$$F_y M = m_s q_m\left(-\frac{\mathrm{d}\theta}{\mathrm{d}t}\right) \qquad (9-49)$$

式中，m_s 表示固相吸附质的质量；q_m 表示吸附质吸附浓度。

联合式（9-47）~ 式（9-49），对于等离子体反应器内催化剂表面反应，吸附质分子在吸附剂孔道内扩散速度较慢，传质速率常数 k 较小，由6.5节可知，解析温度随频率和时间线性变化，由式（6-6）可设：$T = T_0 + \alpha_H f + \beta_H t$，则吸附剂表面上吸附质覆盖率随温度变化的关系式为：

$$\frac{\mathrm{d}\theta}{\mathrm{d}T} = \frac{k_d\theta/\alpha_H\beta_H}{-\dfrac{k_a(1-\theta)}{k} + \left[k_a(1-\theta)b - 1\right]} \qquad (9-50)$$

式中，b 为解析速率常数，$b = -\dfrac{m_s q_m}{FM}$。

如前所述，假设传质速率常数足够小，即污染物在表面刚吸附，在很快的时间内脱附，并在催化剂表面发生降解，可使得 $\dfrac{k_a(1-\theta)}{k} \gg \left[k_a(1-\theta)b - 1\right]$，则式（9-50）为：

$$\frac{\mathrm{d}\theta}{\mathrm{d}T} = -\frac{kk_d\theta}{\alpha_H\beta_H k_a(1-\theta)} \qquad (9-51)$$

当脱附速率最大时，$-\dfrac{\mathrm{d}^2\theta}{\mathrm{d}T^2} = 0$。故对式（9-51）求导可得

$$-\frac{\mathrm{d}\theta}{\mathrm{d}T}\bigg|_{T=T_i} = \theta_i(1-\theta_i)\left(\frac{1}{2T_i} + \frac{E_d}{RT_i^2}\right) \qquad (9-52)$$

9.6 结语

采用高压交流电源和管－线式填充床低温等离子体反应器，选用陶瓷环作为反应器填充材料并在其表面上附着复合催化剂构成等离子体－催化反应器，对污染物气体进行处理。以甲苯降解为例，本章采用色谱－质谱连用和红外光谱对该反应器净化尾气及结焦产物进行了分析，首次较为全面地探讨了等离子体协同催化降解甲苯废气的机理：

（1）由于甲苯分子受高能电子的碰撞，甲基容易断键，形成苯环自由基。

（2）氧自由基和羟基自由基是甲苯氧化过程中的引发剂，也是出现多种苯环衍生物的诱导物质，它们与其他高能电子裂解的自由基之间进一步反应生成一系列含氧有机中间产物，如醛类、酚类、羧酸类等。

（3）在高电场强度下（14.3 kV/cm），除了有低电压已有的中间产物外，还因氮氮键的开裂产生了酰胺类。

（4）由于自由基的活泼性，极易发生一系列的聚合反应，产生复杂的聚合物。

（5）低温等离子体处理甲苯废气的反应历经一系列复杂的中间过程，最终产物应为CO_2、H_2O，但在较低电场强度下，由于输入反应器能量不足以完成整个反应，故会检测到一些中间产物的存在。

以上结果表明，等离子体协同催化技术在较高电压下，可以有效地降低反应副产物及中间产物，具有广阔的应用前景。

参 考 文 献

[1] 清华大学环境工程系，等. CJ/T 3028.2—1994 臭氧发生器臭氧浓度、产量、电耗的测量 [S]. 北京：中国标准出版社，1994.

[2] 王维国，李重九，李玉兰，等. 有机质谱应用——在环境、农业和法庭科学中的应用 [M]. 北京：化学工业出版社，2006：1~64.

[3] 严衍禄. 近红外光谱分析基础与应用 [M]. 北京：中国轻工业出版社，2005.

[4] 荆煦瑛，陈式棣，么恩云. 红外光谱实用指南 [M]. 天津：天津科学技术出版社，1992.

[5] 聂勇. 脉冲放电等离子体治理有机废气放大试验研究 [D]. 杭州：浙江大学，2004：43.

[6] Wagner V, Jenkin M E, Saunders S M, et al. Modelling of the photooxidation of toluene：conceptual ideas for validating detailed mechanisms [J]. Atmos. Chem. Phys. 2003, 3：89~106.

[7] D'hennezel O, Pichat P, Ollis D F. Benzene and toluene gasphase photocatalytic degradation over H_2O and HCl pretreated TiO_2：by-products and mechanisms [J]. Photochem. Photobiol, A, 1998, 118：197~204.

[8] Seuwen R, Warneck P. Oxidation of toluene in NO chi free air：product distribution and mechanism. Int [J]. Chem. Kinet. 1996, 28：315~332.

[9] Bartolotti L J, Edney E O. Density functional theory derived intermediates rom the OH initiated atmospheric oxidation of toluene [J]. Chem. Phys. Lett. 1995, 245：119~122.

[10] Zhu T, Li J, Jin Y Q, et al. Decomposition of benzene by non-thermal plasma processing：Photocatalyst and ozone effect [J]. International Journal of Environmental Science and Technology, 2008, 5 (3)：375~384.

［11］ Zhu T, Li J, Jin Y Q, et al. Gaseous phase benzene decomposition by nonthermal plasma coupled with nanotitania catalyst ［J］. IJEST, 2009, 6 (1): 141~148.

［12］ 竹涛, 万艳东, 李坚, 等. 低温等离子体 - 催化耦合降解甲苯的研究及机理探讨 ［J］. 高校化学工程学报, 2011, 25 (1): 161~167.

［13］ 孙康. 宏观反应动力学及其解析方法 ［M］. 北京: 冶金工业出版社, 1998.

10 低温等离子体技术的其他应用

10.1 污水处理厂低温等离子体除臭技术

人们在享受现代化大都市所带来的各种便利的同时，也在承受着它所造成的不同程度的危害，如其中的恶臭气体污染问题正引起越来越多的关注。对于大城市而言，污水处理厂是其中一个主要的恶臭发生源。上海市由于城市规模的不断扩展，已使 12 家污水处理厂处于城市活动中心地带，越来越多的居民对污水处理厂所带来的恶臭问题产生抱怨，从而促使污水处理厂不得不采取各种防范措施和脱臭技术对恶臭污染进行控制和处理。

由于污水系统中扩散源臭气的成分相当复杂，且多为局部的无组织排放源，很多时候是短时间突发的，较难于捕集和收集，给治理带来困难。因此尽快开发出一种高效率、低能耗、无二次污染的除臭技术已成为恶臭污染控制中的一个急需解决的问题[1,2]。传统的臭气净化方法包括稀释法、燃烧法、洗涤法、吸附法、催化转化法等，分别存在着净化不彻底、净化气体种类单一、控制难度大、能耗高、要求杂质少等缺点。低温等离子体技术[3~6]是近些年涌现出来的先进空气净化技术，它具有反应条件温和、反应彻底、几乎对空气中所有污染物都具有治理能力的优点。利用该技术处理恶臭的工程实用研究[7,8]，国内才刚刚开始。本节利用等离子体技术对污水处理厂排放的 H_2S 和 NH_3 等恶臭气体进行了去除研究，结果表明，该方法在处理低浓度、大风量恶臭气体方面具有实际应用的可行性。

10.1.1 实验装置

实验装置如图 10 – 1 所示。整套实验流程由气体发生、气体反应和气体检测三部分组成。来自 1（空气钢瓶）的空气、2（氨气钢瓶）的氨气和 3（硫化氢气钢瓶）的硫化氢恶臭气体，经过 4（阀门）、5（质量流量计）后进入 6（缓冲瓶）和 7（混合瓶），按一定比例混合均匀后并趋于稳定后进入 8（等离子体反应器）。反应后的气体进入 10（分析仪器）进行分析。实验在常温常压条件下进行。

实验所使用的等离子体反应器结构为管 – 线式。为了便于观察试验现象，反应器由外径为 50mm、内径为 44mm 的有机玻璃制成。反应器外电极为长度为 300mm 的致密钢丝网，内电极为直径为 0.5mm 的不锈钢丝，两电极之间施加高压工频交流电压，电源频率为 50Hz，升压范围为 0~100kV，反应器内置纳米钛酸钡基介电填料。实验过程中放电参数由美国泰克 TDS-2014 型示波器进行测量。

10.1.2 实验方法及评价指标

实验根据国家标准推荐方法——亚甲基蓝分光光度法[9]测定硫化氢的进出口浓度，选用次氯酸钠 – 水杨酸分光光度法[9]测定氨的浓度，仪器选用上海分析仪器厂生产的 720

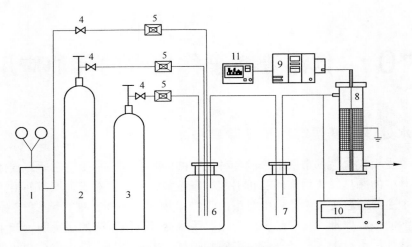

图 10-1　实验装置示意图

1—空气钢瓶；2—氨气钢瓶；3—硫化氢气钢瓶；4—阀门；5—质量流量计；6—缓冲瓶；
7—混合瓶；8—反应器；9—交流电源；10—分光光度仪；11—示波器

型分光光度仪，标准曲线如图 10-2 和图 10-3 所示。硫化氢标准曲线：$y = 10.404x + 0.0964$，线性范围为 $0 \sim 5\mu g$，线性回归系数为 0.999。氨的标准曲线：$y = 41.786x + 0.0892$，线性回归系数为 0.9993。

恶臭气体净化效果以去除率 η（%）作为评价指标，数学表达式为：

$$\eta = \frac{C_0 - C}{C_0} \times 100\% \qquad (10-1)$$

式中　C_0——恶臭气体进口浓度，mg/m^3；

　　　C——恶臭气体出口浓度，mg/m^3。

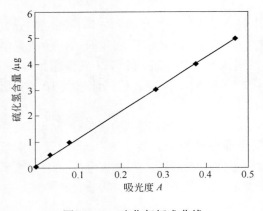

图 10-2　硫化氢标准曲线

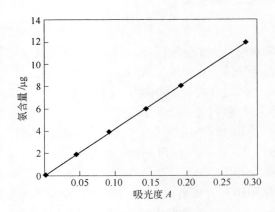

图 10-3　氨标准曲线

10.1.3　低温等离子体除臭机理

等离子体净化恶臭气体是通过两个途径实现的：一个是在高能电子的瞬时高能量作用

下，打开某些有害气体分子的化学键，使其直接分解成单质原子或无害分子；另一个是在大量高能电子、离子、激发态粒子和氧自由基、氢氧自由基（自由基因带有不成对电子而具有很强的活性）等作用下的氧化分解成无害产物[10]。

低温等离子体反应器内部填充纳米钛酸钡基（$Ba_{0.8}Sr_{0.2}Zr_{0.1}Ti_{0.9}O_3$）介电填料。纳米钛酸钡基介电材料的填料既表现出钛酸钡铁电体的特性，能够改善放电形式，强化电场强度[11,12]；同时由于制备过程用软化学的方法[13]，在 $BaTiO_3$ 中掺入适量的锶、锌和锆、锡，由于掺杂离子均匀进入母体晶格，引起 Curie 温度 T_c 降低，室温介电常数可达 10^4 以上，比 $BaTiO_3$ 纯相提高 12 倍，而介电损失却降低至 1/6。同时纳米钛酸钡基介电材料作为一种固相催化剂，其活性是由它的化学和物相组成、晶体结构以及活性比表面所决定。由于其表面超细颗粒（平均粒径为 40～90nm，比表面积为 8.7943m^2/g）大大增加了催化剂的比表面积，并且适量的锶、锌和锆、锡的掺入，破坏了钛酸钡晶体结构，使之存在更多的空穴，从而导致高的催化活性。因此，填料在室温条件、很小的电场强度下就可以发生极化，强化等离子体作用，提高反应器的能量利用率，生成效率更高的氧化物以提高恶臭气体的净化效率。

低温等离子体技术净化恶臭气体，主要包括下面三个过程[14]：

（1）在高能电子作用下，强氧化性自由基 O、OH、HO_2 的产生；

（2）有机物分子受到高能电子碰撞被激发以及原子键断裂形成小碎片基团和原子；

（3）O、OH、HO_2 与激发原子、有机物分子、破碎的基团、其他自由基等在纳米钛酸钡基介电填料表面发生一系列氧化还原反应，有机物分子最终被氧化降解为 CO、CO_2、H_2O。净化效率的高低与电子能量和有机物分子结合键能的大小有关。

从除臭机理上分析，主要发生以下反应：

$$H_2S + O_2、O_2^-、O_2^+ \longrightarrow SO_3 + H_2O \tag{10-2}$$

$$NH_2 + O_2、O_2^-、O_2^+ \longrightarrow NO_x + H_2O \tag{10-3}$$

从上述反应来看，恶臭组分经过处理后，转变为 NO_x、SO_3、CO_2、H_2O 等小分子，在一定的浓度下，各种反应的转化率均在 95% 以上，而且恶臭浓度较低，因此产物的浓度极低，均能被周边的大气所接受。

10.1.4　电场强度 E 与恶臭气体净化效率 η 之间的关系

以气速 $v = 142$mm/s，停留时间 $t \approx 2$s 为固定条件不变，实验考察了进口浓度 C_0 分别为 2.2mg/m^3、11mg/m^3、20mg/m^3 三种工况条件下的 H_2S 去除情况，结果如图 10-4 所示。随着 E 的升高，η_{H_2S} 逐渐上升。以 $C_0 = 2.2$mg/m^3 的研究情况为例，当 $E = 8$kV/cm 时，$\eta_{H_2S} = 44\%$；当 $E = 10$kV/cm 时，$\eta_{H_2S} = 70\%$；而当 $E = 12$kV/cm 时，$\eta_{H_2S} = 99\%$。

相同条件下，实验还考察了进口浓度 C_0 分别为 1mg/m^3、3mg/m^3 时 NH_3 的去除情况，结果如图 10-5 所示。随着电场强度 E 的升高，NH_3 的去除率逐渐上升。以 $C_0 = 1$mg/m^3 的研究情况为例，当 $E = 8$kV/cm 时，$\eta_{NH_3} = 53\%$；当 $E = 10$kV/cm 时，$\eta_{NH_3} = 88\%$；而当 $E = 12$kV/cm 时，$\eta_{NH_3} = 99\%$。

分析其原因，随着 E 的提高，气体放电强度增加，产生的高能电子数量大大增加，从而使电子与 H_2S 和 NH_3 气体分子的碰撞概率大大增加，也就导致了电子断裂 H_2S 和

NH₃气体分子化学键的概率更大，因此 η 提高。

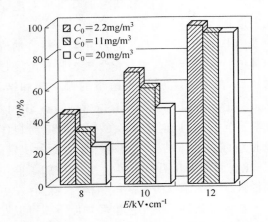

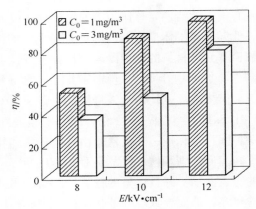

图 10-4　E 与 η_{H_2S} 的关系（去除 H₂S）　　　图 10-5　E 与 η_{NH_3} 的关系（去除 NH₃）

10.1.5　等离子体反应过程的放电参量研究

在交变电场作用下放电功率测量比较困难，因为放电的电流、电压间相位差难以确定，尤其是在强的气体放电中由此引起的功率误差相当大，利用 Lissajous 图形法对正确确定放电功率 P 很有帮助，其测量电路如图 10-6 所示。该方法的测量原理[15] 为：在放电反应器的接地侧串连测量电容 C_m，用以测量放电输送的电荷量。当放电发生时，C_m 两端的电压为 V_m，则流过回路的电流为：

$$I = C_m \frac{dV_m}{dt} \tag{10-4}$$

因此放电的功率为：

$$P = \frac{1}{T}\int_0^T VI dt = \frac{C_m}{T}\int_0^T V\frac{dV_m}{dt}dt = fC_m\oint V dV_m \tag{10-5}$$

通过计算所测得的闭合 Lissajous 曲线面积（如图 10-7 所示），就可以计算出放电过程的功率消耗。

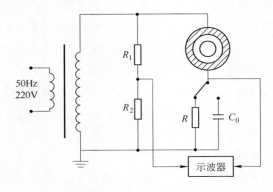

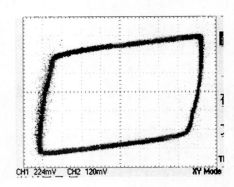

图 10-6　Lissajous 法测功率的电路图　　　图 10-7　Lissajous 法测量图

由图 10 - 8 可见，随着电场强度 E 的升高，放电功率 P 呈增长趋势。当 $E = 8\text{kV/cm}$ 时，$P = 7.64\text{W}$；当 $E = 10\text{kV/cm}$ 时，$P = 13.75\text{W}$；当 $E = 12\text{kV/cm}$ 时，$P = 23.55\text{W}$。

介质阻挡放电过程中电子取得能量的表达公式为：

$$T_e = \frac{\sigma m_h E_g^2}{3k n_e m_e \nu_e} \qquad (10-6)$$

式中　σ——生成的等离子体的电导率；

　　　k——玻耳兹曼常数；

　　　n_e——电子浓度；

m_e, m_h——电子和重粒子的质量；

　　　E_g——气隙间电场强度；

　　　ν_e——电子碰撞频率。

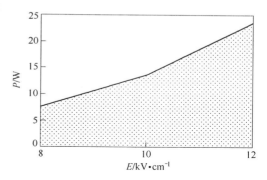

图 10 - 8　P 与 E 的关系

由式（10 - 6）可知，介质阻挡放电过程中电子从外加电场取得的能量和电场强度、气体种类及浓度（或压强）有关，电场强度和气体浓度对电子取得的能量大小起决定作用。因此，在气体浓度一定的情况下，P 随着 E 的升高而增高。

10.1.6　功率 P 与恶臭气体净化效率 η 之间的关系

从图 10 - 9 和图 10 - 10 中可以看到，随着 P 的增大，η 也不断增大。如图 10 - 9 所示，以 $C_{0H_2S} = 20\text{mg/m}^3$ 的研究情况为例，$P = 7.64\text{W}$ 时，$\eta \approx 23\%$；$P = 13.75\text{W}$ 时，$\eta \approx 47\%$；$P = 23.55\text{W}$ 时，$\eta \approx 95\%$。当 P 提高以后，由于输入能量的增加，体系中产生的自由电子数目增多，H_2S 分子受到冲击而发生氧化还原的概率增大；同时体系内产生的自由基的数目增多，也有利于 H_2S 分子的氧化分解，因此 η 随着 P 的提高而呈现上升趋势。

同理，如图 10 - 10 所示，当 $C_{0NH_3} = 3\text{mg/m}^3$，$P = 7.64\text{W}$ 时，$\eta \approx 36\%$；$P = 13.75\text{W}$ 时，$\eta \approx 50\%$；$P = 23.55\text{W}$ 时，$\eta \approx 88\%$。

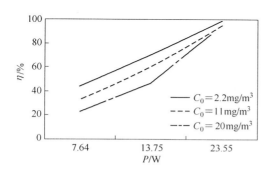

图 10 - 9　P 与 η_{H_2S} 的关系（去除 H_2S）

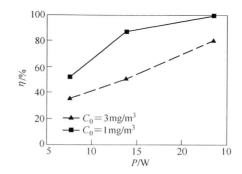

图 10 - 10　P 与 η_{NH_3} 的关系（去除 NH_3）

同时考察图 10 - 9 和图 10 - 10 可以发现，当 H_2S 和 NH_3 初始浓度 C_0 相当、去除率相同时，H_2S 消耗功率小于 NH_3 消耗功率，即 $P_{H_2S} < P_{NH_3}$。这说明相同条件下，H_2S 比 NH_3 更容易从污水处理厂所产生的恶臭气体中去除。

10.1.7 结语

本实验通过低温等离子体技术净化污水处理厂排放的 H_2S 和 NH_3 等恶臭气体，采用纳米钛酸钡基介电材料作为反应器填料，主要探讨了电场强度 E、进口浓度 C_0 以及功率 P 与 H_2S 和 NH_3 净化效率 η 之间的关系。实验研究结果如下：

（1）随着 E 的升高，η 逐渐上升；$C_{0H_2S} = 2.2\,\mathrm{mg/m^3}$，$E = 12\,\mathrm{kV/cm}$ 时，$\eta_{H_2S} = 99\%$；$C_{0NH_3} = 1\,\mathrm{mg/m^3}$，$E = 12\,\mathrm{kV/cm}$ 时，$\eta_{NH_3} = 99\%$。

（2）通过 Lissajous 法计算放电过程的功率消耗，随着电场强度 E 的升高，放电功率 P 呈增长趋势；$E = 12\,\mathrm{kV/cm}$ 时，$P = 23.55\,\mathrm{W}$。

（3）η 随着 P 的提高而呈现上升趋势；相同条件下，$P_{H_2S} < P_{NH_3}$，H_2S 比 NH_3 更容易从污水处理厂所产生的恶臭气体中去除。

（4）针对污水处理厂恶臭气体低浓度、大流量的排放状况，实验室进行模拟性小试，在较优参数下，低温等离子体技术对恶臭的平均净化效率在 95% 以上，最高可以达到 99%。

实验表明，低温等离子体方法处理低浓度、大流量恶臭气体，具有很强的实际应用操作性。

10.2 卷烟厂低温等离子体除臭技术

烟草异味主要是在制丝的过程中，烟叶和烟丝加热、加香等工艺生产所挥发出来的废气给人体带来不愉快的感觉，因而被视为臭气污染[16]。本实验以烟草废气为目标污染物，采用低温等离子体技术进行治理。在上海卷烟厂膨丝车间进行中试，考察了低温等离子体法对烟草废气中异味气体的净化效果。目前，低温等离子体技术应用在卷烟厂除臭在我国尚属首次，净化效率将对我国烟草行业除臭技术的应用和排放标准的制定提供重要的实践依据。

10.2.1 试验系统及条件

中试研究采用低温等离子体系统（NPTS）净化烟草废气，NPTS 工业性试验装置主要包括动力系统、过滤器、低温等离子体反应器及测试系统等，工艺流程如图 10-11 所示，现场试验台如图 10-12 所示，上海卷烟厂膨丝车间现场试验条件见表 10-1。

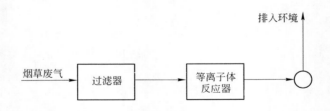

图 10-11 等离子体处理系统工艺流程

图 10 – 12　现场试验台照片

表 10 – 1　现场试验条件

气体流量/m³·h⁻¹	排气温度/℃	废气含水量/%	废气含氧量/%	反应器入口风速/m·s⁻¹
3600	250 ~ 280	60 ~ 70	3	12

10.2.2　净化原理

低温等离子体中去除异味气体的最主要的反应可分为电子、离子、自由基及分子碰撞反应四种[17]。在电极间外加高压高频交变电流，表面生成微放电，同时诱导引发高电场，此高电场促使放电空间中的自由电子加速，此时电子在该电场中将被加速而获足够的能量（$1 \sim 10eV$）[18,19]，并与气体分子撞击进行激发、游离、解离、结合或再结合等反应，生成许多电子、离子、介稳态粒子及自由基等强高活性物种，常见的自由基如 OH、基态氧原子 $O(^3P)$、亚稳态氧原子 $O(^1D)$、HO_2，这些高能、高活性物种可克服能阶的障碍，使气流中原本相当稳定的带有异味的气体分子断键，促使气态反应快速进行，并最终生成一氧化碳、二氧化碳和水排入环境[20~22]。

等离子体法的反应式为：

$$异（臭）味污染物 \xrightarrow{进入等离子体反应器} CO_2 + H_2O + 其他小分子 \qquad (10-7)$$

10.2.3　低温等离子体技术除臭效率测定[23]

10.2.3.1　检测单位

上海烟草（集团）公司技术中心。

10.2.3.2　评价标准

《大气污染物综合排放标准》（GB 16297—1996）；《恶臭污染物排放二级标准》（GB 14554—1993）；《环境空气质量二级标准》（GB 3095—1996）。

10.2.3.3　主要检测因子

主要检测因子为 VOCs 异味气体平均浓度。试验中等离子体反应系统的净化效果用相关检测项目的处理效率 η（%）来表示：

$$\eta = \frac{\overline{C}_0 - \overline{C}}{\overline{C}_0} \times 100\% \tag{10-8}$$

式中，$\overline{C}_0$、$\overline{C}$ 分别为等离子体反应系统进口处和出口处异味气体平均浓度。

10.2.3.4 取样及测试方法

采用捕集管（TENAX349）吸附采样；热脱附用 GC/MS 进行检测。

10.2.3.5 检测结果

试验中针对《大气污染物综合排放标准》（GB 16297—1996）中 14 种污染物，请上海烟草（集团）公司技术中心对等离子体处理烟草排放废气的效果做了相应的检测。检测结果见表 10-2。

表 10-2 试验检测结果

检测项目	处理效率/%	检测项目	处理效率/%	检测项目	处理效率/%
颗粒物	43.1	甲苯	79	丙烯醛	64
丙烯腈	65	二甲苯	68	非甲烷总烃	82
苯	71	苯酚	42	乙醛	68

检测结果显示，苯胺类、氯苯类、氯乙烯、硝基苯等项未能检出。

异味气体中有机物种类经检测有 3000 多种。通过检测分析证明，试验设备对降低烟草废气中的限排成分是有效的，工艺废气处理后其中 14 种物质指标能够满足国家标准，其平均处理效率约达 68%。

10.2.4 气体流量变化对异味气体处理效率的影响

通过管道阀门分别控制气体流量为 300m³/h、350m³/h 和 400m³/h，等离子体设备功率为 6kW 时，比较了气体流量变化对异味气体处理效率平均值的影响，如图 10-13 所示。

由图 10-13 可以看出，随着气体流量的上升，异味气体处理效率呈下降趋势。当烟气流量为 400m³/h 时，其处理效率比烟气流量为 300m³/h 时降低了约 16%。由于烟气中有机物浓度无法改变，所以流量的增大就意味着流速的增大，而设备功率一定时，流速的大小反映了气流在等离子体设备中停留时间的长短。流速越大，气流在等离子体设备中停留的时间越短，VOCs 分子随气流在反应器中停留时间也就越短，与自由电子的碰撞概率减少，因此 VOCs 分子离解、电离的概率相应减少，处理效率下降。

10.2.5 等离子体设备电源功率变化对异味气体处理效率的影响

试验电源为自适应高压交流电源，功率上限为 6kW。实验中控制气体流量为 350m³/h，改变反应功率分别为 3kW、4kW、5kW 和 6kW 时，异味气体处理效率变化趋势如图 10-14 所示。

图 10-14 表明，随着功率的提高，处理效率亦呈现上升趋势。等离子体设备功率为

3kW 时,处理效率约为 40%;设备功率为 6kW 时,比设备功率为 3kW 的处理效率提高了大约 30%。当设备功率提高以后,由于输入能量的增加,体系中产生的自由电子数目增多,VOCs 分子受到冲击而发生氧化还原的概率增大;同时体系内产生的自由基的数目增多,也有利于 VOCs 分子的氧化分解,因此处理效率随着设备功率的提高而呈现上升趋势。

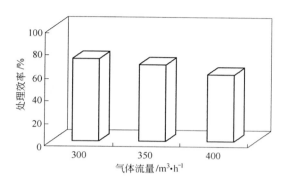
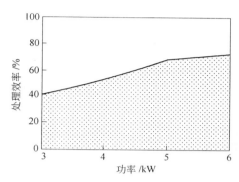

图 10-13 气体流量与处理效率之间关系   图 10-14 设备功率与处理效率之间的关系

10.2.6 结语

中试项目在烟厂各相关部门大力支持协助下,验证了低温等离子体处理技术的可行性及有效性;经上海烟草(集团)公司技术中心检测,工艺处理后 14 种 VOCs 污染物均能满足国家环保标准[24,25];NPTS 净化系统中等离子体反应器不宜过大,可以考虑在今后的应用中针对不同的处理气量,采用反应器并联的形式;设备功率为 6kW 时,净化效率较高,是今后设备应用的较佳功率值。

在现有的 NPTS 系统运行参数基础上,进一步优化反应设备,使 NPTS 净化设施在最佳条件下运行,以获得最大的净化效率,为厂区和周围居民提供优良的空气环境。制烟废气排放温度范围为 250~280℃,废气中相对湿度为 60%~70%,含氧量约为 3%,这些指标与制烟工艺有关,故无法改变。在对 NPTS 净化系统进行试验性研究后,发现系统中气量不宜过大,控制在 300~350m³/h 为宜,这就意味着等离子体反应器体积不宜过大,可以考虑在今后的应用中针对不同的处理气量采用反应器并联的形式。设备功率为 6kW 时,净化效率较高,是今后设备应用的较佳功率值。实验中 NPTS 系统工作时间为每天 8 小时。考虑到今后进一步的工业应用问题,设备的使用寿命还有待于进一步考查。

10.3 等离子体技术脱附再生活性炭纤维

吸附法[26~28]是环境治理最常用的技术之一,然而吸附剂的再生(主要有加热脱附、减压脱附等方法)工艺复杂、能耗较高,是制约此技术的主要因素。活性炭纤维(activated carbon fibers,ACFs)是 20 世纪 70 年代发展起来的一种新型、高效、多功能吸附材料[29],由有机纤维经高温碳化活化制备而成[30]。由于其具有较大的比表面积(可高达 2600m²/g)、孔径分布窄、微孔容量可达 1.23cm³/g,所以 ACFs 具有比粒状活性炭(GAC)更大的吸附容量和更快的吸附动力学性能[31~33],并得到了广泛的应用[34~36]。作者在研究气体放电产生低温等离子体技术的过程中，发现气体放电对气液中的污染物不仅有着较好的祛除效果，而且对 ACF 吸附 – 脱附行为有着较大的影响。研究发现，气体放电脱附具有速度快、工艺简单等特点，不用进行加热或减压操作，能耗较低，可作为常规吸附工艺的再生手段。因此作者提出采用气体放电的方法对吸附 H_2S 气体的黏胶基 ACF 进行脱附这一创新性发现，此吸附剂再生技术可适用于缺水或不适宜用蒸汽活化等场所，为吸附剂再生提供了一种全新的思路。

10.3.1　实验材料和方法

实验所使用的等离子体反应器结构为管 – 线式。为了便于观察实验现象，反应器由外径 22mm、内径 20mm、壁厚 1mm 的石英玻璃制成。反应器外电极为长度为 150mm 的致密钢丝网，直径为 0.5mm 的钨丝作为内电极置于反应器中轴线，两电极之间施加高压中频交流电压。实验用高压中频交流电源频率范围为 50 ～ 500Hz，升压范围为 0 ～ 50kV。实验过程中放电参数由美国泰克 TDS2014 型示波器进行测量。

本实验主要采用黏胶基 ACF 作为吸附剂，其性能参数见表 10 – 3，吸附对象为 H_2S 气体。

表 10 – 3　黏胶基 ACF 物性参数

厚度/mm	比表面积/m² · g⁻¹	纤维直径/μm	堆积密度 /g · cm⁻³	平均孔径/nm	着火点/℃	灰分/%
3	1200	10 ～ 20	0.03 ～ 0.07	1.6 ～ 2.1	550 ～ 650	0.1 ～ 0.5

根据国家标准推荐的亚甲基蓝分光光度法[9]测定硫化氢的进出口浓度，仪器选用上海分析仪器厂生产的 720 型分光光度仪。实验配制了硫化氢标准曲线：$y = 10.404x + 0.0964$，线性范围为 0 ～ 5μg，线性回归系数为 0.999。

以气体放电对 ACF 脱附率 η 和损失率 ζ 作为评价指标，数学表达式为：

$$\eta = \frac{m_3 - m_1}{m_2 - m_1} \times 100\% \tag{10 – 9}$$

$$\zeta = \frac{m_1 - m_3}{m_1} \times 100\% \tag{10 – 10}$$

式中　m_1——ACF 原始质量，mg；

m_2——ACF 吸附后的质量，mg；

m_3——ACF 脱附后的质量，mg。

10.3.2　频率 f 与脱附率 η 和损失率 ζ 的关系

由图 10 – 15 可见，电场强度为 7.5kV/cm 时，在频率 250 ～ 100Hz 范围内，吸附饱和的 ACF 脱附率均可达到 100%，炭损失率由 2.9% 下降到零损失；50Hz ≤ 频率 f < 100Hz，ACF 脱附率下降至 60%，此时基本没有炭损失。由此可知，当电场强度为 7.5kV/cm 时，频率控制为 100Hz 可以实现最大脱附率和最小的炭损失率。

10.3.3　电场强度 E 与脱附率 η 和损失率 ζ 的关系

由图 10 – 16 可见，频率为 150Hz 时，电场强度为 7.5 ～ 5kV/cm，ACF 脱附率均可达

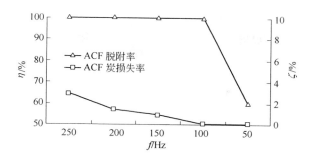

图 10 - 15 f 与 η 和 ζ 的关系

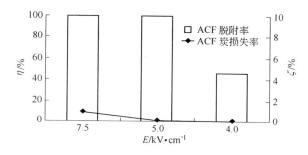

图 10 - 16 E 与 η 和 ζ 的关系

100%，炭损失率则由 0.9% 下降到 0.1%；电场强度为 4kV/cm 时，脱附率仅为 46%，此时无炭损失。显然，若频率为 150Hz，降低电场强度至 5kV/cm，可达到最好的脱附率和最少的炭损失率。

10.3.4 功率 P 与脱附率 η 和损失率 ζ 的关系

由图 10 - 17 可见，频率为 150Hz 时，功率范围为 525 ~ 210W，ACF 脱附率均可达 100%，炭损失率则由 2.9% 下降到 0%；功率为 90W 时，脱附率仅为 60%，此时无炭损失；但若频率为 150Hz，功率为 40W 时，我们仍然可以得到 100% 的脱附率和零炭损失率。显然，采用频率 150Hz，电场强度 5 kV/cm，消耗较小的功率却可以得到最好的脱附率和最少的炭损失率。

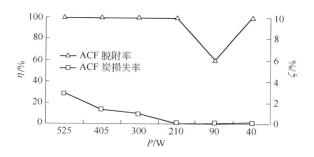

图 10 - 17 P 与 η 和 ζ 的关系

10.3.5 脱附时间 t 与脱附率 η 和损失率 ζ 的关系

由图 10-18 可见，频率为 150Hz，电场强度为 5kV/cm 时，脱附时间 1min，ACF 脱附率为 88%，无炭损失；脱附时间不小于 2min，脱附率基本维持在 100%，此时炭损失不大于 1%。所以，脱附时间在 2min 比较适宜。

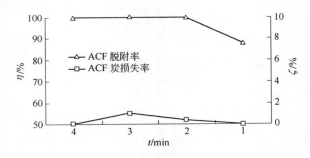

图 10-18 t 与 η 和 ζ 的关系

10.3.6 机理分析

气体放电时，产生大量的高能电子、活性离子和自由基团。高能电子轰击，使 ACF 固体表面吸附的基态中性分子、原子、离子和亚稳态物种等脱附，并使吸附的激发态分子离解。电子也会诱导表面化学反应，产生一些活性原子、分子和自由基，进一步分解 H_2S 分子[37]。等离子体中的活性离子轰击 ACF 表面引起动量传递，使得亚稳态 C 分子从表面弹射出来参与同 H_2S 分子的碰撞反应；或从 ACF 表面反射回来；或被 ACF 表面捕获，吸附在表面上，增强颗粒间的局部电场强度，提高局部空间中其他带电粒子的速率和动能；或与表面上的 H_2S 和其他激发态分子发生复合反应，使其活化。另外离子轰击固体 ACF 颗粒表面会诱导一些化学反应，使表面层改性，更易吸附其他微粒；而且离子轰击时固体表面还会产生一定量的化学活性原子或自由基，它们可以与周围的 H_2S 分子或其他带电粒子再发生化学反应。等离子体中反应气体的亚稳态自由基团、激发态中性分子与 ACF 固体表面相互作用，也会导致某些化学反应和脱附效应，使得 ACF 固体表面吸附的或其附近的 H_2S 分子活化甚至分解。等离子体中反应气体的离子、电子、激发态分子和亚稳态基团 ACF 颗粒等反应室内的固体表面之间发生各种类型的相互作用，会促使更多活性物种参与降解反应，促进化学反应更彻底更有效地经由更多的反应途径进行，从而加快整个降解过程的进展，促进了 H_2S 分子分解。

10.3.7 结语

通过气体放电的方法对吸附 H_2S 气体的黏胶基 ACF 进行脱附实验，研究了低温等离子体技术用于 ACF 再生的具体参数，发现频率 150Hz，电场强度 5kV/cm，功率 40W，脱附时间 2min 时，ACF 脱附率可达 100%，而炭损失率为零。实验结果表明，气体放电脱附具有速度快、工艺简单等特点，不用进行加热或减压操作，能耗较低，可作为常规吸附工艺的再生手段。

10.4 低温等离子体技术在废水处理中的应用[38]

10.4.1 低温等离子体技术处理废水的反应机理

低温等离子体是在特定的反应器内由高压脉冲电源向水中或水面之上的空间注入能量而产生[39]。当陡前沿、窄脉冲的高压施加于放电极与接地极之间时,巨大的脉冲电流使系统温度急剧上升,在两极之间形成放电通道,同时高强电场使电子瞬间获得能量成为高能电子,与水分子碰撞解离,在高温条件下,通道内就形成了稠密的等离子体。低温等离子体主要由电子、正负离子、激发态的原子、分子以及具有强氧化性的自由基等组成,在放电作用下,这些活性物质轰击污染物中的 C—C 键及其他不饱和键,发生断键和开环等一系列反应,或部分使大分子物质变成小分子,从而提高难降解物质的可生化性。

低温等离子体具有高密度、高膨胀效应以及高的能量储存能力等特点,它能将放电能量以分子的动能、离解能、电离能和原子的激励能等形式储存于等离子体中,继而转换为热能、膨胀压力势能、光能以及辐射能等,导致等离子体内部存在压力梯度,等离子体边界存在温度梯度,其中膨胀势能和热辐射压力能的叠加形成液相放电的冲击波,这一压力作用于水介质,通过水分子的机械惯性,使其以波的形式传播出去,便形成了压力冲击波。同时,等离子体通道的热能不仅气化了周围的液体,而且转变为气泡的内能及膨胀势能。由于气泡内的压强和温度均很高,使它向外膨胀对周围液体介质做功,气泡内的位能又转变为液体介质运动的动能,假如介质比较均匀,就会出现动能、位能两者之间的转换,从而出现气泡的膨胀—收缩过程(液电空化效应)。气泡的形成过程是等离子体消失的过程,气泡内残存大量的离子、自由基和处于不同激发态的原子、分子随气泡的破灭而向周围介质中扩散[40]。此外,等离子体通道内的热能向周围液体传输,导致了很多高温、高压蒸汽泡的产生,这些蒸汽泡的温度和压力足以形成暂态的超临界水(临界温度 647K,临界压力 $2.2 \times 10^7 Pa$)。

综上所述,低温等离子体降解有机物的过程是集自由基氧化、紫外光解、高温热解、液电空化降解以及超临界水氧化等多种氧化技术相互交替作用的过程,既包括等离子体通道内有机物的直接降解,也包括等离子体通道外的高级氧化。

10.4.2 低温等离子体反应装置

10.4.2.1 电源

高压电源是产生等离子体的关键技术之一。目前用于低温等离子体的高压电源有直流和交流两类。其中,直流高压电源根据放电的连续性又可分为直流高压电源和直流高压脉冲电源两类,前者对反应器进行连续放电,使反应器中连续有等离子体产生,而后者则通过由火花隙开关或放电管开关与耐高压的高容量电容组成的放电回路对反应器实施脉冲放电。利用交流放电产生冷等离子体直接处理废水的研究相对较少[41]。

为实现低温等离子体水处理技术工业化,目前对大功率脉冲电源的开发已经成为众多学者研究的热点。大连理工大学静电研究所研制的火花隙脉冲电源已在工业试验中应用[42]。Yan 等[43]开发的平均功率为 2kW 的火花隙脉冲电源,单脉冲能量为 0.5 ~ 3.0J。最近,Pokryvailo 等[44]开发的平均功率为 3 ~ 5kW 的火花隙脉冲电源,单脉冲能量已达3 ~

5J，为此技术的工业化奠定了基础。

10.4.2.2   反应器

低温等离子体水处理反应器是将电能转化成化学能的场所，是低温等离子体水处理技术的核心。迄今为止，低温等离子体处理废水的反应器根据电极结构的差异，主要有针板式反应器、棒棒式反应器、线筒式反应器、环筒式反应器、泡沫式反应器、隔膜放电反应器、介质阻挡放电式反应器等。

针板式反应器是研究最多的反应器，反应器中共设置两个电极，一个为针电极，一个为板电极，其中针电极为放电电极，电极材料多为不锈钢，也有用铂[45]、钽[46]和铝[47]作为放电材料的。板电极为接地电极，多为不锈钢材料。根据放电电极上针的数目不同，又可将针板式反应器分为单针板式和多针板式反应器。根据放电介质的不同则可分为液相放电和气相放电两种类型，如图 10 − 19 所示。气相放电反应器的针电极位于板电极之上，两者之间相隔一定的距离，被处理溶液在板电极上流动，放电在气相中完成，放电产生的等离子体中的有效成分飘向液面，然后与液面的污染物发生反应。其中多针放电电极是由相同间隔的多根针在同一平面上组合而成的。水中放电反应器的针电极和板电极及其中间的空间均位于溶液中。有时为研究在溶液中通入不同气体对处理效果的影响，常使用空心针电极引入气体。

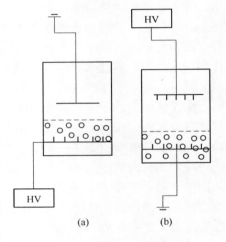

图 10 − 19   针板式反应器
(a) 液相放电；(b) 气相放电

棒棒式反应器的两个电极都为棒状，两电极之间距离较短。当在两电极之间施加高压后形成电弧放电，产生等离子体，辐射出强烈的紫外光并伴随强大的冲击波。这种反应器主要用于除锈、杀菌和降解芳香化合物，但电极腐蚀严重导致放电不稳定，活性物种仅在等离子体通道内产生，能量效率低。

线筒式反应器多用于气相放电，接地电极为一圆筒，紧贴在反应器的器壁上，放电电极为一导线，位于圆筒的轴心位置。俄罗斯最先用这种结构的反应器来处理水，并对高压脉冲方法杀菌的效果进行了研究[48]，结果表明，这种结构的反应器与其他反应器相比，效果明显。

环筒式反应器由 Anto Tri Sugiarto[49]等设计，放电电极为金属圆环，接地电极为金属柱面，不锈钢圆环置于反应器的中部，这种反应器增加了等离子体区域并克服了针板式反应器中针尖耗损问题。但研究发现，增加环电极数目虽然可产生更多的等离子体，但数目过多（3 个以上）易发生火花放电。

"动力泡沫"反应器是由 J. Pawlat[50]等研制的新型放电反应器，该反应器在内部放置两个平行的多孔陶瓷扩散器，气、液两相均由反应器底部进入，经过多孔陶瓷扩散器后形成大量泡沫，随后泡沫进入放电区域。此种方法代替了传统的鼓泡方法，增强了放电效果，有效增加了传质和热交换，大幅度提高了氧化剂的产量。

隔膜放电反应器是以石墨作为电极材料，平行放置于反应器中，将带有小孔的绝缘板置于两电极之间，气相从反应器上部进入，液相由反应器底部进入。当接通电源后，在绝缘板的小孔处发生电晕放电。活性物种的产率由电压、电介质和溶液电导率决定。添加适量的 Fe^{2+} 或 Fe^{3+} 有助于提高降解率[51]，增加绝缘板上小孔数目也可提高反应器的性能，但多孔同时参与放电非常困难，必须增大电压才能实现。

介质阻挡放电式反应器是水处理研究中常用的另外一类放电反应器的统称。它是在上述类型反应器的一个或者两个电极上覆盖绝缘介质，当在两电极间加以高压交变电场后，由于介质的存在，使处理对象在常压下发生均匀、散漫的丝状流光放电。在此放电过程中，电子能量远高于电晕放电和火花放电的平均电子能量值，可以充分使有机物分子、水分子、氧气分子产生电离，从而激发出更高的活性粒子。这类反应器不仅能够产生强的放电，而且可以避免电极和溶液的直接接触，从而延长了电极的寿命。

10.4.3 低温等离子体技术处理有机废水

利用低温等离子体氧化法处理难降解有毒废水的研究还处于试验阶段，所见报道多为处理单一组分的模拟废水，如苯酚、TNT、苯乙酮、各种染料等。等离子体对这些有机物的去除率与多种因素有关，包括放电电极极性，放电峰压、放电频率、溶液电导率、pH值、添加剂等。目前所做的研究均为等离子体氧化法处理工业废水提供思路。

10.4.3.1 液相放电处理有机废水的研究进展

液相放电即通过没入水中的高压电极和地电极将能量注入水中后产生羟基、过氧化氢、臭氧等活性物质。

1987 年，J. S. Clements[52]首次采用针板式反应器对水中放电过程中的预击穿现象和化学反应进行了研究，发现在蒽醌染料溶液中放电时辅以 N_2 和 O_2 混合气，可使其降解率达80%以上。David R Grymonpré[53]则在待处理溶液中加入活性炭，考察其对水中放电处理酚的影响，结果显示，相对于单独放电或单独使用活性炭酚，去除率明显增大，达89%，他们认为这是由于电晕放电的氧化降解作用、活性炭的吸附作用以及放电在活性炭表面诱发表面化学反应所致。D. C. Johnson 等[54]用改进的针筒式液相放电反应器降解六种苯的衍生物，认为苯最难去除，去除率由溶液浓度和氧气流量决定。陈银生等[55~58]利用针板式放电装置对废水中苯酚或对氯苯酚的降解效果进行了研究，并分析了降解产物的组成。结果表明，提高脉冲电压峰值、延长放电时间、无机盐 $FeSO_4$ 的存在均可提高降解效果，自由基清除剂及缓冲剂的存在会显著降低降解效果。100mg/L 苯酚废水溶液放电处理180 min，最高降解率达 67.3%。当放电处理 420min 时，废水的 TOC 下降 83.8%。对100mg/L 的 4 - 氯酚废水放电处理240min，最高降解率可达90%以上，降解产物主要有苯酚、对苯二酚、邻苯二酚、对氯邻苯二酚和对苯醌等。当放电时间足够长时，对氯酚可完全降解为 CO_2 和 H_2O 等无机小分子。苯酚和对氯苯酚的降解过程符合 1 级反应，降解速率常数（k）与降解温度（T）的关系符合 Arrhenius 公式。朱慧斌等[59]利用针板式高压脉冲放电等离子体反应器处理某助剂厂产品母液，处理 150 min 时 COD 的去除率达到81.2%。

10.4.3.2 气相放电处理有机废水的研究进展

气相电晕放电起源于臭氧发生器,在两电极间施加电压时,电极间的气体介质被击穿,产生的非平衡等离子体(主要是臭氧)扩散进液体中与污染物反应。

Sano 等[60]利用线板式气相放电反应器对水中的酚、乙酸和罗丹明 B 进行了降解,研究发现负电晕比正电晕降解效率高。Grabowski[61]测定了反应器的臭氧产率,通入空气臭氧产率最大可达 $87g/(kW \cdot h)$,通入氧气可达到 $190g/(kW \cdot h)$,可见该种反应器可以被认为是一种高效的臭氧发生器。Sano[62]利用线网结构的反应器,把经过静电雾化的染料废水喷入放电反应区,染料的脱色效果优于压力雾化的效果。

在我国,脉冲电晕降解有机废水的研究工作始于 1996 年,李胜利等[63]应用这一技术进行了直接兰 2B 废水降解和染料废水脱色实验,发现高压毫微秒脉冲产生直接与废水接触的非平衡等离子体可有效破坏染料发色基团,使印染废水在 10s 内脱色,最终可使色度降低 90%。在对直接兰 2B 的降解实验中,观察到 COD 明显下降,BOD_5 先升后降,肯定了放电对染料分子的破坏和溶液可生物降解性的提高。郭香会[64]利用网板式放电装置,将 $C_6H_5NO_2$ 溶液雾化喷入放电区,考察了电压、溶液 pH 值等对降解效果的影响。结果表明,脉冲电压小于 24 kV 时,降解率随放电电压的升高而升高,酸性环境下以较低的放电电压就能达到中性环境高压下的降解结果。$C_6H_5NO_2$ 的降解产物为丙酮和 NO_x。作者对实验现象的解释是,在酸性环境下,O 与 H^+ 能形成 OH 自由基。

10.4.3.3 气液两相放电处理有机废水的研究进展

为把气相放电(主要是产生臭氧)和液相放电(产生羟基和过氧化氢)的优点结合起来,2004 年后气液两相放电的研究成为研究的热点。Grymonpré[65]和 Lukes[66]等设计了针板式气液串联放电反应器,该反应器将放电电极置于液相中,接地极置于液面之上,同时在接地极上设置多个进气孔,在进液的同时进气,这样在放电时先是形成液相放电,后形成气相放电,两者成依次串联反应的关系。用该反应器处理苯酚,其效果比液相针板式反应器有较大的提高,副产品浓度显著降低。Sato 等[67]研究的针环结构的气液相串联反应器用不锈钢丝环、半环做接地极,当针电极到水面的距离变小时,放电形式从电晕、流光向火花放电发展。N. Koprivance 等[68]在气液串联放电反应的基础上发展了并联结构的反应器。该反应器有两个放电电极,一个位于液面下,一个位于液面上,接地地极位于两放电极间,液面上的放电极中设置多个进气孔。当接通高压脉冲电源后,两电极同时放电,形成气、液相并联放电的形式。试验结果表明,并联放电反应器中产生的臭氧浓度是串联反应器的 7 倍,液相产生的过氧化氢浓度与串联反应器相似,但苯酚降解率却较串联反应器低,这是因为位于中间的接地极对臭氧向水中传播具有阻碍作用。国内目前大连理工大学吴彦课题组[69]、中国石油大学(华东)郑经堂课题组[70]也都在进行这方面的研究。

10.4.4 催化剂协同应用

近年来,将催化剂引入反应器也成为研究的热点。在液相中添加铁离子、活性炭、氧化铝和硅胶、分子筛、二氧化钛、碳负载镍或钴,均可提高处理效果,这些物质均起着催化剂的作用。

向反应器中加入 Fe^{2+}、Fe^{3+} 和放电产生的 H_2O_2、紫外光可发生芬顿反应，大幅度提高降解率，但缺点是很难把 Fe^{2+}、Fe^{3+} 从处理后的溶液中分离出来，需要进一步处理。Lukes[71] 和 Hao[72] 等研究了脉冲放电与二氧化钛光催化剂的联合作用，认为联合方法可有效产生羟基、臭氧、过氧化氢等活性物质，从而提高苯酚、4 - 氯酚的降解率。大连理工大学吴彦课题组以玻璃珠为催化剂载体，采用溶胶凝胶焙烧法制取二氧化钛薄膜，利用放电产生的紫外光联合作用，发现处理效果明显提高。但 Wen 等[73] 却认为加入二氧化钛对降解率没有多大影响，这可能是由于实验的操作条件以及选用的二氧化钛光催化剂的晶型不同所导致。Sano 等[74] 用溶胶凝胶法制取了负载镍或钴的活性炭，并将它们分别作为地电极使用，提高了苯酚的降解率，并且负载镍的活性炭地电极大大提高了 TOC 的去除率。

10.4.5　结语

尽管国内外对低温等离子体技术在环境治理中的应用原理已有较多的讨论，也有很多单一有机物降解的实验室研究工作的报道，但是该技术对不同类型的有机物和实际工业废水降解的研究报道还非常少，对废水的作用机理以及各种因素对处理效果的影响规律的研究还不够，实验重复性差。此外，实际应用中还存在如何降低能耗、提高降解效率、缩短水力停留时间等问题。

因此，在今后的研究工作中重点应集中在研究各种放电方式及相关参数上，寻求最佳组合，优化工艺，开发高效节能的电源设备，设计结构合理、与电源匹配的反应器。同时可以考虑将该方法与其他方法结合，设计合理的工艺流程，以便发挥其在深度处理以及提高废水可生化性方面的优势。

10.5　低温等离子体技术在固体废物处理中的应用[75]

10.5.1　低温等离子体技术处理固体废物的实验初探

近年来，低温等离子体技术在 MSW 的治理和资源化利用中也得到了应用。中国科学院合肥等离子体物理研究所利用等离子体技术进行了印刷电路板等固体废弃物的处理和示范性试验。本节中，初步利用低温等离子体技术进行固体废弃物的低温处理，其实验流程为：MSW→初选→分选→有机物组分→低温等离子体处理。图 10 - 20 所示为低温等离子体反应器的示意图，该反应器主要由等离子体电源、等离子体发生器、转换装置、真空部分、进气和控制部分等组成。实验条件为：功率 3kW，电源约 800W，射频频率 13156MHz，工作压力 16 ~ 118mmHg，进气流量 5 ~ 30mL/min，处理温度小于 200℃。

在几个托以下的减压情况下，由高频率能量将氧气或其他气体生成化学活性的化学离子，这些化学离子即原子氧，可以引起有机物的燃烧和进行表面处理。这氧原子是不稳定的，要维持这种状态必须连续供给能量。不稳定的原子状态氧的化学性质非常活泼，等离子灰化装置就是基于这个原理，在减压状况下对氧气连续供给 13156MHz 的高频能，使氧气成为含有大体上相同数量的阳离子和电子的等离子状态，这个富有反应性的原子氧用来处理物品，比以前的来福炉等能在较低的温度下（最高也在 200℃ 以下）进行灰化。

固体废弃物的低温氧等离子体灰化（简称低温灰化 LTA），就是在高频电场的作用

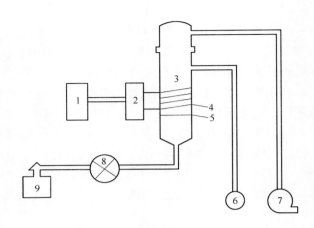

图10-20　低温等离子体反应器示意图

1—射频电源；2—匹配箱；3—反应室；4—铜线圈；5—反应床层；

6—测压仪；7—真空泵；8—流量计；9—气瓶

下，低压下的氧由于气体放电而产生具有强氧化能力的氧等离子体，它可在较低的温度下氧化分解固体废弃物中的杂质。

低温灰化仪通常由高频电源系统、氧化室和真空系统等部分组成，其工作流程如图10-21所示。氧气进入氧化室，在电离电极高频电场的作用下，产生氧等离子体，与煤样进行氧化反应后，即进入真空系统排出。

图10-21　低温处理的工作流程

常用的低温灰化仪规范及其使用条件的范围如下：（1）高频电源、真空系统。功率为 50~180W，频率为 10100~13156MHz，氧气流量为 50~150mL/min，绝对压力为 133~267Pa 。（2）样品制备。样品量在 13~15g 之间，取决于所用灰化仪氧化室规格和样品的组分含量。样品装在耐热玻璃舟中，样品层厚为 2~3mm，据测定，在感应圈下方 50~100mm 处氧化速度最高。（3）灰化温度。直接测定样品的灰化温度比较困难，通常保持样品附近气体的温度在 100℃左右。灰化时间在 14~105h 之间。

在低温氧等离子体中，包括有分子态氧、激发态氧、原子态氧、少量氧的正离子氧与负离子氧。由于离解不充分，大部分氧（约60%以上）仍呈分子状态，整个等离子体的温度比较低（一般可低于150℃），因此称为低温等离子体。其中具有强氧化能力的组分是原子态氧，它的浓度约占20%。在低温灰化中，为了将分子态氧电离，除需有足够的电场强度外，自由电子必须有足够的动能（即足够的速度）。这与电子在与其他粒子发生碰撞前的平均自由路程有关。系统内的压力越低，电子的平均自由路程就越长，具有的动能亦越大。因此，系统应处于接近真空的状态。一般当绝对压力大于 400Pa 时，氧就难电离；当绝对压力在 267Pa 以下时，煤的氧化可顺利进行。此外，通过反应室的氧气流量增大，煤样表面气体的流动与扩散加快，有利于提高氧化速度。

实验结果表明，利用低温等离子体反应器可以对 MSW 进行处理，可有效地减少焚烧过程中出现的氯和氯化氢气体、二噁英等的污染。同时，由于反应物的组成可决定反应产物的性质和组成。所以，利用本技术可以做到产物的目标控制，用以制备清洁、安全、高热值的气体或液体产物，供工业和民用。例如，在实验过程中，可通过对反应参数优化控制和匹配，制备 CH_4 和 H_2 等含量较高的高热值城市用气和民用气。

10.5.2 结语

为了使低温等离子体技术尽快实现工业化应用，今后应加强以下几方面的研究：

（1）深入研究低温等离子体降解污染物的机理。低温等离子体降解污染物是一个十分复杂的过程，而且影响这一过程的因素很多。虽然目前已有大量有关低温等离子体降解污染物机理的研究，但还未形成能指导实践的理论体系，使其工业应用缺乏理论保障。

（2）提高污染物降解效率，降低能耗。低温等离子体技术工业化应用的关键，是在保证污染物去除率的基础上降低能耗。普遍认为，低温等离子体处理烟道气和工业废气的能耗应小于 $3W \cdot h/m^3$。通过优化反应器的构形与操作参数，提高电源的能量效率及电源与反应器的匹配，选择合适的添加剂、催化剂、吸附剂或填料等办法，可有效提高污染物的降解效率和能量利用率，降低能耗。

（3）处理装置的大型化与小型化。处理装置的大型化与小型化是等离子体技术今后发展的两个方向。对于大流量低浓度的锅炉烟道气、有机废气和含硫废气，低温等离子体具有较好的处理效果，对烟道气可同时实现脱硫、脱硝与除尘，并可回收有用的产品，但大多数试验还停留在小试或中试阶段，面临着试验装置如何进行工业放大的问题。对于种类繁多、分布面广的各种小流量、低浓度工业废气，甚至汽车尾气，都可以采用低温等离子体进行处理，为小型化处理装置提供了广阔的应用前景。由于等离子体技术涉及物理、化学、反应工程等诸多学科，因此开展各学科的协作研究与开发，是实现处理装置的大型化与小型化工业应用的关键。

10.6 低温等离子体技术在材料表面改性中的应用[76]

10.6.1 低温等离子体在金属材料表面改性中的应用

近十几年来，低温等离子体广泛用于改变金属材料的表面力学特性，即材料的磨损、硬度、摩擦、疲劳、耐腐蚀等性能。

10.6.1.1 提高金属表面抗腐蚀能力

已经有一些研究小组通过对铁和钢合金进行离子束渗氮来提高其摩擦和耐腐蚀特性[77~81]。这是因为在铁中形成了如 ε-Fe_3N 和 ζ-Fe_2N 的铁的氮化合物而在不锈钢表层形成"扩展的奥氏体"。目前采用等离子源离子注入方法[77]，它区别于单能量的氮离子注入法，样品浸没在等离子体中并加上高负电压脉冲。在电场中，这些离子被加速而注入样品中。在注入过程中，与常规束线离子注入相似，用高能离子在材料表面近距离区域注入。与其不同的是，离子从四面八方同时注入样品上而没有视线限制，因此可以处理形状较复杂的样品，且注入粒子的能量范围宽。W. Wang 小组对轴承钢采用氮等离子源离子注入[77]，注入剂量分别为 $5 \times 10^{16} \, cm^{-2}$、$1 \times 10^{17} \, cm^{-2}$、$5 \times 10^{17} \, cm^{-2}$，所加电压为 $-20kV$。在 Na_2SO_4 溶液的腐蚀实验中，没有处理的样品的腐蚀电流为 $170\mu A/cm^2$，在经过 $5 \times 10^{16} \, cm^{-2}$、$1 \times 10^{17} \, cm^{-2}$、$5 \times 10^{17} \, cm^{-2}$ 剂量注入后，腐蚀电流分别为 $66\mu A/cm^2$、$40\mu A/cm^2$、$50\mu A/cm^2$。结果表明，在轴承钢表面形成了诸如 Fe_2N、Fe_3N 和 Fe_4N 的铁的氮化物，提高了表面的耐腐蚀的特性。注入其他的粒子，如碳粒子，或同时注入氧、氮、碳粒子也可提高金属的耐腐蚀特性[82,83]。

10.6.1.2 提高金属的硬度和磨损特性

离子注入金属表面可以形成金属固溶体和沉积物，故可提高金属材料的硬度。S. Maeindl 用氮等离子源离子注入法对奥氏体不锈钢（X6CrNiMoTi17.12.2-AISI 316Ti）进行渗氮，结果与未渗氮的样品相比，表面硬度增加了 14，耐磨损能力增加了 $1 \sim 2$ 个数量级[84]。

$9Cr18$（$w(Fe) = 79.655\%$、$w(Si) = 0.8\%$、$w(Mn) = 0.72\%$、$w(P) = 0.035\%$、$w(S) = 0.03\%$、$w(C) = 0.96\%$）马氏体不锈钢由于具有很好的耐腐蚀性而广泛地应用于航空、核能和其他一些领域内的轴承材料。Z. M. Zeng 等对 $9Cr18$ 马氏体不锈钢分别进行氮等离子源离子注入（PⅢ）和金属等离子体源离子注入（MEPⅢ）处理[85]，分 4 组样品：第 1 组未处理 $9Cr18$；第 2 组仅注入氮离子；第 3 组先 MEPⅢ 注入 Ti、Ta、Mo 和 W，然后再进行氮离子 PⅢ 处理；第 4 组先氮离子 PⅢ 处理，再进行 MEPⅢ 且同样注入 Ti、Ta、Mo、W 粒子。对样品进行显微硬度和疲劳轨迹宽度的测量，结果见表 10-4。从结果可以明显看出，经过氮离子 PⅢ 和 MEPⅢ 处理之后，样品的显微硬度和抗疲劳性得到很大的提高，尤其是（Mo + N）离子的注入增加效果最大，接近 79%。

表 10-4 9Cr18 马氏体不锈钢经过离子注入后的实验结果

样 品	注入离子	显微硬度（HV）	疲劳轨迹/μm
第 1 组	未处理	551.4	250
第 2 组	N	680.4	115
第 3 组	Ti	814.3	53
	Ta	792.6	60
	Mo	912.3	54
	W	813.9	52
第 4 组	Ti	845.2	40
	Ta	832.6	45
	Mo	988.7	40
	W	831.5	45

10.6.2 低温等离子体在对聚合物材料的表面改性中的应用

聚合物材料由于具有良好的性能，而广泛地应用于包装、航空、印刷、生物医药、微电子、汽车、纺织等行业。但日益增长的工业发展水平对聚合物材料的表面性能，如黏附性、浸润性、阻燃性、电学性能等提出了更高的要求，利用等离子体对其进行表面改性已经引起研究人员的广泛兴趣。

聚合物材料的浸润性与许多领域有关，如印刷、喷涂和染色等。但由于聚合物材料表面自由能低，故而导致浸润性能不好。用化学的方法来改善其特性不但会损坏聚合物基质，而且还会放出大量有毒性的水，同时还需消耗大量的能量，成本高；而用低温等离子体处理克服了这些缺点，既省水省电又不污染环境。C. Jierong[86] 用氧气、氮气、氨气、氩气、氢气和甲烷等离子体来处理聚乙烯对苯二甲酸酯，即 PET，研究其表面自由能的改变规律和界面中分子间力对浸润性的影响。结果表明，PET 膜的浸润性可以得到提高，其改善程度取决于气体种类。用氧气、氮气、氨气和氩气等离子体处理一小段时间后表面张力从 42.0×10^{-5} N/cm 增长到 56.0×10^{-5} N/cm、57.5×10^{-5} N/cm，非极性弥散力下降 $50\% \sim 60\%$，且氢键力增长 9 倍，同时含氧的极性功能团大量引入。用氢气等离子体也可提高浸润性，但甲烷等离子体能够减少含氧的极性功能团，从而降低了材料的表面自由能，因此无法起到提高表面浸润性的效果。

超高系数聚乙烯纤维（UHMPE）由于具有密度低、张力模量高等很好的纺织特性且对冲撞能量有吸收能力，故被广泛应用于许多合成材料中，但其有表面惰性，在合成材料中吸附能力差。低温等离子体（尤其是氧等离子体）可以提高 UHMPE 纤维化合物的黏附性。F. J. Boerio 等[87] 用氩等离子体来处理 UHMPE 纤维，表明等离子体会在 UHMPE 纤维表面上产生微针孔，而这些微针孔通过在 UHMPE 纤维与树脂间的机械交联作用从而增加表面黏附性。在氩等离子体处理较长时间后，会改变 UHMPE 纤维表面的化学特性，减少含氧基团，从而降低机械交联作用。因此，通过机械交联作用而增加表面黏附性的前提条件是 UHMPE 纤维与乙烯树脂间相互浸润。

在金属表面上聚合有机物或使聚合物的表面金属化都涉及聚合物与金属之间的黏附性问题。如具有好的热稳定性，低介电常数的氟塑料聚合物在表面金属化在微电子工业领域中有很好的应用潜力。但由于大多数氟聚合物在物理和化学上的惰性，使得金属在其上的黏附能力很低。最近在这方面的研究相当多。如 M. C. Zhang 等[88] 研究聚四氟乙烯（PTFE）与铝金属间的黏附，他们先用氩等离子体（频率为 40kHZ，功率为 35W，氩气的压强为 80Pa）对 PTFE 进行预处理，并暴露在大气中约 10min 以产生氧化物和过氧化物，然后在其上进行丙烯酸酯甘油醇即 GMA 的接枝共聚合，再进行热蒸发铝，结果使带有 GMA 接枝共聚合物的 PTFE 与 Al 之间的黏附力是 PTFE 与 Al 间的 22 倍，是仅经过 Ar 等离子体预处理的 PTFE 与 Al 之间的 3 倍。E. Dayss 分别用机械粗糙法，氧气、氮气、氩气低压等离子体和产生中间层法三种方法[89] 对聚丙烯进行处理，研究金属在其上的黏附特性，结果是机械粗糙法在提高聚丙烯与铜之间的黏附力方面有效，但等离子处理会导致更好的结果，尤其是 Ar 等离子体。用等离子体处理后的聚合丙烯酸的中间层产生 C—O 键，从而表现出非常强的黏附性。

聚合物膜可分为极性聚合膜和非极性聚合膜。非极性聚合膜的电介体在生物和医药领域作用很大，但其电核存储能力和存储稳定性并不令人满意，而极性聚合膜的电介特性很好，但价格昂贵，因此从实用出发，如何提高非极性膜的电特性是很有价值的研究工作。Wei Feng 用 SF_6、O_2 和 Ar 等离子体对聚丙烯膜表面进行处理，由于改性过程中有隧道效应，增加了表面阱密度，尤其是 C—F、C=C、C=O 键的引入，就像一个深阱一样可以使得存储电荷的能力和稳定性提高了 50%。

聚合物广泛应用于建筑材料、交通和电子工程中，但由于其独特的化学组成而易于燃烧，故阻燃性成为很重要的需求。Hendricks Sara K[90]在聚酰胺-6（PA-6）聚合物表面上用等离子体聚合法形成 1 层 50μm 厚的聚硅氧烷，使热传导率下降 30%，且产生了许多不完全阻燃反应。

10.6.3　低温等离子体在生物功能材料的表面改性中的应用

由于低温等离子体的独特特性，最近几年在生物医药领域中已经引起人们越来越多的注意和兴趣。如用等离子体杀菌[91]；分离薄膜的等离子体改性[92]，用于降低蛋白质的吸附解决薄膜的污染问题；在玻璃基片上用等离子体喷涂[93]，或将粒子束辅助沉积与物理气相沉积中离子注入相结合；在钛金属上形成含羟基的磷灰石来研究骨移植[94]；研究可用做生物材料的有机化合物、金属、聚合物等材料的生物相容性[95~98]。

利用聚合物、金属材料制成的生物功能材料已广泛应用于人造器官、组织移植、血管手术等方面。由于血液对异体材料非常敏感，故材料的血液相容性在生物相容性中非常重要，这直接关系到临床使用的安全性和有效性。研究表明，血液相容性与材料基片的表面特性如表面亲水性、表面的化学组成有关[99]。在治疗冠状血管疾病时，常用的临床方法是做冠状血管成形术（PTCA），即在血管中用金属扩张物将血管撑开。但其中所用的金属化的斯特坦固定膜仍有较高的凝血性（这是因为金属表面常带有正电核且表面自由能高的缘故），故血管会变狭窄。J. Lahann 等[100]在金属表面用 CVD 方法聚合氯化对二甲苯，再用 SO_2 微波等离子体处理。结果表明，经过 SO_2 等离子体处理后接触角下降到 15°，材料表面的亲水性提高。同样，在用二氧化硫等离子体处理人类血液蛋白和纤维蛋白的吸附实验中发现，纤维蛋白的吸附由未处理前的 95% 下降到处理后的 54%，血小板的吸附也大大下降，材料的血液相容性得到很大的提高。

最近，等离子体技术在生物医药领域中又有一个新的应用趋势，即等离子体化学微图形技术[101]。用于移植、组织培养或其他用途的人造生物材料必须与所处的生态环境有生物相容性。提高聚合物材料生物相容性的早期方法是准备含与细胞外介质（ECM）相似的氮和氧的功能团的基片。目前，在发展需黏附细胞的生物相容性表面时，集中在固定 ECM 蛋白质于基片表面上。对于那些不需要黏附细胞，如血细胞的材料表面改性所使用的技术是产生具有高度惰性的表面，如氟化的碳氢化合物，或具有生物活性的分子禁止细胞固着，或产生具有高度亲水性的基团等。如果对于整个微图形表面生物相容性或生物惰性都能得到保证，那么微图形细胞培养可以在生物工程中发挥极大的作用。

10.6.4　结语

低温等离子体技术正广泛应用于金属材料、聚合物材料、生物功能材料的表面改性的研究，有的已经投入生产。尽管低温等离子体技术对材料的表面改性范围越来越广，但对各种粒子与表面相互作用的机理，人们还了解得不清楚，有待进行理论研究。一旦有所突破，必将对其应用产生积极作用。

10.7 低温等离子体技术在催化剂领域的应用[102]

10.7.1 等离子体制备催化剂

一般工业生产中的催化剂必须满足下列要求：在一定条件下提供较快的反应速率，长时间保持活性，具有抵抗中毒的能力，选择性好，有一定的机械强度，还原周期尽可能缩短等。但以上所列的条件不能全部满足，活性高不一定代表稳定性好，稳定性好的催化剂却很难被还原，而机械强度通常意味着密度高，活性就低。因此它们之间的妥协是必需的。利用等离子体技术制备的催化剂具有很多优点，可以满足上述要求，例如大的比表面、高分散性、晶格缺陷、稳定性好等特性。

10.7.1.1 直接合成超细颗粒催化剂

超细颗粒催化剂，由于其本身具有的特异的表面结构、晶体结构及电子结构，从而显示出与常规催化剂明显不同的催化特性。随着物质的超微粒化，不仅表面积增加，而且表面晶格与块状物质不同，低配位数增加，局域态密度和电荷密度也发生变化，因而可以生成更多的催化活性中心。同时它的超顺磁性及久保效应等也对催化效应产生影响。许多文献指出超细颗粒催化剂对一些化学反应比常规催化剂有更高的转化率和选择性，因此各国科学家纷纷对此展开研究，并取得了很好的进展。德国弗利兹－哈伯研究所在我国大连设立的"催化纳米技术"伙伴小组就致力于纳米材料在催化领域中的应用研究。目前超细颗粒的制备包括气相沉积法、溶液共沉淀法、机械混合法和等离子体法等。

在等离子体制备超细颗粒催化剂的过程中，原料以气雾状随载气进入反应器，在等离子体区中电子温度极高，原料很快反应生成超细颗粒前驱体。由于等离子体区比较窄，前驱体立刻进入低温段，其温度梯度可达 $10^5 \sim 10^6 \text{K/s}$，从而使过饱和度急剧增大，瞬间发生均相成核过程，形成催化剂超细颗粒，并在收集器中分离出来。Vissokov[103]等人利用准平衡低温电弧等离子体技术制备了合成氨的催化剂，其组成类似工业催化剂 CA－1，含有 Fe_3O_4、Fe_2O_3、FeO、Al_2O_3、K_2O、CaO、SiO_2 等氧化物。他们发现制备过程中的最佳温度是 $1 \times 10^3 \sim 3 \times 10^3 \text{K}$，可以保证催化剂具有独特的性质。催化剂比表面为 $20 \sim 40 \text{m}^2/\text{g}$，粒度为 $10 \sim 50 \text{nm}$，催化活性比常规催化剂增加约 $15\% \sim 20\%$。Zubowa 等人采用射频发生器（1kW，$3.4 \sim 4.5 \text{kW}$）在电容耦合等离子体中（10kPa）合成了 SiO_2 颗粒，反应气体 $SiCl_4$ 和 O_2 以不同比例随载气 Ar 一起通入反应器，产品经 TEM 分析其粒径分布在 $10 \sim 30 \text{nm}$ 之间。以此制备的 SAPO-31 分子筛，晶体结构有了很大的改观，而且 Bronsted 酸也得到了增强。他们认为正是由于 SiO_2 在反应区的猝灭，使分子筛具有上述的性质改观。对分子筛进行反应评价发现，它可以使甲醇烷基化和正庚烷异构化的转化率分别提高 10% 和 20%。

一般来说，超细颗粒催化剂的合成必须在热等离子体中进行，这样可以提供一个高温环境使反应能够发生，而且等离子体区应该非常短，形成极高的温度梯度。这样产物前驱体还没来得及凝聚成块就骤凝为超细颗粒，不但保持了纳米级的粒径，还保持了亚稳态下晶体结构等性质，使其具有较高的催化特性。

10.7.1.2 利用等离子体喷涂技术制备负载型催化剂

通过等离子体喷射涂层把催化活性组分沉淀到载体上是催化剂制备的另一种形式，它可以增加催化剂的机械性和热稳定性。它的工作机理是将催化活性颗粒通过送粉器送入高速运动的等离子体流，颗粒在高温下迅速熔化，并随等离子体流与催化剂基层充分接触，在极短的时间内固化。一般认为喷射涂层的多孔结构主要取决于等离子体流出类型、等离子体工作气体的化学性质和流速、等离子体输入能量、喷射距离等。例如，等离子体工作气体流速和喷射距离的增加，可以使催化剂活性涂层的多孔性加强。改变溅射粉末的粒子尺寸也可以调节催化剂活性涂层的特性如相组成、多孔性、比表面、热导性等。

等离子体喷射合成催化剂有两种方式：（1）先在基层上用各种添加剂进行预喷射，再把催化活性成分沉淀上去；（2）将催化活性成分直接喷射到载体表面上。Ismagilov等[104]采用直流电弧等离子炬将不同相态的 Al_2O_3 喷射涂敷到不同结构的镍金属基层上，然后再用钴溶液浸渍得到产品。通过 X-Ray、BET、SEM 等分析发现颗粒直径、流速和流型对涂层的物理化学性质影响很大，在甲烷部分氧化反应中（CH_4 与空气的体积比为 1/99），转化率比常规催化剂高 20%。Halverson 和 Cocke 等制备的 Ru 催化剂，首先在频率 13.56MHz、功率 100W 的条件下，通过氧气和水蒸气射频等离子体将 Al_2O_3 喷射涂敷到纯金属基层上，厚度为 $10^{-9} \sim 10^{-8}$ m。然后放入氯化钌溶液中浸渍，将钌沉淀到 Al_2O_3 层，最后经过氧化 – 还原处理得到 2.7% Ru/Al_2O_3 催化剂。Khan 和 Frey [105]制备 $LaMO_x/Al_2O_3$ 膜（其中 M 是 Co、Mn 和 Ni）用的是第二种方法。反应是在氩气射频等离子体中进行的，$LaMO_x$ 膜厚 1 – 50μm，该催化剂用于 CO 和 C_3H_8 的氧化，效果比较明显。

由于等离子体涂层在材料表层处理中应用广泛，它的理论与实践进展可以有效地促进该技术在催化剂制备方面的应用。因此利用等离子体喷射合成催化剂技术能够尽快地在催化剂工业中得到实现。

10.7.1.3 等离子体表面处理

低气压下的直流辉光放电、高频放电、微波放电及常压下的电晕放电都可以产生冷等离子体。它的主要特点是电子温度可以达到 10^4K，而离子和中性分子温度只有 400K 左右，因此系统整体温度很低，这就是"冷等离子体"的来由。电子在电场中加速获得能量，与周围气体分子、原子发生碰撞，能量就可以通过碰撞传递，使它们电离产生新的离子、电子或使它们变为激发态并很快又跳回基态，发出光子，生成自由基。在这样的环境中，如果加入各种材料，就可以起到表面改性的效果，而且不同的等离子体工作气体对材料处理有很大的差异。Mendez 等人[106]采用微波感应等离子体对活性炭进行表面处理时，在氮气流中，大部分含氧基团能够被除去，从而导致 pH 值的显著提高。而且处理时间短，几分钟就可以使活性炭由酸性变为碱性。冷等离子体也可以用于高分子聚合材料、纺织品、金属和塑料制品等表面处理，提高吸湿性、抗静电性、染色性和黏结性等。林立中等[107]探讨了直流辉光放电等离子体参数对高分子材料处理的影响，并且研制出两套设备用于工业生产。Vohrer 等[108]对纺织品进行表面处理，大大提高了其防水性和防油性。

由于多相催化反应是在催化剂表面上进行的，需要将催化活性组分分散在载体上以获得大的活性表面。随着催化科学的发展，许多与载体有关的催化现象逐渐被人们认识，金属与载体之间的相互作用以及载体的性质在催化反应中起着很大的作用。如果利用冷等离子体对多相催化剂进行表面改性，可以收到意想不到的效果。俄罗斯科学家 Dadashova 等人用 O_2 和 Ar 辉光放电等离子体对 $Fe(NO_3)_3$/ZSM-5 进行处理，通过 X 射线和 XPS 表征发现 $Fe(NO_3)_3$ 完全分解为 Fe_2O_3 和 NO_2，80% ~ 90% 的 Fe_2O_3 以高分散无定型粒子的形式分布在分子筛孔道内，其余的在外表面，以晶体形式存在。进行 F-T 反应评价时，转化率和选择性比常规焙烧催化剂分别高出 10% 和 1.6%。成都有机所张勇等[109]在射频辉光放电等离子体中对 $Ni(NO_3)_3$/Al_2O_3 进行分解，在此过程中，催化剂颜色发生了明显变化，而且还有亚稳相 Ni_2O_3 和未知相生成。将该催化剂用于天然气部分氧化制取合成气的反应评价中，850℃下天然气转化率为 98.2%，H_2 和 CO 的选择性分别为 97.3% 和 96.5%。为了防止分子筛催化剂在焙烧过程中发生烧结、脱铝等不利效应，Theo 等[110]采用空气射频等离子体对各种分子筛进行等离子体加热焙烧，经分析，大部分模板剂被脱除，而且晶体结构没有被破坏。这些过程主要是利用了等离子体的热效应，使硝酸盐和模板剂等受热分解。结果虽然与常规焙烧相同，但却是在低温、对分子筛无害的条件下实现的，因此这一等离子体焙烧过程比常规焙烧有很大的优越性。

利用等离子体的化学效应也可以用于催化剂表面改性。Yokoyama 等[111]采用 CF_4 射频等离子体对 HY 分子筛进行表面改性，经过表征，发现表面的 OH 基被—CF_n 基和—F 基所取代，分子筛的疏水性得到增强。Sugiyama 等[112]在气相 Bechman 重整反应中，先把各种金属氧化物催化剂置于微波冷等离子体中进行处理，条件为 1.3Pa、2.45GHz、200W，处理时间 5min，其中 Nb_2O_5 的选择性最好。在等离子体处理过程中，Nb_2O_5 的表面颜色由白色变为绿色。但是经过 XRD 表征发现晶体结构没有发生改变，而经过 XPS 发现催化剂表面不但存在 Nb^{5+} 而且还有 Nb^{4+} 和 Nb^{2+}。另外在等离子体处理以后，催化剂的酸性有所减弱，这有利于反应物与产物的解吸，从而提高产物选择性。Blecha 等[113]报道了在高频放电中对丙烯歧化反应催化剂 WO_3/SiO_2 进行表面处理，N_2 压强为 1.2Pa，放电频率 10MHz，处理时间不超过 15min。通过对比实验，等离子体处理过的催化剂具有较高的转化率，而且很快就可以达到反应平衡，另外催化剂的还原时间也大大缩短。

可以看出，多相催化剂在冷等离子体中经过改性后，其物理化学性质发生了很大的改变。添加活性组分的金属氧化物载体直接放入等离子体中进行还原分解，不但可以保持催化剂骨架，去除模板剂等有机杂质，防止金属簇烧结变大，而且相对于常规焙烧而言，处理时间比较短。同时物理化学性质也发生很大变化，如表面颜色（即金属元素价态）改变，常温下有新物相和非稳定相生成，还原温度降低，表面晶格缺陷增加，酸性或碱性增强等，这些都非常适用于催化反应。许多实验表明，这种等离子体"焙烧"可以完全取代常规高温焙烧，非常利于工业生产。但是，由于低温等离子体系统和催化剂体系本身都是十分复杂的系统，要想将两者紧密地结合在一起发挥作用是相当困难的。现在科学家对这一处理过程中的机理问题的认识还很模糊，如等离子体的活性粒子中哪一个是起关键作用的，其作用过程是如何进行的，而且催化剂中活性组分之间、活性组分与载体之间的作用力等是否会对这种处理过程产生影响。我们在实验中就经常遇到这种现象，相同条件下的等离子体对不同的催化剂会产生相差甚远的作用，几乎没有规律可循，这就给这项工作带来很多麻烦。因此只有多掌握等离子体物理方面的知识以及大量的实验工作，才能有效地利用等离子体制备高活性的催化剂。

10.7.2 催化剂再生

虽然催化剂能够有效地促进化学反应，满足工业生产，但有机反应中的副产物积碳和反应体系中的毒物杂质使催化剂失活一直是一个令人头疼的问题。在化工生产中通常采用的催化剂再生方法是通入还原性气体或者氧化性气体，在高温下反应生成气态氧化物或氢化物；再就是在氧化或中性介质中将催化剂熔化后再重新粒子化。前者的缺点在于一旦晶体结构发生了不可逆转的改变，催化性能将无法保持，而后者只适用于可熔性催化剂，而且活性也无法保证。它们的弊病都源于再生时温度过高，严重地影响了催化剂的结构。鉴于等离子体的独特性质，20世纪60年代就有人提出了利用 O_2 或 Ar 辉光放电对失活催化剂进行再生。等离子体工作气体一般选用 O_2。因为 O_2 在等离子体状态下电离为 O^{2-}、O^-、O_2^{2-} 等高活性粒子，它们可以与催化剂表面上的积炭、毒物等反应生成 CO_2、NO_x、SO_2、P_2O_5 等，以气态形式离开反应器，这样就不会对催化剂产生不利影响。而且，在进行催化剂再生实验的同时，科学家还发现经过等离子体再生过的催化剂比反应前的催化剂具有更高的活性。Vissokov 等[114]研究了失活催化剂用于合成氨的 Fe_xO_y/Al_2O_3 在氩气或氮气等离子体中再生的情况。他们发现经过等离子体处理的催化剂的还原速率比未处理的要快 2~5 倍，而且在合成氨时的活性要比新鲜催化剂高 10%。他们认为，催化活性的提高主要是因为在等离子体对催化剂进行再生的同时，也是对催化剂进行表面改性，从而使催化剂活性提高。

10.7.3 在等离子体反应系统中添加催化剂

在自然界中，有一些条件非常苛刻的反应，包括温室气体的化学转化，空气中有害气体的净化等，但若采用等离子体技术这些反应就很容易进行。同时人们还发现在等离子体反应系统中加入一定量的催化剂，可以降低等离子体击穿电压和反应温度，提高反应活性。Stephanie 等[115]利用扇形电弧辉光等离子体分解 CO_2，他们在反应器内涂上了金、铜、钯、铑等金属，反应气体为 CO_2（2.5%）和 He，CO_2 转化率达到 30.5%，对 CO 和 O_2 的选择性大于 80%，能量利用率为 3.55%。Francke 等[116]利用脉冲电晕等离子体对空气中有机气体进行净化，反应系统中加入 Mn-Cu 氧化物催化剂，在流量 $60m^3/h$、空速 $6000h^{-1}$、反应温度 110℃ 下，可以除去 70%~90% 的有害气体。巴基斯坦科学家 Malik 对等离子体与各种金属催化剂相结合消除 VOC 做了一定的总结，认为相对于等离子体作用、催化剂作用和常规热效应，前两者的结合具有反应速率快、温度低及能耗低的优势。另外，宫为民等[117]发现如果催化剂的制备方法不同，与等离子体协同作用的效果也不一样。对于常规浸渍焙烧方法制备的和采用等离子体增强沉积技术（PEVD）制备的催化剂 TiO_2/Al_2O_3，在等离子体甲烷偶联反应中的效果不同。两者的甲烷转化率相差不多，但后者的 C_2 选择性却高于前者。

催化剂参与的等离子体系统中，作用于催化剂表面上的是电子、离子、中性粒子和各种激发态的粒子，而不是气体分子，因此等离子体输入粒子的能量比中性气体要高，活化能甚至为负值，这就引起催化反应动力学的某些改变。此时催化剂粒子可能带上电荷而造成等离子体中电子浓度的降低，则等离子体的电离程度也随之降低，造成载有催化剂的反应管在等离子体所呈现的电阻比没有放催化剂时大。结果，在相同放电高压下，载有催化剂的等离子体的放电电流和放电功率下降。从能量守恒的角度来看，对于一定的放电功率，电子浓度的下降就意味着抑制等离子体中电子温度的升高。除此之外，等离子体对催化剂多相表面至少还有热效应和静电效应两种作用。

热效应通常从两方面来考虑：一是表面反应，当原子或其他粒子撞击催化剂表面时，可能会结合成分子，并把一部分结合能传递给表面，原子复合的数量和能量传递的多少则取决于表面的性质；二是等离子体加热，当等离子体中激发态粒子跃迁回基态时，它们会释放一些能量从而促进催化剂的热效应。

关于静电效应，最新研究表明，物体表面功函数是一个很重要的因素。在非平衡等离子体条件下，催化剂表面变得高度电子化，因此功函数的转移会引起静电电压的巨大变化，从而导致催化等离子体的独特化学性质，一些惰性物质如石英球，在放电情况下具有很高的化学活性。天津大学刘昌俊等[118~120]发现，这种静电效应能显著提高 Sr/La$_2$O$_3$ 催化剂和 NaY、NaX 分子筛的反应性能，此时甲烷的转化率比同样催化剂在常规条件下的转化率高，特别是 NaY、NaX 分子筛在没有等离子体的情况下对甲烷转化没有活性。以前的实验也表明了 Y 型和 X 型分子筛的等离子体碱性增强，而 ZSM-5 的碱性在等离子体中却没有改变。有人认为这种碱性增强与静电效应有关，其中 OH 基有很大的关系。但是最新的实验却证实，等离子体对 ZSM-5 有明显的酸性增强效应，而且静电效应将引起催化剂表面能的巨大变化。

10.7.4　结语

人们对等离子体的研究已经有近一百年的历史了。物理学家通过不懈的努力，逐步了解了等离子体的基本物理性质，而化学家充分地利用了这些条件，把等离子体用作一种有效的化学反应促进介质，完成了许多常规条件下难以进行的化学反应。由于化学家们自身物理知识的局限性，对这些反应的具体过程并不清楚，只是把等离子体当做一种"黑匣子"，也就是不十分清楚等离子体与化学反应的相互作用关系，也就限制了更加有效地利用等离子体来优化反应过程。关于这一点，在催化剂领域表现得更明显，因为等离子体在催化剂领域的应用并不只是利用低温等离子体的相对高温性或者非平衡性，还涉及等离子体工作气体的化学性质等问题，不同的工作气体中的自由基和各种激发态原子都会对催化剂的制备产生不同的影响。因此为促进低温等离子体在催化剂领域的应用，化学家应该深入了解等离子体的物理知识，使之更有效地为该领域服务。

参 考 文 献

[1] 纪树满. 恶臭污染的防治 [J]. 重庆环境科学, 1999, 21 (2): 27~41.

[2] 郭静, 梁娟, 等. 污水处理厂恶臭污染物状况分析与评价 [J]. 中国给水排水, 2002, 18 (2): 41~42.

[3] Wang Rongyi, Zhang Baoan, Bing Sun, et al. Apparent energy yield of a high efficiency pulse generator with respect to SO$_2$ and NO$_x$ removal [J]. J Electrostatics, 1995, 34: 335~336.

[4] 李坚, 李洁, 梁文俊, 等. 等离子体法去除甲醛的实验研究 [J]. 高电压技术, 2007, 33 (2):

171～173.

[5] 李坚，薛红弟，梁文俊，等. 等离子体法去除 HCHO 的实验研究 [J]. 北京工业大学学报，2006，32（6）：534～537.

[6] 竹涛，李坚，梁文俊，等. 低温等离子体联合技术降解甲苯气体的研究 [J]. 环境污染与防治，2007，29（12）：920～924.

[7] 竹涛，李坚，梁文俊，等. 等离子体技术净化烟草废气的研究 [J]. 西安建筑科技大学学报，2007，39（6）：862～866.

[8] 李坚，竹涛，豆宝娟，等. 低温等离子体技术处理烟草臭气 [J]. 环境工程，2008，26（1）：44～45.

[9] 国家环境保护总局. 空气和废气监测分析方法 [M]. 北京：中国环境科学出版社，2003：178～181.

[10] Atkinson R. Kinetics and mechanisms of the gas phase reactions of the hydroxyl radical with organic compounds under atmospheric conditions [M]. Chem Re, 1985：69～201.

[11] 伯福特 J C，泰勒 G W. 极性介质及其应用 [M]. 北京：科学出版社，1988.

[12] 李阳，许根慧，刘昌俊，等. 等离子体技术在催化反应中的应用 [J]. 化学工业与工程，2002，19（1）：65～70.

[13] West A R. Solid State Chemistry and Its Applications [M]. New Delhi：John Wiley Sons Ltd.，1984：358，534～540.

[14] 白希尧，等. 脉冲活化一次全部治理 CO、SO_2、NO_x 和烟尘研究（I，II）[J]. 环境科学研究，1995，8（3）：1～5；8（4）：14～18.

[15] 徐学基. 气体放电物理 [M]. 上海：复旦大学出版社，1996：319～323.

[16] 天津市环保科研所. GB 14454—1993 恶臭污染物排放标准 [S]. 北京：中国标准出版社，1994.

[17] 林和健，林云琴. 低温等离子体技术在环境工程中的研究进展 [J]. 环境技术，2005，23（1）：21～24.

[18] Coogan J J, Greene A E, Kang M, et al. Silent discharge plasma dest ruction of hazardous wastes [C] // Proceedings of the IEEE International Conference on Plasma Science. Santa Fe, NM, USA, 1994：87.

[19] 王燕，赵艳辉，白希尧，等. DBD 等离子体及其应用技术的发展 [J]. 自然杂志，2002，24（5）：277～282.

[20] 李坚，马广大. 电晕法处理易挥发性有机物（VOCs）的实验研究 [J]. 环境工程，1999，17（3）：30～32.

[21] 郝吉明，马广大. 大气污染控制工程 [M]. 北京：高等教育出版社，1989.

[22] 杨津基. 气体放电 [M]. 北京：科学出版社，1983.

[23] 上海烟草（集团）公司技术中心. 检测报告.

[24] 国家环保局. GB 16297—1996 大气污染物综合排放标准 [S]. 北京：中国标准出版社，1997.

[25] 中国环境科学研究院. GB 3095—1996 环境空气质量标准 [S]. 北京：中国标准出版社，1996.

[26] E viaplana-Ortego, J Alcaniz-Monge, D Cazorla-Amoro's, et al. Activated carbon fiber monoliths [J]. Fuel Processing Technology, 2002（77～78）：445～451.

[27] 李永贵，赵苗，梁继选. 国内活性炭纤维的应用研究开发 [J]. 纺织学报，2006，27（6）：100～103.

[28] Zhang Quanxing, Chen Jinlong, Xu Zhaoyi. Application of polymeric resin adsorbent in organic chemical wastewater treatment and resources reuse [J]. Polymer Bulletin, 2005（4）：116～121.

[29] Mcenaney B. Adsorption and structure in microporous carbons [J]. Carbon, 1988, 26（3）：267～274.

[30] Navarri P, Marchal D, Gineset A. Activated carbon fibre materials for VOC removal [J]. Filtration +

Separation，2001（1）：33～40.

［31］ Fuertes A B，Nevskaia D M．Adsorption of volatile organic compound by means of activated carbon fibre-based monoliths［J］．Carbon，2003，41：87～96.

［32］张小平，曾汉民，陆耘．流态化强化活性炭纤维回收金的研究［J］．水处理技术，1999，25（6）：355～357.

［33］ Tsai W T，Chang C Y，Ho C Y，Chen L Y．Adsorption properties and breakthrough model of 1,1-dichloro-1-fluoroethane on activated，carbons［J］．J Hazard Mater，1999，69：5.

［34］ Navarri P，Marchal D，Ginestet A．Activated carbon fibre material s for VOC removal［J］．Filtration & Separation，2001（1～2）：34～41.

［35］ Laure Meljac，Laurent Perier-Camby，Gerard Thomas．Creation of active sites by impregnation of carbon fibers：application to the fixation of hydrogen sulfide［J］．Journal of Colloid and Interface Science，2004，274：133～141.

［36］ Na-oki Ikenag，Norihito Ciyoda，Hiroaki Matsushima，et al．Preparation of activated carbon-supported ferrite for absorbent of hydrogen sulfide at a low temperature［J］．Fuel，2002，81：1569～1576.

［37］梁亚红，张鹏，竹涛，等．陶瓷填料与光催化剂对反应器效率的影响［J］．沈阳建筑大学学报（自然科学版），2007，23（1）：93～96.

［38］左岩，阎光绪，郭绍辉．低温等离子体氧化技术在废水处理中的应用［J］．水处理技术，2008，34（7）：1～6.

［39］张延宗，郑经堂，陈宏刚．高压脉冲放电水处理技术的理论研究［J］．高电压技术，2007，33（2）：136～140.

［40］陈伯通，罗建中，刘芳．低温等离子体氧化法及其在有机废水中的应用［J］．工业水处理，2006，26（12）：5～8.

［41］ Ilie Suarasan，Letitia Ghizdavu．Experimental characterization of multi-point corona discharge devices for direct ozonization［J］．Journal of Electrostatics，2002（54）：207～214.

［42］ Li J，Wu Y，Wang N H．Industrial scale expeiments of desulfuration of coal flue gas using a pulsed corona discharge plasma［J］．IEEE Transactions on Plasma Science，2003，31（3）：333～337.

［43］ Yan K，Van Heesch E J M，Nair S A，et al．A triggered spark-gap switch for high-repetition rate high-voltage pulse generation［J］．Journal of Electrostatics，2003，57：29～33.

［44］ Pokryvailo A，Wolf M，Yankelevich Y，et al．27th ICPIG．Eindhoven：Netherlands，2005.

［45］ Bing Sun．Oxidative processes occurring when pulsed high voltage discharges degrade phenol in aqueous solution［J］．Environ Sci Technol.，2000，34：509～513.

［46］ Willberg D M．Degradation of 4-Chlorophenol，3，4-Dichloroaniline，and 2，4，6-Trinitrotoluene in an Electrohydraulic Discharge Reactor［J］．Environ Sci Technol.，1996，30：2526～2534.

［47］ Masatoshi Sakairi，Masashi Yamada，Tastuya Kikuchi，et al．Development of three-electrode type micro-electrochemical reactor on anodized aluminum with photon rupture and electrochemistry［J］．Electrochimica Acta，2007，52：6268～6274.

［48］ Akira Mizuno．Destruction of living cells by pulsed high voltage application［J］．IEEE Trans On Ind and Appl.，1988，24（3）：387～394.

［49］ Anto Tri Sugiarto．Advanced oxidation processes using pulsed streamer corona discharge in water［J］．Thin Solid Films，2002，407：174～178.

［50］ Pawlat J，Hayashi N，Ihara S，et al．Foaming column with adielectric covered plate-to-metal plate electrode as an oxidant's generator［J］．Advances in Enviromental Research，2004，8：351～358.

［51］ Liu Y J，Jiang X Z．Phenol degradation by a nonpulsed diaphragm glow discharge in an aqueous solution

[J]. Environ Sci Technol., 2005, 39: 8512~8517.

[52] J Sidney Clements, Masayuki Sato, Robert H Davis. Preliminary Investigation of Prebreakdown Phenomena and Chemical Reaction Using a Pulsed High-Voltage Discharge [J]. IEEE Transactions on Industry Applications, 1987, 23 (2): 224~235.

[53] David R Grymonpré. Aqueous-phase pulsed streamer corona reactor using suspended activated carbon particles for phenol oxidation [J]. Chemical Engineering Science, 1999, 54: 3095~3105.

[54] Johnson D C, Dandy D S, Shamamian V A. Development of atubular high-density plasma reactor for water treatment [J]. Water Research, 2006, 40: 311~312.

[55] 陈银生, 张新胜, 戴迎春, 等. 脉冲电晕放电等离子体降解含4-氯酚废水 [J]. 化工学报, 2003, 54 (9): 1269~1274.

[56] 陈银生, 张新胜, 袁渭康. 高压脉冲放电低温等离子体法降解苯酚废水 [J]. 精细化工, 2002, 19 (3): 143~145.

[57] 陈银生, 张新胜, 袁渭康. 高压脉冲放电低温等离子体法降解废水苯酚 [J]. 环境科学学报, 2002, 22 (5): 566~569.

[58] 陈银生, 张新胜, 袁渭康. 脉冲电晕放电等离子体降解苯酚废水的研究 [J]. 化学反应工程与工艺, 2002, 18 (4): 353~357.

[59] 朱慧斌, 冯涛, 李党生, 等. 高压脉冲放电等离子体处理工业废水实验研究 [J]. 工业水处理, 2007, 27 (8): 51~53.

[60] Sano N, Kawashima T, Fujikawa J, et al. Decomposition organic compounds in water by direct contact of gas corona discharge: influence of discharge condition [J]. Ind Eng Chem Res., 2002, 41: 5906~5911.

[61] Grabowski L R. Pulsed corona in air for water treatment [D]. Eindhoven: Technische Universiteit, 2006.

[62] Sano N, Yamamoto D, Nakano M, et al. Decomposition of aqueous phenol by direct contact of gas corona discharge with water: influence of current density and applied voltage [J]. Chem Eng Jpn., 2004, 37: 1319~1325.

[63] 李胜利, 李劲, 王泽文, 等. 用高压脉冲放电处理印染废水的研究 [J]. 中国环境科学, 2001, 16: 73~76.

[64] 郭香会, 李劲, 叶齐政, 等. 脉冲放电等离子体处理硝基苯废水的实验研究 [J]. 高电压技术, 2001, 27 (3): 42~44.

[65] Grymonpré D R, Finney W C, Clark R J, et al. Hybrid gas-liquid electrical discharge reactors for organic compound degradation [J]. Ind Eng Chem Res., 2004, 43: 1975~1989.

[66] Lukes P, ClupekM, BabickyV, et al. Generation of ozone by pulsed corona discharge over water surface in hybrid gas-liquid electrical discharge reactor [J]. J Phys D: Appl Phys., 2005, 38: 409~416.

[67] Sato M, Tokutake T, Ohshima T, et al. Fourtieth IAS annual meeting: Conference record of the 2005. Hongkong, 2005.

[68] Kusié H, Koprivance N, Locke B R. Decomposition of phenol by hybrid gas/liquid electrical discharge reactors with zeolite catalysts [J]. Journal of Hazardous Materials, 2005, B125: 190~200.

[69] 张若兵. 双向窄脉冲放电染料废水脱色技术研究 [D]. 大连: 大连理工大学, 2005.

[70] 张延宗, 郑经堂, 曲险峰, 等. 气液串联放电水处理反应器的设计 [J]. 化工进展, 2006, 25 (增刊): 101~105.

[71] Lukes P, Clupek M, Sunka P, et al. Degradation of phenol by underwater pulsed corona discharge in combinatin with TiO₂ photocatalysis [J]. Res Chem Intermed., 2005, 31: 285~294.

[72] Hao X L, Zhou M H, Zhang Y, et al. Enhanced degradation of organic pollutant 4-chlorophenol in water by

non-thermal plasma process with TiO$_2$ [J]. Plasma Chem Plasma Process, 2006, 26 (5): 455~468.

[73] Wen Y Z, Liu H J, Liu W P, et al. Degradation of organic contaminants in water by pulsed corona dischrage [J]. Plasma Chemistry and Plasma Processing, 2005, 5 (2): 137~146.

[74] Sano N, Yamamoto T, Takemori I, et al. Degradation of phenolby simultaneous use of gas-phase corona discharge and catalyst supported mesoporous carbon gels [J]. Ind. Eng. Chem. Res. , 2006, 45: 2897~2900.

[75] 杨丽丽, 田向勤, 刘昕, 等. 低温等离子体技术在固体废弃物处理中的应用 [J]. 环境与可持续发展. 2006, (5): 58~60.

[76] 肖梅, 凌一鸣. 低温等离子体在材料表面改性中的应用 [J]. 东南大学学报 (自然科学版), 2001, 31 (1): 114~118.

[77] Wang W, Booske J H, Baum C, et al. Modification of bearing steel surface by nitrogen plasma source ion implantation for corrosion protection [J]. Surface and Coating Technology, 1999 (111): 97~102.

[78] Sun Y, Bell T. Sliding wear characteristics of low temperature plasma nitride 316 austenitic stainless steel [J]. Wear, 1998, 218 (1): 34~42.

[79] Hruby V, Kadlec J, Pospichal M. Vacuum arc deposited (TiW) N coatings [C]. In: Military Acad, ed. Le Vide Science and Technique and Applications Proceedings of the 1997 11th International Colloquium on Plasma Processes. Paris: Le Mans, Fr, Soc Francaise du Vide, 1997: 304~307.

[80] Menthe E, Rie K T. Plasma nitriding and plasma nitrocarburizing of electroplated hard chromium to increase the wear and the corrosion properties [C] // TU Braunschweig, ed. Surface and Coatings Technology Proceedings of 1997 1st Asian-European International Conference on Plasma Surface Engineering. Switzerland: Elsevier Sequoia S A Lausanne, 1999: 217~220.

[81] Bloy ce A, Qi P Y, Dong H, et al. Surface modification of titanium alloys for combined improvements in corrosion and wear resistance [J]. Surface and Coating Technology, 1998, 107 (23): 125~132.

[82] Sun Y, Li X, Bell T. Low temperature plasma carburising of austenitic stainless steel for improved wear and corrosion resistance [J]. Surface Engineering, 1999, 15 (1): 49~54.

[83] Wierzchon T, Fleszar A. Properties of surface layers on titanium alloy produced by thermo-chemical treatments under glow discharge conditions [J]. Surface and Coating Technology, 1997, 96 (23): 205~209.

[84] Maeindl S, Guenzel R, Richter E, et al. Nitriding of austenitic stainless steels using plasma immerision ion implantation [J]. Surface and Coating Technology, 1998, 100~101 (13): 372~376.

[85] Zeng Z M, Zhang T, Tang B Y, et al. Surface modification of steel by metal plasma immersion ion implantation using vacuum arc plasm asource [J]. Surface and Coating Technology, 1999, 120~121: 659~662.

[86] Chen Jierong, Wang Xueyan, Tomiii W. Wettability of poly (ethylene terephthalate) film treated with low-temperature plasma and their surface analysis by ESCA [J]. Journal of Applied Polymer Science, 1999, 72: 1327~1333.

[87] Boerio F J, Tsai Y M. Adhesion of natural rubber to steel substrates: the use of plasma polymerized primers [J]. Rubber Chemistry and Technology, 1998, 72: 199~211.

[88] Zhang M C, Kang E T, Neoh K G, et al. Adhesion enhancement of thermally evaporated aluminum to surface graft copolymerized poly (tetrafluoroethylene) film [J]. Journal Adhesion Science Technology, 1999, 13 (7): 819~835.

[89] Dayss E, Leps G, Meinhardt J. Surface modification for improved adhesion of a polymer-metal compound [J]. Surface and Coating Technology, 1999 (116~119): 986~990.

[90] Hendricks Sara K, Kwok Connie, Shen Mingchao, et al. Plasma-deposited membranes for controlled release

of antibiotic to prevent bacterial adhesion and biofilm formation ［J］. Journal of Biomedical Materials Research, 2000, 50 (21): 60 ~ 170.

［91］ Chen Hua, Belfort G. Surface modification of poly (ether sulfone) ultrafiltration membranes by low-temperature plasma-induced graft polymerization ［J］. Journal of Applied Polymer Science, 1999 (72): 1699 ~ 1711.

［92］ Muller M, Oehr C. Plasma aminofunctionalisation of PVDF microfiltration membranes: comparison of the in plasma modifications with agrafting method using ESCA and an amino-selective fluorescent probe ［J］. Surface and Coating Technology, 1999 (116 ~ 119): 802 ~ 807.

［93］ Ferraz M P, FernandesM H, Trigo Cabbal A, et al. In vitro growth and differentiation of osteoblast-like human bone marrow cells on glass reinforced hydroxyapatite plasma-sprayed coatings ［J］. Journal of Materials Science: Materials in Medicine, 1999 (10): 567 ~ 576.

［94］ Wang Changxiang, Chen Zhiqing. Design of HA Tibiomedical implants with the use of ion-beam-assisted deposition ［J］. Journal of Biomedical Engineering, 1999, 16 (2): 140 ~ 142.

［95］ Poncin-Epaillard F, Legeay G, Brosse J C. Plasma modification of cellulose derivatives as biomaterials ［J］. Journal of Applied Polymer Science, 1992, 44 (9): 1513 ~ 1522.

［96］ Czarnowska E, Wierzchon T, Maranda-Niedbala A. Properties of the surface layers on titanium alloy and their biocompatibility in vitrotests ［J］. In: Children's Memorial Health Inst, ed. Journal of Materials Proceeding Technology Proceedings of the 1997 Advances in Materials and Proceedings Technologies. Switzerland: Elsevier Science S A Lausanne, 1999: 190 ~ 194.

［97］ Hsu S H, Chen W C. Improved cell adhesion by plasma -induced grafting of L-lactide onto polyurethane surface ［J］. Biomaterials, 2000, 121 (4): 359 ~ 367.

［98］ Trigwell S, Hayden R D, Nelson K F, et al. Effects of surface treatment on the surface chemistry of NiTi alloy for biomedical applications ［J］. Surface and Interface Analysis, 1998, 26 (7): 483 ~ 489.

［99］ Baquey C, Palumbo F, Porte-DurrieuM C, et al. Plasma treatment of expanded PTFE offers a way to a biofunctionalization of its surface ［J］. Nuclear Instruments and Methods in Physics Research B, 1999 (151): 255 ~ 262.

［100］ Lahann J, Klee D, Thelen H, et al. Improvement of haemocompatibility of metallic stents by polymer coating ［J］. Journal of Materials Science: Materials in Medicine, 1999 (10): 443 ~ 448.

［101］ Ohl A, Schroder K, Keller D, et al. Chemical micropatterning of polymeric cell culture substrates using low-pressure hydrogen gasdischarge plasma ［J］. Journal of Materials Science: Materials inMedicine, 1999, 10 (12): 747 ~ 754.

［102］ 于开录, 刘昌俊, 夏清, 等. 低温等离子体技术在催化剂领域的应用 ［J］. 化学进展, 2002, 14 (6): 456 ~ 461.

［103］ Vissokov G P. Plasmachemical technology for high-dispersion products ［J］. Journal of Material Science, 1998, 33: 3711 ~ 3720.

［104］ Ismagilov Z R, Podyacheva O Yu, et al. Application of plasma spraying in the preparation of metal-supported catalysts ［J］. Catalysis Today, 1999, 51: 411 ~ 417.

［105］ Khan H R, Frey H. R. f. plasma spray deposition of $LaMO_x$ (MCo, Mn, Ni) films and the investigations of structure, morphology and the catalytic oxidation of CO and C_3H_8 ［J］. J. Alloys Compounds, 1993, 10: 209 ~ 214.

［106］ Mendez J A, Mendez E M, Lglesials M J, et al. Modification of the surface chemistry of active carbons by means of microwave-induced treatments ［J］. Carbon, 1999, 37 (7): 1115 ~ 1121.

［107］ 林立中. 直流辉光放电等离子体特性研究 ［J］. 福州大学学报, 1999, 27 (4): 13 ~ 17.

［108］ Vohrer U, Muller M , Oehr C. Glow-discharge treatment for the modification of textiles ［J］. Surface and Coatings Technology, 1998, 98: 1128 ~ 1131.

［109］ 张勇, 储伟, 罗春容, 等. 等离子体技术制备 $Ni/\alpha-Al_2O_3$ 催化剂 ［J］. 天然气化工, 2000, 25 (1): 15 ~ 18.

［110］ Theo L. M. Maesen, Herman W. Kouwenhoven, Herman van Bekkum, et al. Template removal from molecular sieves by low-temperature plasma calcination ［J］. J. Chem. Soc. Faraday Trans. , 1990, 86 (23): 3967 ~ 3970.

［111］ Yokoyama K , Haketa N, Hashimoto M, Furukawa K , et al. Production of hyperlithiated Li_2F by a laser ablation of $LiF-Li_3N$ mixture ［J］. Chem. Phys. Lett. , 2000, 320 (5 ~ 6): 645 ~ 650.

［112］ Sugiyama K, Anan G, Shimada T, et al. Catalytic ability of plasma heat-treated metal oxides on vapor-phase Beckmann rearrangement ［J］. Surface and Coatings Technology, 1999, 112: 76 ~ 79.

［113］ Blecha J, Dudas J, Lodes A, et al. Activation of tungsten oxide catalyst on SiO_2 surface by low-temperature plasma ［J］. Journal of Catalysis, 1989, 116: 285 ~ 280.

［114］ Vissokov G P, Peev T M, et al. Physico-chemical and Mössbauer study of ammonia synthesis catalyst Ca-1 regenerated in plasma ［J］. Applied Catalysis, 1986, 27: 257 ~ 264.

［115］ Brock S L, Marquez M, SuibS L, et al. Plasma Decomposition of CO_2 in the Presence of Metal Catalysts ［J］. Journal of Catalysis, 1998, 180: 225 ~ 233.

［116］ Francke K-P, Miessner H, Rudolph R. Cleaning of air streams from organic pollutants by plasma-catalytic oxidation ［J］. Plasma Chem. and Plasma Proc. , 2000, 20 (3): 393 ~ 403.

［117］ 宫为民, 张秀玲, 朱爱民, 等. 用冷等离子体技术制备 $TiO_2/\gamma-Al_2O_3$ 催化剂的方法 ［J］. 催化学报, 1999, 20 (5): 565 ~ 568.

［118］ Liu C J, Marafee A, Mallinson R G, et al. Methane conversion to higher hydrocarbons over charged metal oxide catalysts with OH groups ［J］. Applied Catalysis A, 1997, 164: 21 ~ 33.

［119］ Liu C J, Mallinson R G, Lobban L L. Comparative investigation on plasma catalytic methane conversion to higher hydrocarbons over zeolites ［J］. Applied Catalysis A, 1999, 178 (1): 17 ~ 27.

［120］ Liu C J, Mallinson R G, Lobban L. Non-oxidative methane conversion to acetylene over zeolites in a low-temperature plasma ［J］. J. Catal. , 1998, 179 (1): 326 ~ 334.

冶金工业出版社部分图书推荐